高校レベルからはじめる！

やさしくわかる電磁気学

ノマド・ワークス 著

ナツメ社

はじめに

電磁気学は、私たちにとって非常に身近でありながら、同時にとっつきにくい学問の分野です。

いうまでもなく、現代の文明は電気や電波なしに成立しません。私たちは日々当たり前のように電気を使い、スマートフォンで通話をしたり動画を見たりしていますが、こうした技術は電磁気学の成果がもとになっています。これほど重要な理論なので、誰もが一般常識としてマクスウェル方程式（本書を読めば何のことかわかります）くらい知っていたとしても、ちっともおかしくはありません。

ところが現実には、一般（とくに文系）の人が電磁気学の体系を理解するには、かなり高いハードルがあります。

このように、**身近でありながら同時にとっつきにくい電磁気学を、何とか一般教養のようにやさしく解説することはできないだろうか。本書がめざした目標のひとつです。**

また、大学の理系学部では、たいてい初年度に電磁気学を学びますが、高校物理との違いにとまどう人も多いようです。そこで、**高校レベルの物理・数学の知識から、大学レベルの知識へとスムーズに橋渡しをすること。これが本書のもうひとつの目的です。**

電磁気学を理解するには、高校では教わらない数学のテクニックがいくつか必要で、このことが一般向け入門書のハードルを高くしています。このハードルを乗り越えるため、**本書では必要な数学の知識を２段階に分けて解説しました（第１章、第６章）。第１章の最低限の知識だけでも、とりあえずマクスウェル方程式まではすすめます。その先にすすむために、第６章がブースターの役割をはたしています。**

電磁気学の学習には、バラバラだったパズルのピースがひとつひとつはまっていくような面白さがあります。パズルが最終的に完成したときに見えてくる体系の美しさを、ぜひ味わっていただければと思います。

目次

第3章 静電場の世界

第4章 電流がつくる磁場

第5章 磁場がつくる電場と、電場がつくる磁場

第６章 あと１歩すすむための数学の知識

第7章 マクスウェル方程式と電磁波

コラム

第1章

とりあえず知っておきたい数学の知識

01 ベクトルについて

この節の概要

▶電磁気学では、「ベクトル」という特殊な量を使って様々な物理現象を表します。ここではまず、ベクトルの基本的な使い方を説明します。

スカラー量とベクトル量

物理学で扱う量は、スカラー量とベクトル量の2種類に大きく分かれます。スカラー量とは「**大きさだけをもつ量**」で、ベクトル量とは「**大きさと方向をもつ量**」です。たとえば、質量、温度、密度といった量は、15kg、21℃、34個/m^3といった大きさはありますが、「右方向」「上方向」といった方向はないのでスカラー量になります。これに対し、速度、力といった量は、「南東に40m/s」「下向きに9.8ニュートン」といったように、「**どの方向に作用しているか**」という情報を含んでいます。このような量をベクトル量と呼んでいます。

スカラー量：大きさだけをもつ量　例：質量、温度、密度
ベクトル量：大きさと方向をもつ量　例：速度、力、電場、磁場

ベクトルの表し方

ベクトルを図で表すときは、右図のように矢印を使います。矢印の長さがベクトルの大きさを表し、矢印の向きがベクトルの方向を表します。

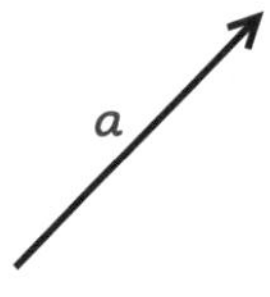

式などでベクトルを表す場合は、$\vec{a}$、$\vec{b}$、$\vec{c}$のように英字の上に矢印をつけたり、$\boldsymbol{a}$、$\boldsymbol{b}$、$\boldsymbol{c}$のように太字の英字

にします。大学の講義などでは、黒板やノートで細字と太字を区別するため、$\mathbb{a}$、$\mathbb{b}$、$\mathbb{c}$のように細字に縦線を足してベクトルを表します。

また、細字のaや、$|\boldsymbol{a}|$のように絶対値の記号を付けたときは、ベクトル量の大きさだけを表すという約束があります。

	高校数学	一般的な表記	黒板・ノート
ベクトルの記号：	$\vec{a}$、$\vec{b}$、$\vec{c}$	$\boldsymbol{a}$、$\boldsymbol{b}$、$\boldsymbol{c}$	$\mathbb{a}$、$\mathbb{b}$、$\mathbb{c}$
ベクトルの大きさ：	a、b、c	$\lvert\boldsymbol{a}\rvert$、$\lvert\boldsymbol{b}\rvert$、$\lvert\boldsymbol{c}\rvert$	$\lvert\mathbb{a}\rvert$、$\lvert\mathbb{b}\rvert$、$\lvert\mathbb{c}\rvert$

ベクトルの基本性質

①等しいベクトル

ベクトル$\boldsymbol{a}$、$\boldsymbol{b}$が同じ大きさと方向をもつとき、2つのベクトルは「等しい」といいます。ベクトルには「位置」に関する情報は含まれていません。右図のように始点が異なっていても、大きさと方向が同じなら等しいベクトルとみなします。

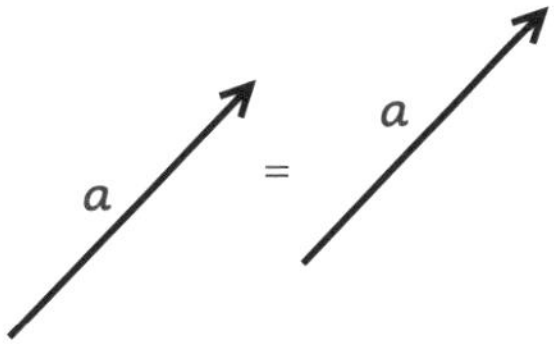

②逆ベクトル

ベクトル$\boldsymbol{a}$と大きさが同じで、方向が正反対のベクトルを$\boldsymbol{a}$の逆ベクトルといい、マイナス符号をつけて$-\boldsymbol{a}$のように表します。

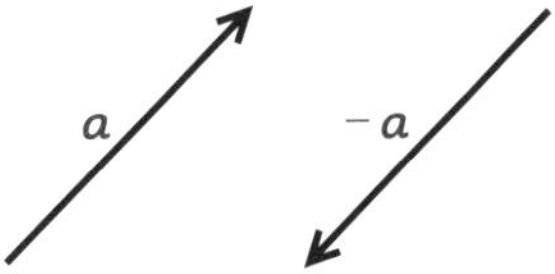

③ベクトルの和

2つのベクトルの和$\boldsymbol{a}+\boldsymbol{b}$は、$\boldsymbol{a}$と$\boldsymbol{b}$を2辺とする平行四辺形を描き、その対角線を結んだベクトルになります。または、ベクトル$\boldsymbol{a}$の終点にベクトル$\boldsymbol{b}$の始点を連結し、$\boldsymbol{a}$の始点と$\boldsymbol{b}$の終点を結んでも同様です。

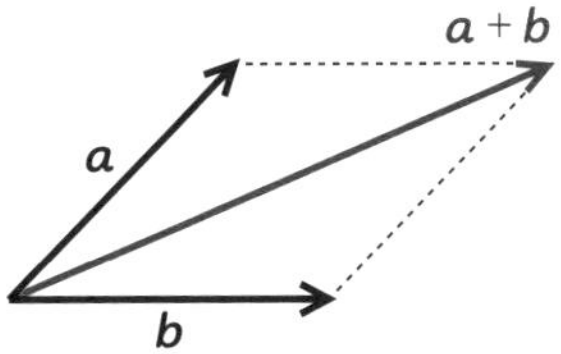

④ベクトルの差

2つのベクトルの差 $\boldsymbol{a}-\boldsymbol{b}$ は、次のようにベクトル $\boldsymbol{a}$ とベクトル $-\boldsymbol{b}$ との和と考えます。

$$\boldsymbol{a}-\boldsymbol{b}=\boldsymbol{a}+(-\boldsymbol{b})$$

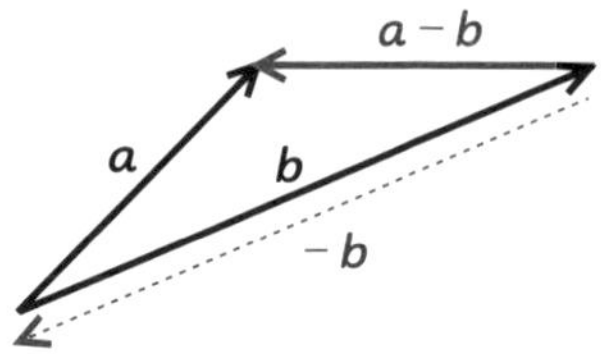

⑤ベクトルのスカラー倍

ベクトル $\boldsymbol{a}$ とスカラー k との積 $k\boldsymbol{a}$ は、大きさが $|\boldsymbol{a}|$ の k 倍のベクトルとなります。$k\boldsymbol{a}$ の方向は、$k>0$ ならベクトル $\boldsymbol{a}$ と同じ大きさ、$k<0$ ならベクトル $\boldsymbol{a}$ の逆向きです。また、$k=0$ のときは $0\boldsymbol{a}=\boldsymbol{0}$ とします。この $\boldsymbol{0}$ を零ベクトル（大きさ0、方向なしのベクトル）といいます。

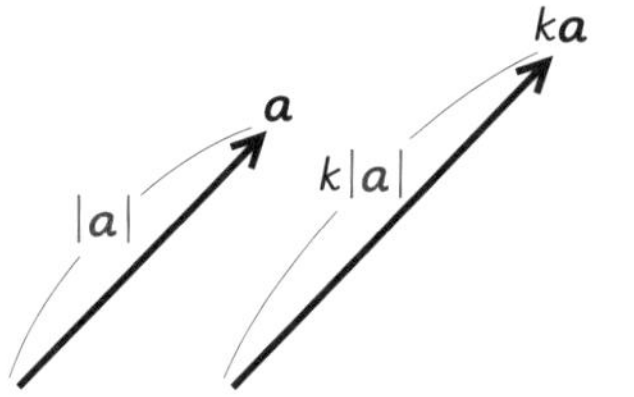

⑥ベクトルの演算法則

ベクトルの演算では、次の演算法則が成り立ちます。

交換法則：$\boldsymbol{a}+\boldsymbol{b}=\boldsymbol{b}+\boldsymbol{a}$
結合法則：$(\boldsymbol{a}+\boldsymbol{b})+\boldsymbol{c}=\boldsymbol{a}+(\boldsymbol{b}+\boldsymbol{c})$
分配法則：$(x+y)\boldsymbol{a}=x\boldsymbol{a}+y\boldsymbol{a},\ x(\boldsymbol{a}+\boldsymbol{b})=x\boldsymbol{a}+x\boldsymbol{b}$

ベクトルを直交座標で表す

ベクトルを数値で表すときは、ベクトルの始点を原点に置き、終点の位置を直交座標で表します。電磁気学では三次元空間について考える必要があるので、ベクトルの座標は x 軸、y 軸、z 軸の三次元になります。このような表し方を、ベクトルの**成分表示**といいます。

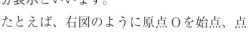

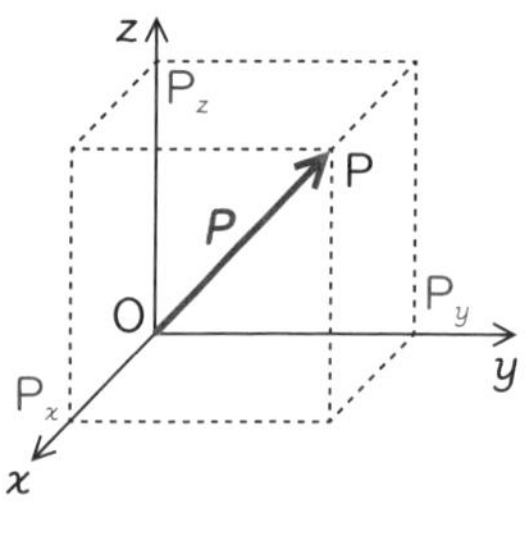

たとえば、右図のように原点Oを始点、点

$\mathrm{P}(\mathrm{P}_x, \mathrm{P}_y, \mathrm{P}_z)$を終点とするベクトル$\boldsymbol{P}$は、次のように表せます。

$$\boldsymbol{P} = (\mathrm{P}_x, \mathrm{P}_y, \mathrm{P}_z) \quad \leftarrow \text{直交座標による成分表示}$$

ベクトルを座標で表すと、先ほど図で説明したベクトルの和や差、スカラー倍の計算を、代数的に行うことができるようになります。たとえば、$\boldsymbol{a} = (a_x, a_y, a_z)$、$\boldsymbol{b} = (b_x, b_y, b_z)$という2つのベクトルがあるとき、ベクトルの和やスカラー倍は、それぞれ次のように計算できます。

ベクトルの和：$\boldsymbol{a} + \boldsymbol{b} = (a_x, a_y, a_z) + (b_x, b_y, b_z)$
$$= (a_x + b_x, a_y + b_y, a_z + b_z)$$
ベクトルのk倍：$k\boldsymbol{a} = k(a_x, a_y, a_z) = (ka_x, ka_y, ka_z)$

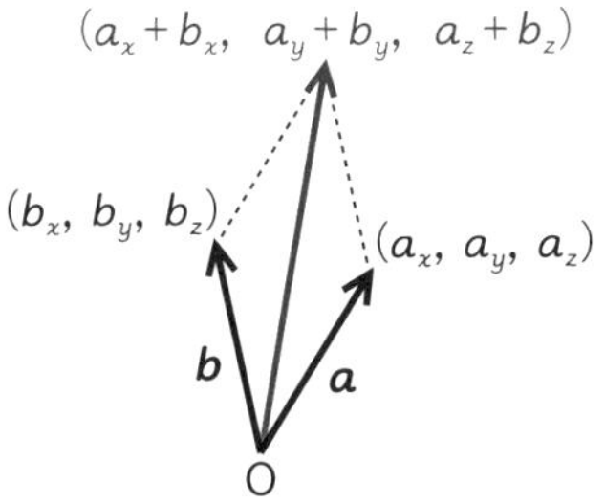

ベクトルの和

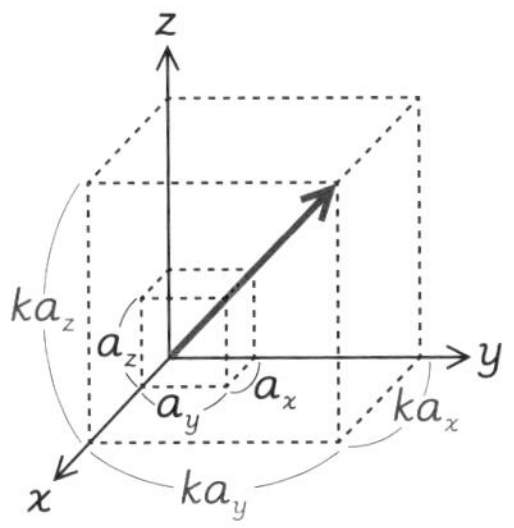

ベクトルのk倍

また、ベクトル$\boldsymbol{a}$の大きさ$|\boldsymbol{a}|$は、三平方の定理より、

$$|\boldsymbol{a}| = \sqrt{{a_x}^2 + {a_y}^2 + {a_z}^2}$$

で求められます。

単位ベクトル

ベクトル$\boldsymbol{a}$と方向が同じで、大きさが1であるようなベクトルを$\boldsymbol{a}$方向の単位ベクトルと呼び、$\boldsymbol{e}_a$と表すことにします。単位ベクトル$\boldsymbol{e}_a$を$|\boldsymbol{a}|$倍すると、ベクトル$\boldsymbol{a}$になります。つまり単位ベクトル$\boldsymbol{e}_a$は、ベ

クトル $\boldsymbol{a}$ を $\boldsymbol{a}$ の大きさ $|\boldsymbol{a}|$ で割ったものです。

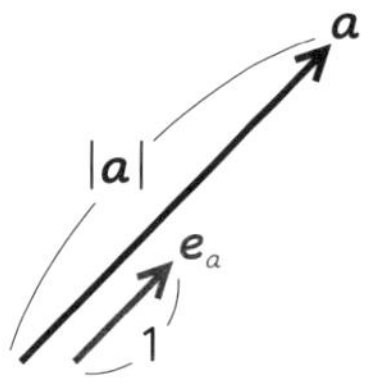

単位ベクトル：$\boldsymbol{e}_a = \dfrac{\boldsymbol{a}}{|\boldsymbol{a}|}$

x 軸方向の単位ベクトルを $\boldsymbol{e}_x$、y 軸方向の単位ベクトルを $\boldsymbol{e}_y$、z 軸方向の単位ベクトルを $\boldsymbol{e}_z$ とします。これらは直交座標でそれぞれ

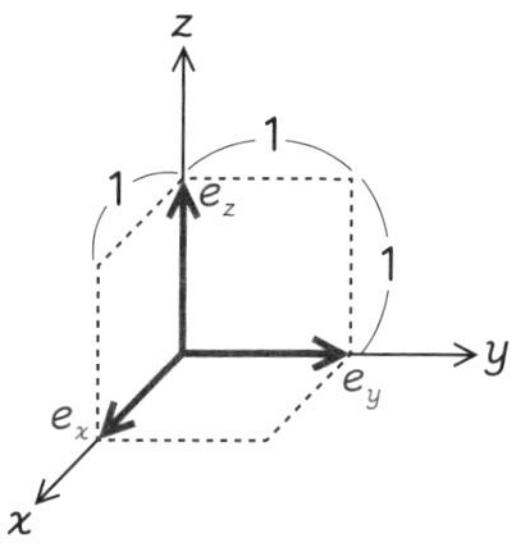

$\boldsymbol{e}_x = (1,\ 0,\ 0),$
$\boldsymbol{e}_y = (0,\ 1,\ 0),$
$\boldsymbol{e}_z = (0,\ 0,\ 1)$

と表せます。これらを用いると、任意のベクトル $\boldsymbol{a} = (a_x,\ a_y,\ a_z)$ は、次のような一次式で表すことができます。

$$
\begin{aligned}
\boldsymbol{a} = (a_x, a_y, a_z) &= (a_x, 0, 0) + (0, a_y, 0) + (0, 0, a_z) \\
&= a_x(1, 0, 0) + a_y(0, 1, 0) + a_z(0, 0, 1) \\
&= a_x\boldsymbol{e}_x + a_y\boldsymbol{e}_y + a_z\boldsymbol{e}_z
\end{aligned}
$$

ベクトルの一次式：$\boldsymbol{a} = a_x\boldsymbol{e}_x + a_y\boldsymbol{e}_y + a_z\boldsymbol{e}_z$

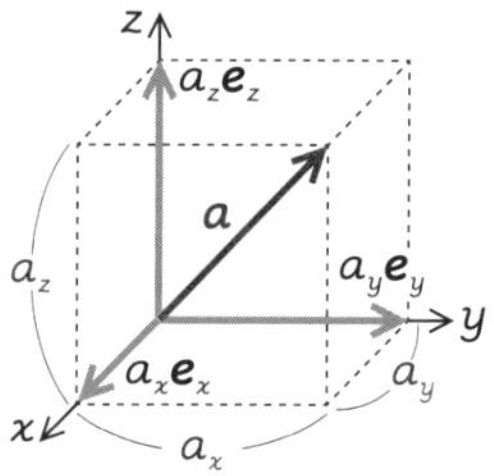

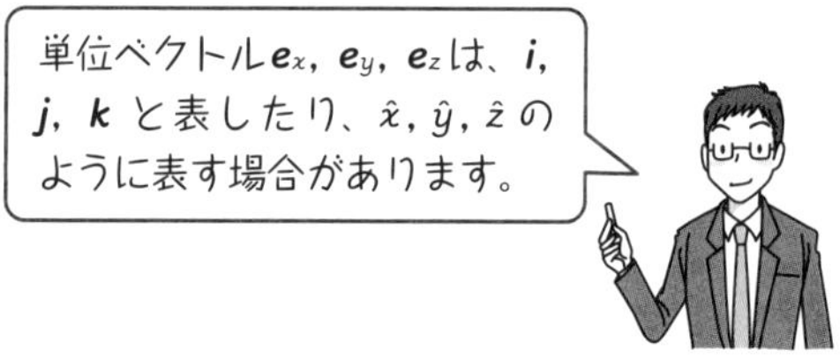

まとめ

ベクトルの表し方

$\boldsymbol{a} = (a_x, a_y, a_z)$ ←直交座標を使った成分表示

$\boldsymbol{a} = a_x\boldsymbol{e}_x + a_y\boldsymbol{e}_y + a_z\boldsymbol{e}_z$ ←単位ベクトルを使った一次式

02 ベクトルの内積と外積

この節の概要

▶ この節では、ベクトル同士の掛け算の決まりについて解説します。ベクトル同士の掛け算には、内積と外積の２種類があります。

ベクトルの内積

内積は、ベクトル同士の掛け算の一種です。ベクトル $\boldsymbol{a}$ とベクトル $\boldsymbol{b}$ の内積を「$\boldsymbol{a}\cdot\boldsymbol{b}$」のように書きます。内積は2つのベクトルから求めますが、結果はベクトル量ではなくスカラー量になります。

内積の計算ルールは次の２つです。

①２つのベクトルが同じ方向のときは、２つのベクトルの大きさを単純に掛け算する。

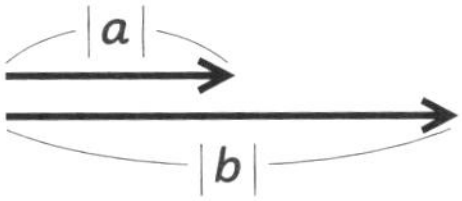

$$\boldsymbol{a}\cdot\boldsymbol{b}=|\boldsymbol{a}||\boldsymbol{b}|$$

②直交するベクトル同士の内積はゼロとする。

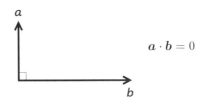

$$\boldsymbol{a}\cdot\boldsymbol{b}=0$$

2つのベクトルの始点を合わせたときにできる角度を、2つのベクトルの**なす角**といいます。上のルールは、①ベクトル $\boldsymbol{a}$、$\boldsymbol{b}$ のなす角 θ が 0 のときは $\boldsymbol{a}\cdot\boldsymbol{b}=|\boldsymbol{a}||\boldsymbol{b}|$、②ベクトル $\boldsymbol{a}$、$\boldsymbol{b}$ のなす角 θ が 90° のときは $\boldsymbol{a}\cdot\boldsymbol{b}=0$、というものです。では、$\theta$ が 0° でも 90° でもないときの内積はどのように求めればよいでしょうか。

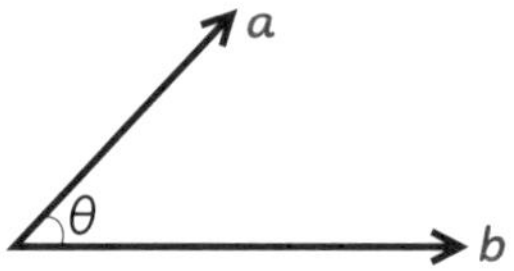

ベクトル $\boldsymbol{a}$、$\boldsymbol{b}$ が、上の図のように表されるとしましょう。$\boldsymbol{a}$ と $\boldsymbol{b}$ のなす角は、0° でも 90° でもありません。そこで、ベクトル $\boldsymbol{a}$ を次のような 2 つのベクトル $\boldsymbol{p}$、$\boldsymbol{q}$ に分解します。

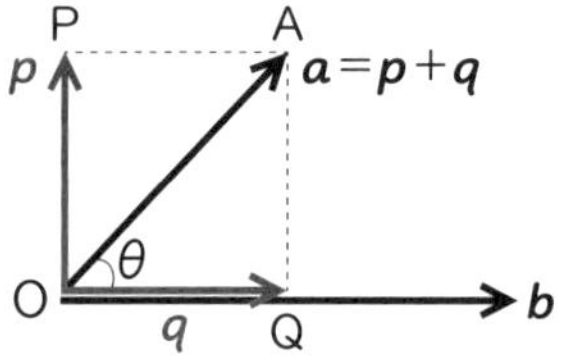

すると、ベクトル $\boldsymbol{p}$ はベクトル $\boldsymbol{b}$ と直交するので、内積はゼロになります。一方、ベクトル $\boldsymbol{q}$ はベクトル $\boldsymbol{b}$ と方向が同じなので、その内積は $\boldsymbol{q}$ の大きさと $\boldsymbol{b}$ の大きさの積で求めることができます。式で書くと次のようになります（分配法則が成り立つものとします）。

$$\boldsymbol{a}\cdot\boldsymbol{b}=(\boldsymbol{p}+\boldsymbol{q})\cdot\boldsymbol{b}=\underbrace{\boldsymbol{p}\cdot\boldsymbol{b}}_{\text{ゼロ}}+\underbrace{\boldsymbol{q}\cdot\boldsymbol{b}}_{|q||b|}=|\boldsymbol{q}|\,|\boldsymbol{b}|$$

ここで、ベクトル $\boldsymbol{q}$ は、上の図の直角三角形 OAQ の底辺なので、三角関数のコサインを使って、

$$\cos\theta=\frac{\text{底辺}}{\text{斜辺}}=\frac{|\boldsymbol{q}|}{|\boldsymbol{a}|}\quad\Rightarrow\quad|\boldsymbol{q}|=|\boldsymbol{a}|\cos\theta$$

と表せます。したがって、

$$\boldsymbol{a}\cdot\boldsymbol{b}=|\boldsymbol{q}|\,|\boldsymbol{b}|=|\boldsymbol{a}|\cos\theta\,|\boldsymbol{b}|=|\boldsymbol{a}|\,|\boldsymbol{b}|\cos\theta$$

上の式は、$\boldsymbol{a}$ と $\boldsymbol{b}$ のなす角が $\theta=0°$ のときも $\theta=90°$ のときも成り立ちます（$\theta=0°$ のとき $\cos\theta=1$ となるので $\boldsymbol{a}\cdot\boldsymbol{b}=|\boldsymbol{a}||\boldsymbol{b}|$、$\theta=90°$ のとき $\cos\theta=0$ となるので $\boldsymbol{a}\cdot\boldsymbol{b}=0$）。

以上から、ベクトル $\boldsymbol{a}$、$\boldsymbol{b}$ の内積を求める式は一般に次のようになります。

ベクトル$\boldsymbol{a}$、$\boldsymbol{b}$の内積：$\boldsymbol{a}\cdot\boldsymbol{b}=|\boldsymbol{a}|\,|\boldsymbol{b}|\cos\theta$

次に、内積を代数的に求める方法を考えてみましょう。ここで、ベクトルの内積では一般に次の演算規則が成り立つものとします。

交換法則：$\boldsymbol{a}\cdot\boldsymbol{b}=\boldsymbol{b}\cdot\boldsymbol{a}$
分配法則：$(\boldsymbol{a}+\boldsymbol{b})\cdot\boldsymbol{c}=\boldsymbol{a}\cdot\boldsymbol{c}+\boldsymbol{b}\cdot\boldsymbol{c}$
スカラー倍：$k\boldsymbol{a}\cdot\boldsymbol{b}=\boldsymbol{a}\cdot k\boldsymbol{b}=k(\boldsymbol{a}\cdot\boldsymbol{b})$　※k はスカラー

$\boldsymbol{a}=(a_x,\ a_y,\ a_z)$、$\boldsymbol{b}=(b_x,\ b_y,\ b_z)$ とすると、これらは単位ベクトルを使って、

$$\boldsymbol{a}=a_x\boldsymbol{e}_x+a_y\boldsymbol{e}_y+a_z\boldsymbol{e}_z,\quad \boldsymbol{b}=b_x\boldsymbol{e}_x+b_y\boldsymbol{e}_y+b_z\boldsymbol{e}_z$$

と表せます。2つのベクトルの内積 $\boldsymbol{a}\cdot\boldsymbol{b}$ は次のようになります。

$$\begin{aligned}\boldsymbol{a}\cdot\boldsymbol{b}=&(a_x\boldsymbol{e}_x+a_y\boldsymbol{e}_y+a_z\boldsymbol{e}_z)\cdot(b_x\boldsymbol{e}_x+b_y\boldsymbol{e}_y+b_z\boldsymbol{e}_z)\\ =&a_xb_x\underbrace{\boldsymbol{e}_x\cdot\boldsymbol{e}_x}_{1}+a_xb_y\underbrace{\boldsymbol{e}_x\cdot\boldsymbol{e}_y}_{\text{ゼロ}}+a_xb_z\underbrace{\boldsymbol{e}_x\cdot\boldsymbol{e}_z}_{\text{ゼロ}}\\ &+a_yb_x\underbrace{\boldsymbol{e}_y\cdot\boldsymbol{e}_x}_{\text{ゼロ}}+a_yb_y\underbrace{\boldsymbol{e}_y\cdot\boldsymbol{e}_y}_{1}+a_yb_z\underbrace{\boldsymbol{e}_y\cdot\boldsymbol{e}_z}_{\text{ゼロ}}\\ &+a_zb_x\underbrace{\boldsymbol{e}_z\cdot\boldsymbol{e}_x}_{\text{ゼロ}}+a_zb_y\underbrace{\boldsymbol{e}_z\cdot\boldsymbol{e}_y}_{\text{ゼロ}}+a_zb_z\underbrace{\boldsymbol{e}_z\cdot\boldsymbol{e}_z}_{1}\end{aligned}$$

ここで $\boldsymbol{e}_x\cdot\boldsymbol{e}_x$、$\boldsymbol{e}_y\cdot\boldsymbol{e}_y$、$\boldsymbol{e}_z\cdot\boldsymbol{e}_z$ は、いずれも大きさが1で方向が同じベクトルなので $|1||1|=1$ となります。また、$\boldsymbol{e}_x\cdot\boldsymbol{e}_y$、$\boldsymbol{e}_y\cdot\boldsymbol{e}_z$、$\boldsymbol{e}_z\cdot\boldsymbol{e}_x$ はいずれも互いに直交するベクトルなので0になります。したがって、

$$\boldsymbol{a}\cdot\boldsymbol{b}=a_xb_x+a_yb_y+a_zb_z$$

このように、2つのベクトルの内積は、互いの x 成分同士、y 成分同士、z 成分同士の掛け算で求めることができます。

ベクトルa、bの内積：$\boldsymbol{a}\cdot\boldsymbol{b}=a_xb_x+a_yb_y+a_zb_z$

ベクトルの外積

ベクトル同士の掛け算のもうひとつの種類が**外積**です。外積は高校数学では習いません。ベクトル $\boldsymbol{a}$ とベクトル $\boldsymbol{b}$ の外積を「$\boldsymbol{a}\times\boldsymbol{b}$」と書きます。内積の計算結果はスカラー量でしたが、**外積は計算結果もベクトル量になります**。

外積の計算ルールは次のとおりです。まず、大きさについて。

①2つのベクトルが直交するときは、2つのベクトルの大きさを単純に掛け算する。

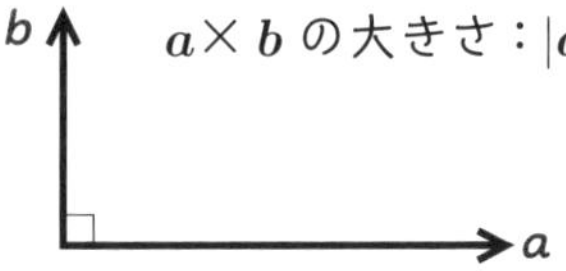

$\boldsymbol{a}\times\boldsymbol{b}$ の大きさ：$|\boldsymbol{a}||\boldsymbol{b}|$

②同じ方向のベクトル同士の外積はゼロとする。

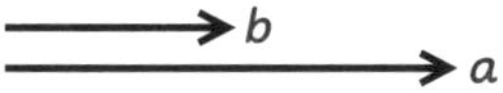

$\boldsymbol{a}\times\boldsymbol{b}=\boldsymbol{0}$

以上のルールは、ちょうど内積の逆になっています。では、2つのベクトルが、次のように直角でも平行でもない場合はどうなるでしょうか。

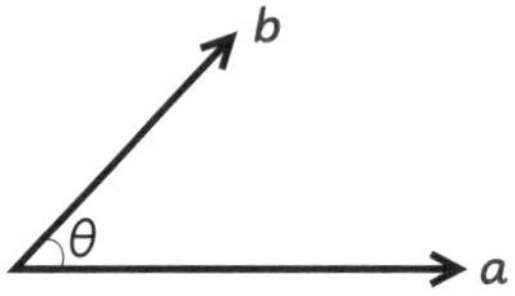

ベクトル$\boldsymbol{b}$をベクトル$\boldsymbol{a}$と垂直な成分$\boldsymbol{p}$と、ベクトル$\boldsymbol{a}$と平行な成分$\boldsymbol{q}$に分解し、

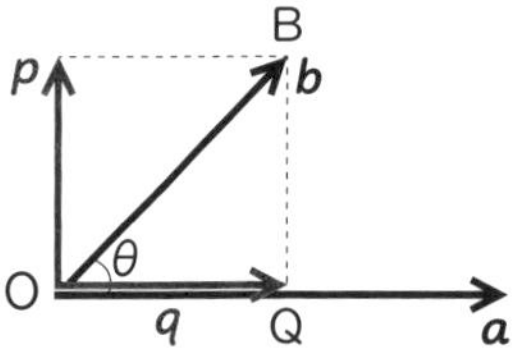

$$\boldsymbol{a}\times\boldsymbol{b}=\boldsymbol{a}\times(\boldsymbol{p}+\boldsymbol{q})=\boldsymbol{a}\times\boldsymbol{p}+\boldsymbol{a}\times\boldsymbol{q}$$

とします。すると $\boldsymbol{a} \times \boldsymbol{q} = \boldsymbol{0}$ なので、$\boldsymbol{a} \times \boldsymbol{b} = \boldsymbol{a} \times \boldsymbol{p}$ となります。ここで、ベクトル $\boldsymbol{p}$ は直角三角形OBQの高さなので、三角関数のサインを使って、

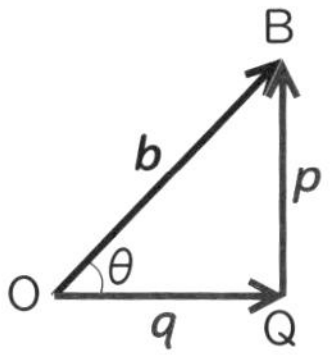

$$\sin\theta = \frac{\text{高さ}}{\text{斜辺}} = \frac{|\boldsymbol{p}|}{|\boldsymbol{b}|} \quad \Rightarrow \quad |\boldsymbol{p}| = |\boldsymbol{b}|\sin\theta$$

と表せます。したがって、

$$|\boldsymbol{a} \times \boldsymbol{b}| = |\boldsymbol{a} \times \boldsymbol{p}| = |\boldsymbol{a}||\boldsymbol{b}|\sin\theta$$

この式は、ベクトル $\boldsymbol{a}$、$\boldsymbol{b}$ を２辺とする平行四辺形の面積を表します。

ベクトル $\boldsymbol{a}$、$\boldsymbol{b}$ の外積の大きさは、ベクトル $\boldsymbol{a}$、$\boldsymbol{b}$ を２辺とする平行四辺形の面積に等しく、$|\boldsymbol{a}||\boldsymbol{b}|\sin\theta$ となる。

以上は、大きさについてのルールでした。外積の計算結果はベクトルなので、方向があります。外積の方向についてのルールは次のようになります。

③外積 $\boldsymbol{a} \times \boldsymbol{b}$ の方向は、2つのベクトルによってできる平面と垂直で、$\boldsymbol{a}$ から $\boldsymbol{b}$ への角度が時計回りのとき下方向、反時計回りのとき上方向となる。

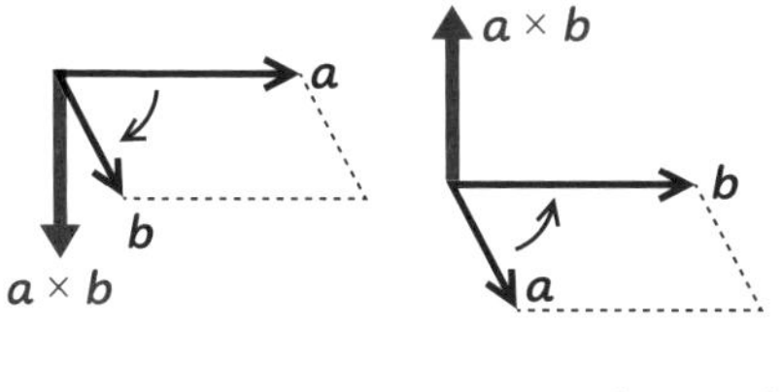

このルールにより、$\boldsymbol{a} \times \boldsymbol{b}$ と $\boldsymbol{b} \times \boldsymbol{a}$ とは、方向が逆向きになります（交換法則は成り立たない）。

右ねじは時計回り（右回り）に回すとねじが締まります。$\boldsymbol{a} \times \boldsymbol{b}$ の方向は、**右ねじを $\boldsymbol{a}$ から $\boldsymbol{b}$ の方向へ締めるとき、ねじがすすむ方向**と覚えておくとよいでしょう。

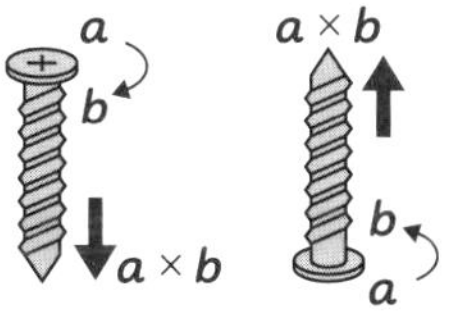

外積では、一般に次のような性質が成り立ちます。

~~交換法則~~：$\boldsymbol{a} \times \boldsymbol{b} = -\boldsymbol{b} \times \boldsymbol{a}$
分配法則：$\boldsymbol{a} \times (\boldsymbol{b} + \boldsymbol{c}) = \boldsymbol{a} \times \boldsymbol{b} + \boldsymbol{a} \times \boldsymbol{c}$,
$(\boldsymbol{a} + \boldsymbol{b}) \times \boldsymbol{c} = \boldsymbol{a} \times \boldsymbol{c} + \boldsymbol{b} \times \boldsymbol{c}$
スカラー倍：$k\boldsymbol{a} \times \boldsymbol{b} = \boldsymbol{a} \times k\boldsymbol{b} = k(\boldsymbol{a} \times \boldsymbol{b})$　※k はスカラー

内積と同様、外積も代数的に計算することができます。ここでは証明は省略して、式だけ紹介します。$\boldsymbol{a} = (a_x,\ a_y,\ a_z)$, $\boldsymbol{b} = (b_x,\ b_y,\ b_z)$ のとき、外積 $\boldsymbol{a} \times \boldsymbol{b}$ は次のように求められます。

ベクトルの外積：$\boldsymbol{a} \times \boldsymbol{b} = (a_y b_z - a_z b_y,\ a_z b_x - a_x b_z,\ a_x b_y - a_y b_x)$

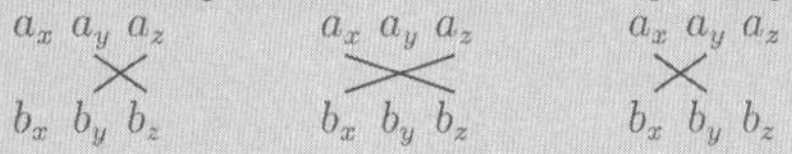

外積は、2本のベクトルと直交するベクトルを求める場合によく使われます。とくに、$\boldsymbol{a}$ と $\boldsymbol{b}$ の外積 $\boldsymbol{a} \times \boldsymbol{b}$ を $|\boldsymbol{a} \times \boldsymbol{b}|$ で割ると、ベクトル $\boldsymbol{a}$、$\boldsymbol{b}$ が張る平面に直角で、大きさ1のベクトルが得られます。このようなベクトルを法線（ほうせん）ベクトルといいます。

法線ベクトル：$\boldsymbol{n} = \dfrac{\boldsymbol{a} \times \boldsymbol{b}}{|\boldsymbol{a} \times \boldsymbol{b}|}$

まとめ
ベクトルどうしの掛け算
内積：$\boldsymbol{a} \cdot \boldsymbol{b} = \boldsymbol{a} \cdot \boldsymbol{b}\ \cos\theta = a_x b_x + a_y b_y + a_z b_z$
外積：$\boldsymbol{a} \times \boldsymbol{b} = (a_y b_z - a_z b_y,\ a_z b_x - a_x b_z,\ a_x b_y - a_y b_x)$

03 スカラー場（ば）の積分（せきぶん）

この節の概要

▶ 電磁気学を理解するうえで、積分の考え方を避けて通ることはできません。ここではとくに「場」の考え方と、スカラー場の積分について説明します。

スカラー場とベクトル場

空間上のある位置を指定すると、その位置に関する何らかの物理量が定まるとき、その空間をその物理量の「場（ば）」と考えることができます。たとえば、地球上のある1点を指定すると、その地点における気温や気圧、風速といった物理量が定まります。このとき、地球上の空間はそれぞれ「**気温の場**」「**気圧の場**」「**風速の場**」とみなすことができます。

位置によって定まる物理量がスカラー量の場合を**スカラー場**、ベクトル量の場合を**ベクトル場**といいます。

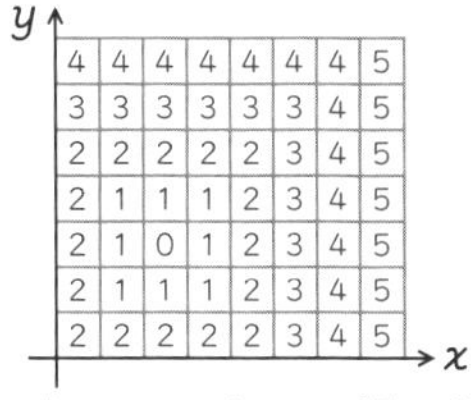

2次元のスカラー場の例

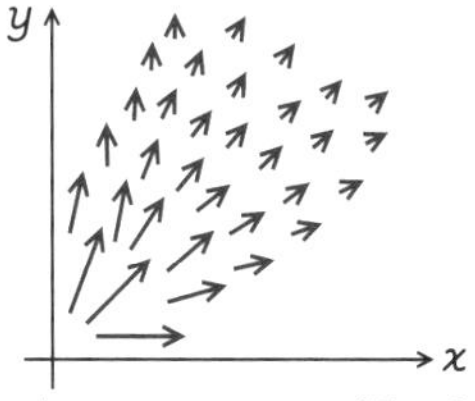

2次元のベクトル場の例

数式では、スカラー場 f の座標 $(x,\ y,\ z)$ におけるスカラー量を、$f(x,\ y,\ z)$ のように表します。あるいは、$(x,\ y,\ z)$ を成分とするベクトル $\boldsymbol{r}$ を用いて、$f(\boldsymbol{r})$ のように表す場合もあります。

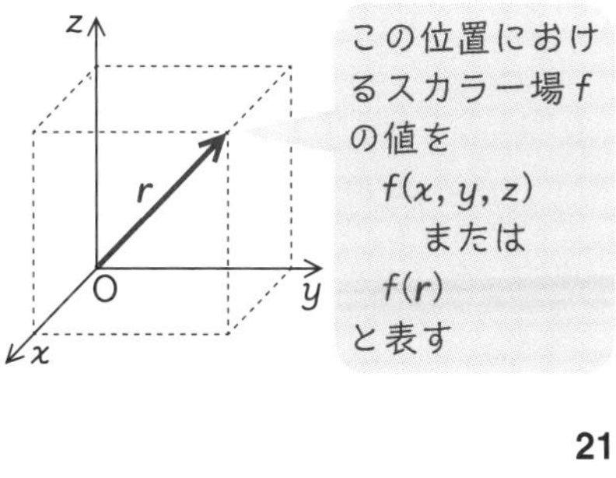

また、ベクトル場$\boldsymbol{F}$の座標$(x,\ y,\ z)$におけるベクトル量は、$\boldsymbol{F}(x,\ y,\ z)$または$\boldsymbol{F}(\boldsymbol{r})$のように表せます。

右図のように、$\boldsymbol{F}(x,\ y,\ z)=(F_x,\ F_y,\ F_z)$とすると、ベクトル$\boldsymbol{F}(x,\ y,\ z)$の成分$F_x,\ F_y,\ F_z$も、座標$(x,\ y,\ z)$によって定まるスカラー量です。これらをそれぞれ$F_x(x,\ y,\ z)$、$F_y(x,\ y,\ z)$、$F_z(x,\ y,\ z)$と書くと、ベクトル場$\boldsymbol{F}(x,\ y,\ z)$は次のように表せます。

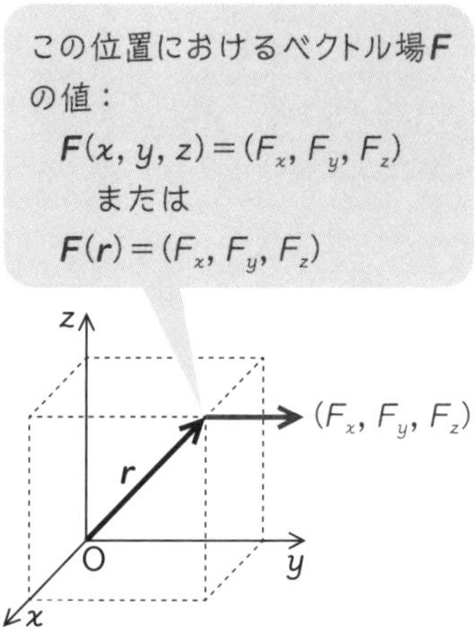

$$\boldsymbol{F}(x,y,z) = \overbrace{(\underbrace{F_x(x,y,z)}_{\text{スカラー}},\ \underbrace{F_y(x,y,z)}_{\text{スカラー}},\ \underbrace{F_z(x,y,z)}_{\text{スカラー}})}^{\text{ベクトル量}}$$

スカラー場の積分

電磁気学では、電荷（でんか）という物理量を扱います。電荷はスカラー量で、単位はクーロン〔C〕です。電荷とはなにかについてはのちほど説明することにして、ここでは「電荷」というなにやら得体の知れないツブツブが、空間いっぱいに散らばっている状態を想像してください。空間上のある１点を指定すると、その位置における電荷の密度が測定できるものとします。すなわち、**電荷密度の場**というスカラー場を考えます。

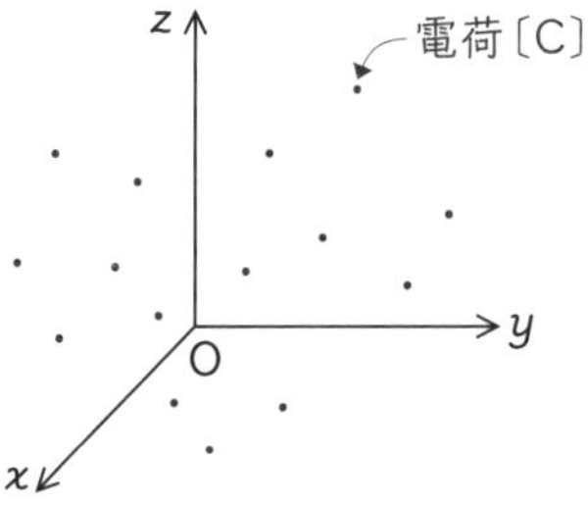

空間に散らばっている電荷の総量は、電荷密度に体積を掛けて求める

ことができます。もっとも、電荷の散らばり具合が一様ではなく、場所によって濃淡がある場合は、そう簡単にはいきません。

この場合には、空間をなるべく小さな区画に分割し、その区画ごとの電荷量を求めて、すべての区画の電荷量を足し合わせていきます。これを数学的に行う手法を**積分**といいます。

スカラー場の積分には、**線積分**、**面積分**、**体積積分**の3種類があります。考え方を順番に説明しましょう。

線積分

右図のように、空間上にある経路Cをとり、この経路上にある電荷の総量を求めることを考えてみましょう。経路上の電荷密度は、線電荷密度 λ（ラムダ）$(x,\ y,\ z)$ で与えられるとします。**線電荷密度**とは、単位長さ当たりの電荷量（単位はC/m）のことです。

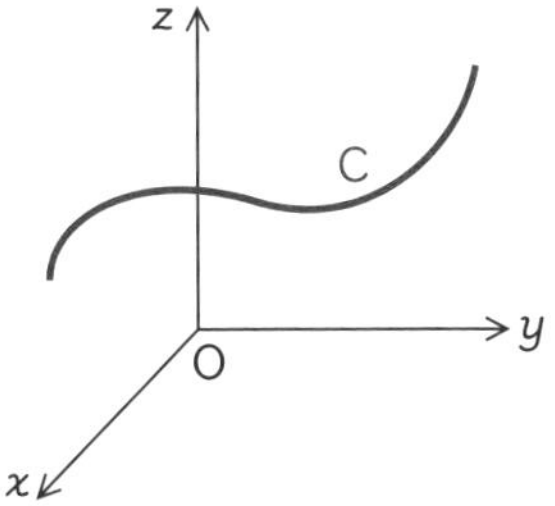

まず、経路C全体を n 個の短い断片に分割し、それぞれの長さを Δl とします。1個の断片上にある電荷量は、**線電荷密度×長さ**、すなわち

$$\Delta Q_i = \underline{\lambda(x_i,\ y_i,\ z_i)}\ \underline{\Delta l}$$

↑ 断片の長さ（Δl）
↑ i 番目の断片上の線電荷密度（$\lambda(x_i,\ y_i,\ z_i)$）

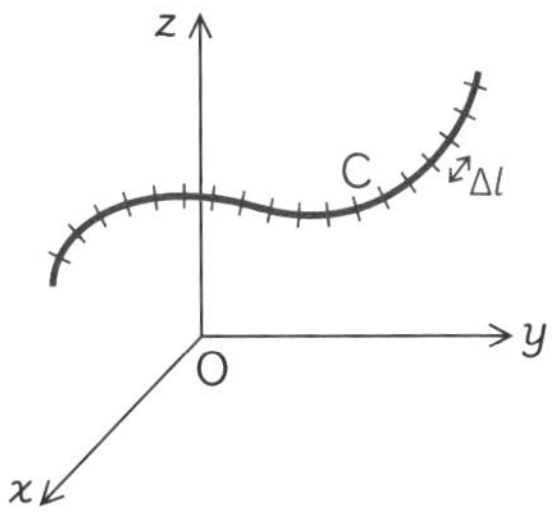

で求められます。n 個分の断片上の電荷をすべて足し合わせれば、経路C上の電荷の総量が求められます。総和記号Σを使って数式で表すと、次のようになります。

$$Q = \sum_{i=1}^{n} \lambda(x_i,\ y_i\ z_i)\Delta l$$

← i 番目の断片上にある電荷量（$\lambda(x_i,\ y_i\ z_i)\Delta l$）
↑ 1番目から n 番目までの断片上の電荷量を足し合わせる（$\sum_{i=1}^{n}$）
↑ 電荷総量（Q）

上の式は、n の数が多いほど精密な値になります。n の数を限りなく多くすれば、理論上正確な電荷総量が求められます。数式では、これを総和記号Σの代わりに積分記号∫を使って表します。このとき、Δl は限りなくゼロに近づきます。この限りなくゼロに近い Δl を微小長さといい、dl と書きます。

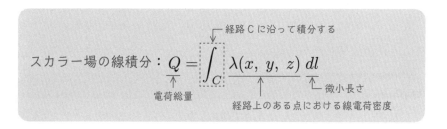

スカラー場の線積分：$$Q = \int_C \lambda(x,\ y,\ z)\, dl$$

経路Cに沿って積分する

電荷総量

経路上のある点における線電荷密度

微小長さ

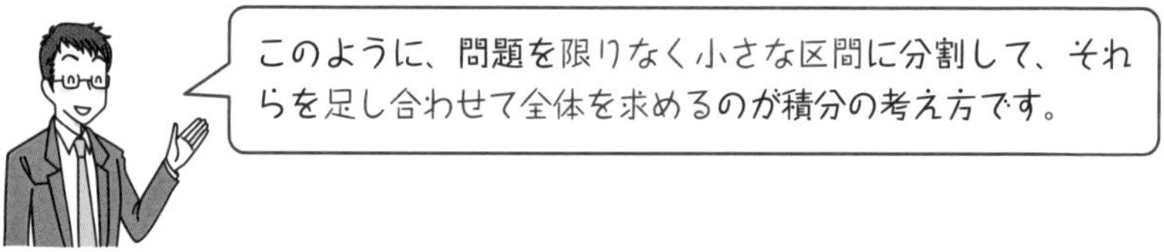

このように、問題を限りなく小さな区間に分割して、それらを足し合わせて全体を求めるのが積分の考え方です。

面積分

次に、右図のような平面S上にある電荷の総量を求めることを考えてみましょう。平面上の電荷密度は、面電荷密度 σ（シグマ）$(x,\ y,\ z)$ で与えられるものとします。**面電荷密度**とは、単位面積当たりの電荷量（単位はC/m^2）です。

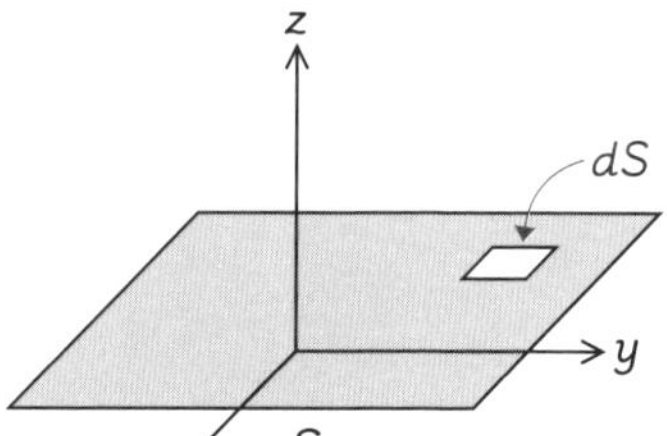

右図のように、平面S上に微小な面積 dS をとります。その位置の面電荷密度を $\sigma(x,\ y,\ z)$ とすると、微小面積 dS における電荷量は $\sigma(x,\ y,\ z)dS$ で求められます。この電荷量を、平面S上のすべての微小面積について足し合わせたものが、平面S上の電荷総量になります。数式では、積分記号を使って次のように書きます。

平面S全体にわたって足し合わせる

$$\text{スカラー場の面積分：} Q = \iint_S \sigma(x,\ y,\ z)\,dS$$

Q：電荷総量　$\sigma(x,\ y,\ z)\,dS$：微小面積 dS 上の電荷量

体積積分

最後に、ある**体積**をもった空間に、電荷がフワフワと分布しているような状態を想像してみましょう。たとえば、右図のようなひしゃげたシャボン玉のような体積Vの中に分布する電荷の総量を考えます。体積内に分布する電荷密度を、体積電荷密度 ρ（ロー）$(x,\ y,\ z)$ で表します。**体積電荷密度**とは、一般的な意味での電荷密度、すなわち単位体積当たりの電荷量（単位は $\mathrm{C/m^3}$）のことです。

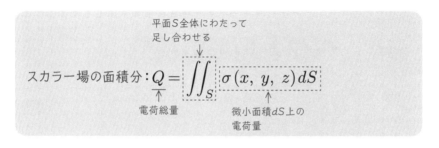

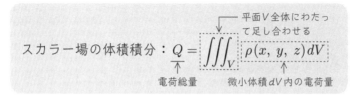

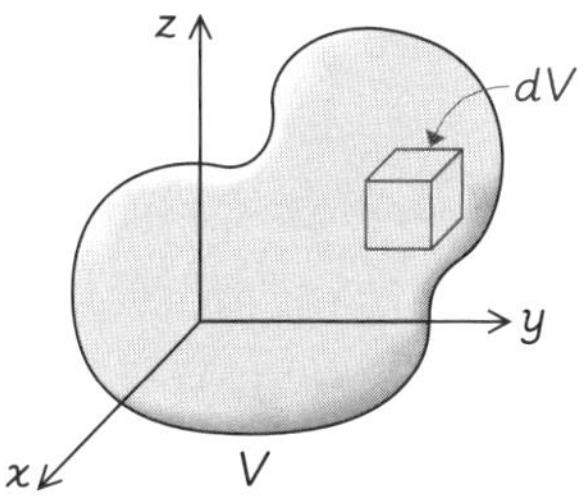

図のように、体積Vの内部に微小な体積 dV をとります。その位置の体積電荷密度を $\rho(x,\ y,\ z)$ とすると、微小体積 dV における電荷量は $\rho(x,\ y,\ z)\,dV$ で求められます。この電荷量を、体積V内のすべての微小体積について足し合わせたものが、体積V内の電荷総量になります。数式では、積分記号を使って次のように書きます。

平面V全体にわたって足し合わせる

$$\text{スカラー場の体積積分：} Q = \iiint_V \rho(x,\ y,\ z)\,dV$$

Q：電荷総量　$\rho(x,\ y,\ z)\,dV$：微小体積 dV 内の電荷量

まとめ　スカラー場の積分には、線積分、面積分、体積積分がある。

04 ベクトル場の積分

この節の概要

▶ 前節では、「電荷密度の場」というスカラー場の積分について説明しました。電磁気学では、スカラー場だけでなく、ベクトル場の積分もよく使います。考え方を理解しておきましょう。

ベクトル場の線積分

ベクトル場の積分には、線積分と面積分があります（体積積分はありません）。まず、ベクトル場の線積分から説明しましょう。

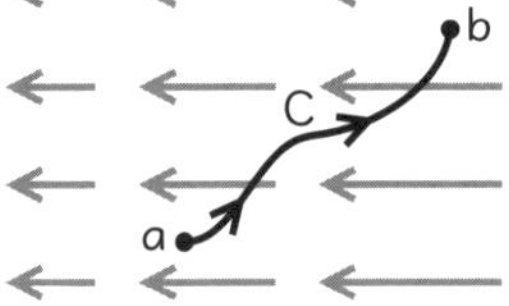

右図のように、風がビュービューと吹いている空間を、1羽の鳥がa地点からb地点まで飛ぶとします。この鳥が飛ぶ経路を経路Cとしましょう。

a地点からb地点まで風にさからって飛ぶには、羽根を一生懸命バタバタさせる仕事をしなければなりません。a地点からb地点まで飛ぶのに必要な仕事の総量を求めてみましょう。

経路C上のある点から、経路に沿ってちょびっとだけすすむことを考えます。この微小な距離と方向をベクトル $d\boldsymbol{l}$ で表します。次に、このベクトル $d\boldsymbol{l}$ を、この地点における風の力 $\boldsymbol{F}$ にさからうベクトル $d\boldsymbol{p}$ と、$\boldsymbol{F}$ に直角のベクトル $d\boldsymbol{q}$ とに分解とします。

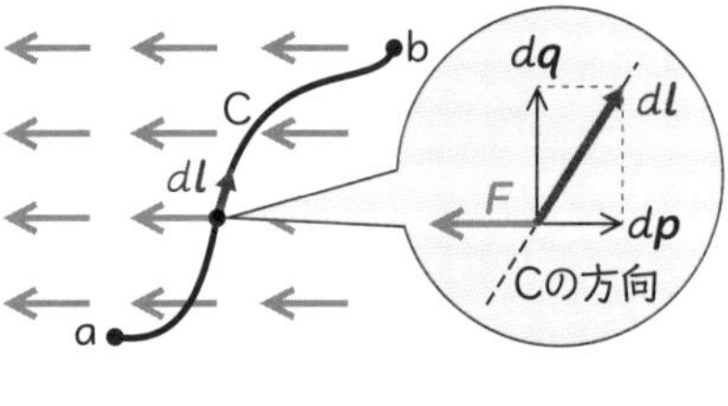

経路を $d\boldsymbol{l}$ すすむのに必要な仕事量は、風にさからってすすむ力 $-\boldsymbol{F}$ に、風にさからってすすんだ距離を掛けて求めます。ベクトル $d\boldsymbol{l}$ のうち、風向きと直角なベクトル $d\boldsymbol{q}$ はまったく風にさからっていないので、掛け算するのは風向きと反対方向の成分 $d\boldsymbol{p}$ だけです。この計算は、ベクトル $-\boldsymbol{F}$ とベクトル $d\boldsymbol{l}$ の内積と同じですね。

$$-\boldsymbol{F}\cdot d\boldsymbol{l} = -\boldsymbol{F}\cdot(d\boldsymbol{p}+d\boldsymbol{q}) = -\boldsymbol{F}\cdot d\boldsymbol{p} - \underbrace{\boldsymbol{F}\cdot d\boldsymbol{q}}_{\text{ゼロ}} = -\boldsymbol{F}\cdot d\boldsymbol{p} = -|\boldsymbol{F}||d\boldsymbol{p}|$$

a 地点から b 地点まで、この計算をちょびっとずつすすみながら繰り返し、すべてを足し合わせたものが a 地点から b 地点までに必要な仕事の総量になります。積分記号を使うと、次のように表せます。

$$W = \int_{\mathrm{C}} -\boldsymbol{F}\cdot d\boldsymbol{l} = -\boxed{\int_{\mathrm{C}} \boldsymbol{F}\cdot d\boldsymbol{l}}$$

上の式の囲みの部分が、ベクトル場の線積分の基本的な形になります。

ベクトル場の線積分：$\int_{\mathrm{C}} \boldsymbol{F}\cdot d\boldsymbol{l}$

経路 C 上の線要素ベクトル $d\boldsymbol{l}$ と、その地点における場のベクトル量 $\boldsymbol{F}$ との内積を求め、経路全体で積分する。

また、線積分の経路 C が、ぐるっと回ってスタート地点に戻ってくる場合を**周回積分**といいます。周回積分は、積分記号にマルを付けて $\oint$ のように表します。

周回積分：$\oint_{\mathrm{C}} \boldsymbol{F}\cdot d\boldsymbol{l}$ ← 経路 C が周回路の場合

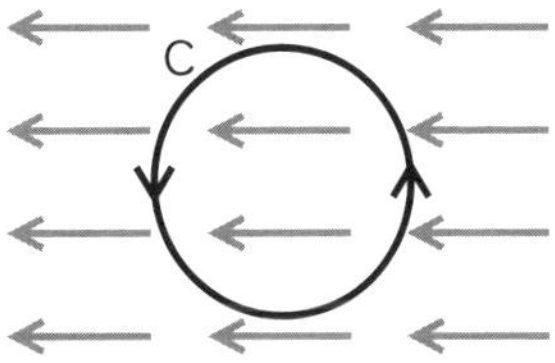
C

周回積分は電磁気学では
すごくよく出てきます。

ベクトル場の面積分

次に、ベクトル場の面積分についても説明しましょう。先ほどと同じように、風がビュービュー吹いている空間に、凧のような面を張ります。この面Sが受ける風圧の総量を考えます。

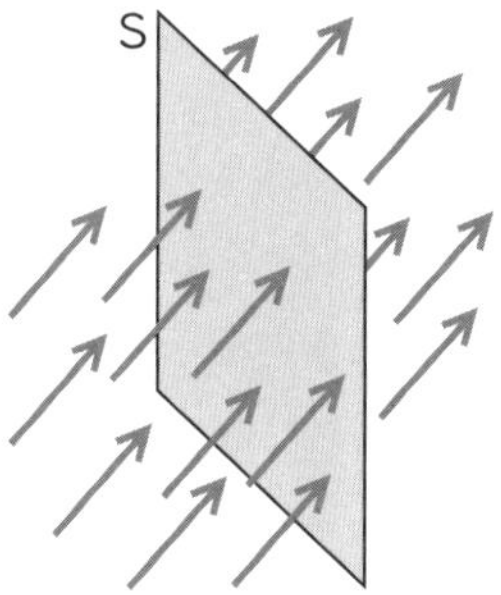

凧の面Sを細かい網目状の区画に分け、そのうち1つの区画を微小面積 dS とします。この微小な面 dS に、単位面積当たり $\boldsymbol{F}$ の風圧がかかるものとしましょう。

この風は、面 dS に対して正面から当たるとは限りません。そこで、風圧 $\boldsymbol{F}$ を、面 dS に対して水平な成分と垂直な成分に分解します。このうち、凧が受ける風圧は面に対して垂直な成分だけです。dS に直角で、大きさ1のベクトル（法線ベクトル）を $\boldsymbol{n}$ とすると、この成分の大きさは、$\boldsymbol{F}\cdot\boldsymbol{n}$ のような内積で表すことができますから、dS が受ける風圧の大きさは

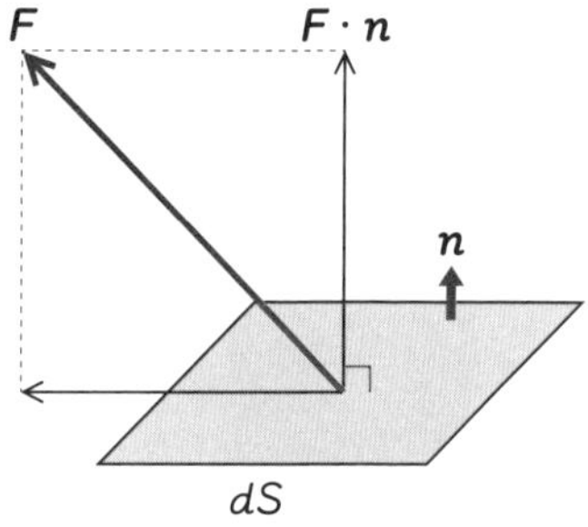

$$\boldsymbol{F}\cdot\boldsymbol{n}dS$$

と表すことができます。これを、面S全体に渡って足し合わせたものが、凧が受ける風圧の総量になります。

ベクトル場の面積分：$\iint_S \boldsymbol{F}\cdot\boldsymbol{n}\,dS$

微小面積 dS を通るベクトル量 $\boldsymbol{F}$ と、dS の法線ベクトル $\boldsymbol{n}$ との内積を、面S全体にわたって足し合わせる。

線積分と同様に、面積分についても周回積分を考えることができます。面積分の周回積分は、面Sが風船のような袋状になっていて、面の内側と外側が完全に分かれている場合です。このような面Sを**閉曲面**（へいきょくめん）といいます。

$$P = \oiint_S \boldsymbol{F}\cdot\boldsymbol{n}dS$$

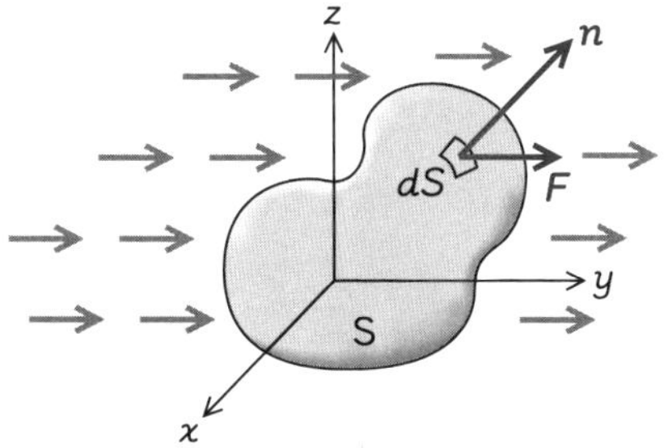

閉曲面S上に微小な面積 dS をとり、dS を通るベクトル $\boldsymbol{F}$ と、法線ベクトル $\boldsymbol{n}$ との内積をとる。これを、閉曲面全体にわたって足し合わせる。

閉曲面から出る法線ベクトル $\boldsymbol{n}$ は、かならず面の外側に向かう方向にとります。そのため、$\boldsymbol{F}$ が閉曲面Sに入ってくる場合 $\boldsymbol{F}\cdot\boldsymbol{n}$ はマイナス、$\boldsymbol{F}$ が閉曲面Sから出ていく場合 $\boldsymbol{F}\cdot\boldsymbol{n}$ はプラスとなり、入ってくる量と出ていく量の差分が面積分の値になります。

まとめ

ベクトル場の線積分：$W = \int_C \boldsymbol{F}\cdot d\boldsymbol{l}$

ベクトル場の面積分：$P = \iint_S \boldsymbol{F}\cdot\boldsymbol{n}\,dS$

05 スカラー場の勾配（grad）

この節の概要

▶そろそろ、「まだ電磁気学の話にならないの？」とそわそわしてきたと思いますが、もう少しだけおつきあいください。この節では、スカラー場の微分である勾配(grad)について説明します。

微分の考え方

微分とは、ある関数 f の入力をちょびっとだけ増やしたとき、出力がどのくらい増えるかを変化率で表したものです。たとえば、$y = f(x)$ という関数の入力を x から Δx だけ増やすと、y の値は $f(x)$ から $f(x + \Delta x)$ に変化します。その変化率は、

$$y\text{の変化率} = \frac{f(x+\Delta x) - f(x)}{\Delta x}$$

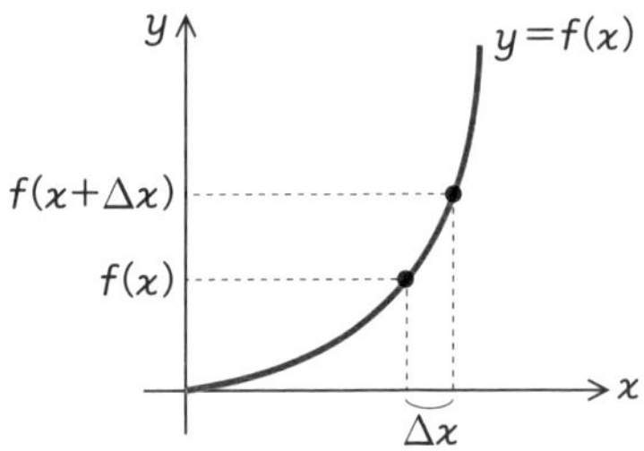

と表せますね。この Δx の値を、限りなく0に近づけたものが微分になります。式で表すと次のようになります。

$$f(x)\text{の微分：}f'(x) = \lim_{\Delta x \to 0} \frac{f(x+\Delta x) - f(x)}{\Delta x}$$

例：$f(x) = 3x^2 + 2x + 1$ の微分

$$f'(x) = \lim_{\Delta x \to 0} \frac{\{3(x+\Delta x)^2 + 2(x+\Delta x) + 1\} - (3x^2 + 2x + 1)}{\Delta x}$$

$$= \lim_{\Delta x \to 0} \frac{(3x^2 + 6x\Delta x + 3\Delta x^2 + 2x + 2\Delta x + 1) - (3x^2 + 2x + 1)}{\Delta x}$$

$$= \lim_{\Delta x \to 0} \frac{6x\Delta x + 3\Delta x^2 + 2\Delta x}{\Delta x} = \lim_{\Delta x \to 0}(6x + 2 + 3\Delta x) = 6x + 2$$

ご存知のように、上のような多項式の微分は、高校数学で習う**微分公式**を使って、次のように機械的に行うことができます。

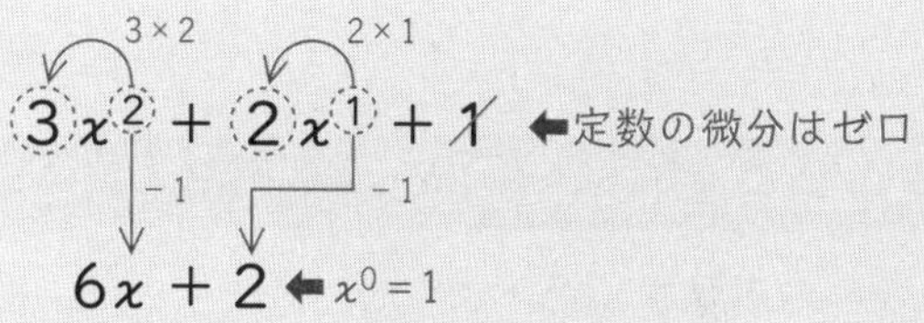

偏微分の考え方

スカラー場とは、位置を指定すると1つのスカラー量が定まる空間でした。直交座標では位置を $(x,\ y,\ z)$ のように指定するので、スカラー場を表す関数も、$f(x,\ y,\ z)$ のように3つの変数が必要です。このように、**複数の変数がある関数を微分する**ときに使うのが**偏微分**です。

偏微分は、複数の変数のうちの1個だけを微分し、残りの変数を定数とみなします。たとえば、関数 $f(x,\ y,\ z)$ の x についての偏微分は、次のようになります。

$f(x,\ y,\ z)$のxについての偏微分：

$$\frac{\partial f}{\partial x} = \lim_{\Delta x \to 0} \frac{f(x + \Delta x,\ y,\ z) - f(x,\ y,\ z)}{\Delta x}$$

$\dfrac{\partial f}{\partial x}$は、「**関数 f を x について偏微分する**」という意味の記号で、∂ はデルまたはラウンドと読みます。同様に、y についての偏微分は $\dfrac{\partial f}{\partial y}$、$z$ についての偏微分は $\dfrac{\partial f}{\partial z}$ となります。

例：$f(x, y, z) = x^2 + 2y^2 + 3z^2$ を、x、y、z について偏微分する

$$\frac{\partial f}{\partial x} = \frac{\partial}{\partial x}(x^2 + \boxed{2y^2 + 3z^2}) = 2x$$

（$2y^2 + 3z^2$：定数とみなす）

$$\frac{\partial f}{\partial y} = \frac{\partial}{\partial y}(\boxed{x^2} + 2y^2 + \boxed{3z^2}) = 4y$$

（x^2、$3z^2$：定数とみなす）

$$\frac{\partial f}{\partial z} = \frac{\partial}{\partial z}(\boxed{x^2 + 2y^2} + 3z^2) = 6z$$

（$x^2 + 2y^2$：定数とみなす）

勾配（grad）について

以上の前置きをしたところで、スカラー場の微分について考えてみましょう。座標 (x, y, z) における物理量が、関数 $f(x, y, z)$ で表されるスカラー場 f について考えます。たとえば、$f(x, y, z) = x + y + z$ とすれば、座標 $(1, 2, 3)$ における物理量は $f(1, 2, 3) = 1 + 2 + 3 = 6$ となります。

スカラー場では、空間上の位置に応じて物理量 f の値が変化します。そこで、座標 (x, y, z) から、ごく微小なベクトル $\Delta \boldsymbol{r}$ だけ位置を移動したときの f の変化量 Δf を求めてみましょう。$\Delta \boldsymbol{r} = (\Delta x, \Delta y, \Delta z)$ と置くと、変化量は次のように計算できます。

$$\Delta f = f(x + \Delta x, y + \Delta y, z + \Delta z) - f(x, y, z)$$

この式を、次のように変形します。

$$\begin{aligned} &= f(x + \Delta x, y + \Delta y, z + \Delta z) \boxed{- f(x, y + \Delta y, z + \Delta z)} \\ &\quad \boxed{+ f(x, y + \Delta y, z + \Delta z) - f(x, y, z + \Delta z)} \\ &\quad \boxed{+ f(x, y, z + \Delta z)} - f(x, y, z) \end{aligned}$$

□の部分の式は、差し引きするとちょうどゼロになるようになっています。

この式を、さらに次のように変形します。

$$= \underbrace{\frac{f(x+\Delta x,\ y+\Delta y,\ z+\Delta z)-f(x,\ y+\Delta y,\ z+\Delta z)}{\Delta x}}_{①}\Delta x$$
$$+ \underbrace{\frac{f(x,\ y+\Delta y,\ z+\Delta z)-f(x,\ y,\ z+\Delta z)}{\Delta y}}_{②}\Delta y$$
$$+ \underbrace{\frac{f(x,\ y,\ z+\Delta z)-f(x,\ y,\ z)}{\Delta z}}_{③}\Delta z$$

上の式の①、②、③の部分は、Δx、Δy、Δz をゼロに近づけると、それぞれ関数 $f(x,\ y,\ z)$ の x、y、z についての偏微分の定義になります。したがって次のように書けます。

$$= \frac{\partial f}{\partial x}\Delta x + \frac{\partial f}{\partial y}\Delta y + \frac{\partial f}{\partial z}\Delta z$$

この式は、さらに次のように2つのベクトルの内積で表すことができます。

$$= \left(\frac{\partial f}{\partial x},\ \frac{\partial f}{\partial y},\ \frac{\partial f}{\partial z}\right)\cdot(\Delta x,\ \Delta y,\ \Delta z)$$

⬅ $(a_x,\ a_y,\ a_z)\cdot(b_x,\ b_y,\ b_z) = a_x b_x + a_y b_y + a_z b_z$ (18ページ)

$$= \left(\frac{\partial f}{\partial x},\ \frac{\partial f}{\partial y},\ \frac{\partial f}{\partial z}\right)\cdot\Delta \boldsymbol{r}$$

以上で式の変形は終了です。この最後の式の $\left(\frac{\partial f}{\partial x},\ \frac{\partial f}{\partial y},\ \frac{\partial f}{\partial z}\right)$ を、スカラー場 f の**勾配**(こうばい)(gradient)といい、grad f と表します。

スカラー場fの勾配：$\mathrm{grad}\ f = \left(\frac{\partial f}{\partial x},\ \frac{\partial f}{\partial y},\ \frac{\partial f}{\partial z}\right)$

勾配の意味を理解する

勾配 grad f はベクトル量です。このベクトルの意味について考えてみましょう。

たとえば、どこからか漂ってくる匂いのもとをたどるには、なるべく匂いが強くなる方向へ移動すればいいですよね。このように、スカラー場 f のある1点から、物理量 f の変化がなるべく大きい方向に移動することを考えます。

先ほどの式が示すように、ある点からベクトル $\Delta\boldsymbol{r}$ だけ移動した場合の変化量 Δf は、grad f と $\Delta\boldsymbol{r}$ との内積で求めることができました。

$$\Delta f = (\mathrm{grad}\ f)\cdot\Delta\boldsymbol{r}$$

この値が最大となるような $\Delta\boldsymbol{r}$ が、匂いの源の方向です。ここで、grad f と $\Delta\boldsymbol{r}$ とのなす角を θ とすると、上の内積の式は

$$\Delta f = |\mathrm{grad}\ f|\,|\Delta\boldsymbol{r}|\cos\theta$$

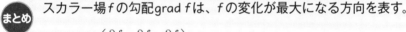

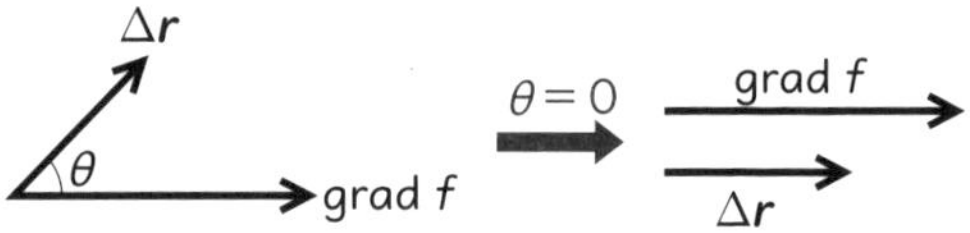

と書き換えることができます（17ページ）。この値は $\cos\theta = 1$ のとき、つまり θ が0のときに最大となります。θ が0のとき、$\Delta\boldsymbol{r}$ と grad f は同じ方向ですから、grad f は**変化量が最大となる方向を示している**ということができます。

つまり、出発点から grad f の方向へちょびっと進み、そこでまた grad f の方向へちょびっと進み…を繰り返していけば、匂いのもとにたどりつくことができる、というわけです（勾配というより匂配？）。

スカラー場 f の勾配 grad f は、f の変化が最大になる方向を表す。

なお、grad f の大きさ $|\mathrm{grad}\ f|$ は、物理量 f の変化率を表します。すなわち、$|\mathrm{grad}\ f|$ が大きいほど変化が急激になります。

まとめ

スカラー場 f の勾配 grad f は、f の変化が最大になる方向を表す。

$$\mathrm{grad}\ f = \left(\frac{\partial f}{\partial x},\ \frac{\partial f}{\partial y},\ \frac{\partial f}{\partial z}\right)$$

第2章

電荷がつくる電場

E

第2章　電荷がつくる電場

01 電荷とは

この節の概要

▶ 物質が電気を帯びるということは、そこに「電荷」があるということです。電荷とはどのようなモノで、どこから生まれるのでしょうか。

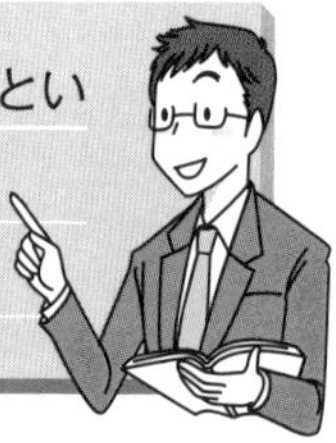

すべての物質は原子でできている

この世界にあるすべての物質は、「**原子**」というごく小さい粒子でできています。原子は**原子核**という中心と、その周囲を回る**電子**で構成されていて、原子核はさらに**陽子**と**中性子**という2種類の粒子に分解できます。

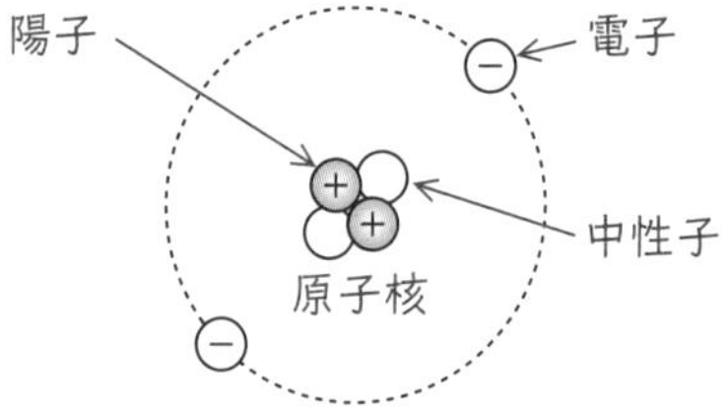

陽子、電子、中性子のうち、**陽子はプラスの電気、電子はマイナスの電気**をもっています。安定した状態の原子には、陽子と電子が同じ数だけ含まれており、電気的には中性です。ところが、何かのきっかけで電子が原子から離れてしまうと、原子の内部は電子より陽子が多い状態になり、**原子全体がプラスの電気を帯びます。**

また、安定した状態の原子に、余分な電子がくっつくと、陽子より電子のほうが多い状態になり、**原子全体がマイナスの電気を帯びます。**

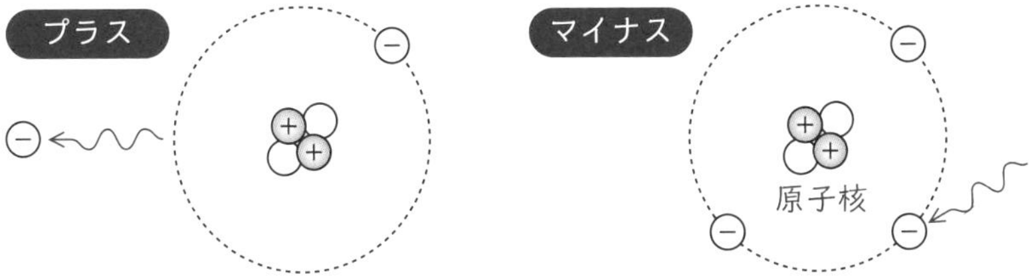

電子の数が陽子より少なくなるため、プラスに帯電する。

電子の数が陽子より多くなるため、マイナスに帯電する。

電荷とは何か

電磁気学では、プラスまたはマイナスの電気をもつ物質を**電荷**と呼んでいます。プラスの電荷を**正電荷**、マイナスの電荷を**負電荷**といいます。

実際には「電荷」という特別な物質があるわけではなく、物質の表面や空間に**電子が不足している場所**や、逆に**電子が集中している場所**に生じる電気を正電荷、負電荷と呼んでいます。とはいえイメージとしては、電荷というモノが空間にフワフワ浮かんでいる、あるいは物質の内部をゾロゾロ移動していると考えて、とくに差し支えありません。

電荷の量は、クーロン〔C〕という単位を使って表します。正電荷はプラス、負電荷はマイナスのクーロンになります。

1個の電子、または1個の陽子が、この世界に存在する電荷の最小単位になります。1個の電子または陽子がもっている電荷の量は、

電子：$-e = 1.602 \times 10^{-19}$C　　陽子：$+e = 1.602 \times 10^{-19}$C

で、このeを**電気素量**（でんきそりょう）といいます。この世界にある電荷は、かならずeの整数倍になります。したがって、厳密にいえば1クーロンぴったりの電荷というものはありえないわけですが、そこは気にしないことにしましょう。

まとめ　余分な電子は負電荷となり、電子がとれた原子は正電荷となる。

02 クーロンの法則

この節の概要

▶ 2つの電荷間には、磁石のように互いに引き寄せあう力や反発する力が働きます。この不思議な現象が、電磁気学の出発点です。

クーロンの法則とは

同じ符号の電荷どうしには、互いに反発する力（**斥力**（せきりょく））が働きます。また、異なる符号の電荷どうしには引き寄せ合う力（**引力**（いんりょく））が働きます。18世紀フランスの物理学者クーロンは、2つの電荷の間に働く力を実験によって精密に測定し、

電荷に働く力は2つの電荷の積に比例し、2つの電荷の距離の2乗に反比例する。

という法則をつきとめました。この法則を**クーロンの法則**といい、電荷の間に働く力を**クーロン力**といいます。

同じ符号の電荷どうしは
反発する（斥力）

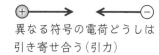

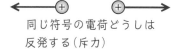

異なる符号の電荷どうしは
引き寄せ合う（引力）

クーロンの法則を数式で表しましょう。2つの点電荷 q_1、q_2 が、真空中に距離 r だけ離れて静止しているものとします。このとき、2つの電荷に働く力 $\boldsymbol{F}$ の大きさは、次のようになります。

$$F = k\frac{q_1 q_2}{r^2}$$

（k：比例定数、$q_1 q_2$：2つの電荷の積に比例、r^2：距離の2乗に反比例）

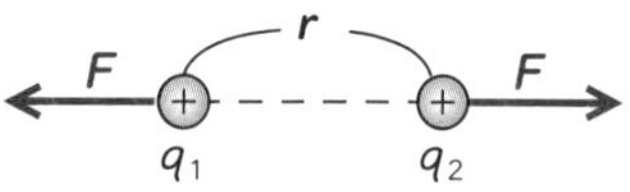

比例定数kは、約8.988×10^9となることが実験によってわかっています（ただし、力$\boldsymbol{F}$の単位はニュートン〔N〕、電荷q_1、q_2の単位はクーロン〔C〕、距離の単位はメートル〔m〕）。

もっとも、この比例定数kはそのまま使わず、$k = \frac{1}{4\pi\epsilon_0}$と置いて

$$F = \frac{q_1 q_2}{4\pi\epsilon_0 r^2} \quad \leftarrow k = \frac{1}{4\pi\epsilon_0}$$

とするのが一般的です。上の式の記号ϵ_0（イプシロンゼロ）は真空の誘電率（ゆうでんりつ）というちょっとカッコいい名前が付いている定数で、$\epsilon_0 = 8.85418782 \times 10^{-12}$〔$\mathrm{C^2/Nm^2}$〕となります。

参考

1クーロンの点電荷2個を1メートル離して置いたときに働く力の大きさは、クーロンの法則より約8.988×10^9ニュートンです。この力は、約91.7万トンの物体に働く重力に相当し、クーロン力が重力に比べて非常に巨大であることがわかります。

クーロン力をベクトルで表す

上の数式は高校の物理で習うクーロンの法則ですが、計算結果がスカラー量なのがちょっと残念です。力はベクトル量ですから、計算結果もベクトルになるよう、上の数式をバージョンアップしましょう。

q_1からq_2へと向かうベクトル$\boldsymbol{r}$を考えます。すると、q_2に働く力$\boldsymbol{F}$は、ベクトル$\boldsymbol{r}$と同じ方向です（q_1、q_2が同じ符号の場合）。そこで、方向が$\boldsymbol{r}$と同じで、大きさが1の単位ベクトルを$\boldsymbol{e}_r$とし、上のクーロンの法則の式を次のように書き換えます。

$$\boldsymbol{F} = \frac{q_1 q_2}{4\pi\epsilon_0 |\boldsymbol{r}|^2} \boldsymbol{e}_r$$

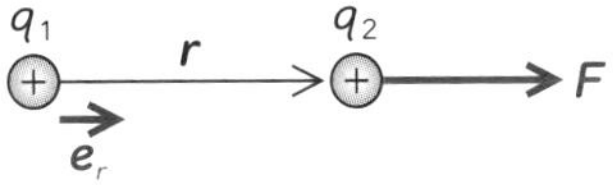

また、$\boldsymbol{e}_r = \boldsymbol{r}/|\boldsymbol{r}|$として、次のように表す方式もあります。3乗が出てきてしまいますが、計算する場合はこちらの式のほうが便利です。

$$\boldsymbol{F} = \frac{q_1 q_2}{4\pi\epsilon_0 |\boldsymbol{r}|^2} \boxed{\frac{\boldsymbol{r}}{|\boldsymbol{r}|}} = \frac{q_1 q_2}{4\pi\epsilon_0} \frac{\boldsymbol{r}}{\boldsymbol{r}^3}$$

↑ $\boldsymbol{e}_r$

クーロンの法則：$\boldsymbol{F} = \dfrac{q_1 q_2}{4\pi\epsilon_0 |\boldsymbol{r}|^2} \boldsymbol{e}_r$ または $\boldsymbol{F} = \dfrac{q_1 q_2}{4\pi\epsilon_0} \dfrac{\boldsymbol{r}}{|\boldsymbol{r}|^3}$

どちらの式でも、力 $\boldsymbol{F}$ をベクトルとして表すことができます。バージョンアップ版クーロンの法則では、ベクトル $\boldsymbol{F}$ は q_1、q_2 が同じ符号のときプラス、q_1、q_2 が異なる符号のときマイナスになることに注意しましょう。これは、2つの電荷が同じ符号のとき斥力、異なる符号のとき引力になることに対応しています。

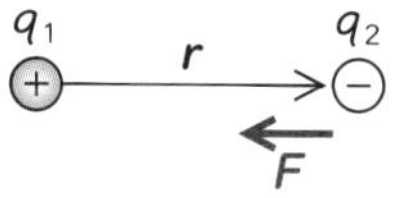

q_1 と q_2 の符号が異なるとき、$\boldsymbol{F}$ の符号はマイナスとなるので $\boldsymbol{r}$ と反対方向になる。

重ね合わせの原理

次に、電荷が3つある場合を考えてみます。点電荷 q_1、q_2、q_3 が図のように位置しているとき、q_1 に働く力はどのようになるでしょうか？

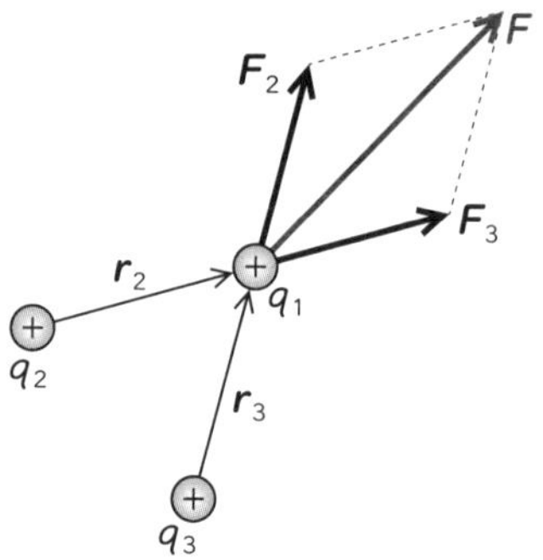

一見複雑そうに見えますが、答えは非常に単純で、q_2 から受ける力と q_3 から受ける力を足し合わせるだけでいいのです。

$$\boldsymbol{F} = \boldsymbol{F}_2 + \boldsymbol{F}_3 = \frac{q_1 q_2}{4\pi\epsilon_0} \frac{\boldsymbol{r}_2}{|\boldsymbol{r}_2|^3} + \frac{q_1 q_3}{4\pi\epsilon_0} \frac{\boldsymbol{r}_3}{|\boldsymbol{r}_3|^3}$$

もちろんベクトル同士の足し算なので、結果は右図のように2つのベクトルの和になります。電荷がいくつになっても考え方は同じで、ある電荷に働く力は、各電荷から受ける力を合成すれば求めることができます。これを、**重ね合わせの原理**といいます。

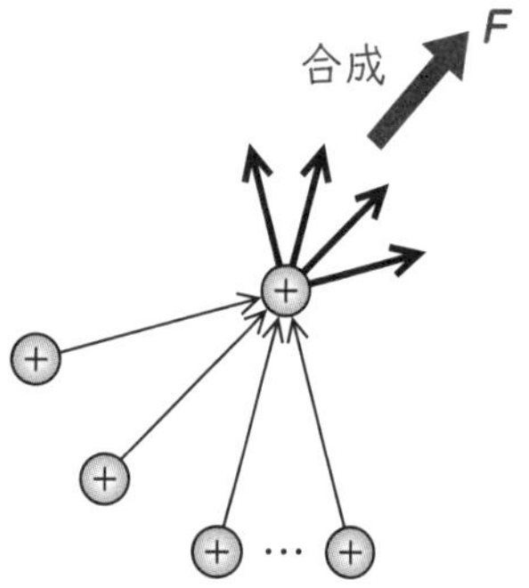

重ね合わせの原理：1つの電荷に働く力は、各電荷から受ける力を足し合わせたものに等しい。

ここまでの説明を、例題で確認しましょう。

例題 真空中において、図のように一辺の長さが r の正三角形の頂点A、B、Cに、電荷量 q の点電荷を置いたとき、頂点Aの電荷に働く力 $\boldsymbol{F}$ を求めよ。

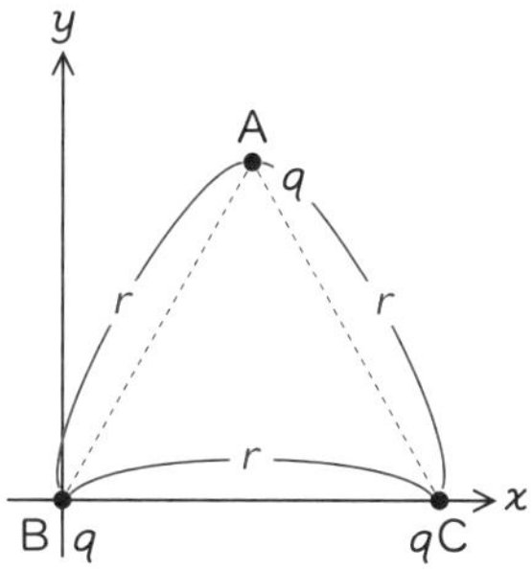

解 点Bから点Aに向かうベクトルを $\boldsymbol{r}_b$、点Cから点Aに向かうベクトルを $\boldsymbol{r}_c$ とすると、点Aの電荷に働く力 $\boldsymbol{F}$ は次のように求められます。

$$\boldsymbol{F} = \frac{q^2}{4\pi\epsilon_0}\frac{\boldsymbol{r}_\mathrm{b}}{|\boldsymbol{r}_\mathrm{b}|^3} + \frac{q^2}{4\pi\epsilon_0}\frac{\boldsymbol{r}_\mathrm{c}}{|\boldsymbol{r}_\mathrm{c}|^3}$$

$|\boldsymbol{r}_\mathrm{b}| = |\boldsymbol{r}_\mathrm{c}| = r$

$$= \frac{q^2}{4\pi\epsilon_0 r^3}(\boldsymbol{r}_\mathrm{b} + \boldsymbol{r}_\mathrm{c})$$

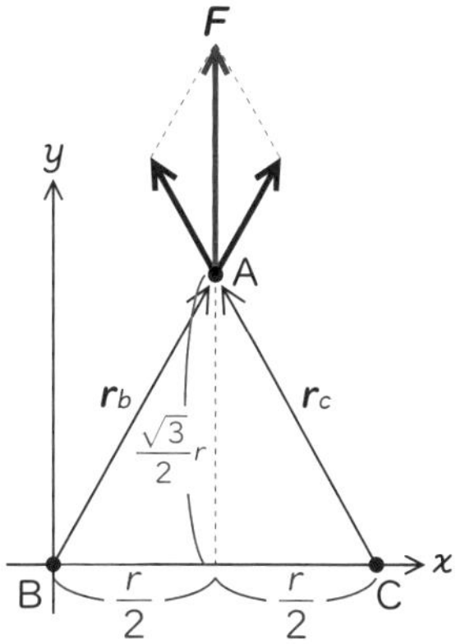

ここで、ベクトル $\boldsymbol{r}_b$ とベクトル $\boldsymbol{r}_c$ を単位ベクトルの $\boldsymbol{e}_x$ 成分と $\boldsymbol{e}_y$ 成分に分解すると、$\boldsymbol{r}_\mathrm{b} = \frac{r}{2}\boldsymbol{e}_x + \frac{\sqrt{3}\,r}{2}\boldsymbol{e}_y$, $\boldsymbol{r}_\mathrm{c} = -\frac{r}{2}\boldsymbol{e}_x + \frac{\sqrt{3}\,r}{2}\boldsymbol{e}_y$ となるので、

$$\boldsymbol{F} = \frac{q^2}{4\pi\epsilon_0 r^3}\left(\frac{r}{2}\boldsymbol{e}_x + \frac{\sqrt{3}\,r}{2}\boldsymbol{e}_y - \frac{r}{2}\boldsymbol{e}_x + \frac{\sqrt{3}\,r}{2}\boldsymbol{e}_y\right)$$

$$= \frac{\sqrt{3}\,rq^2}{4\pi\epsilon_0 r^3}\boldsymbol{e}_y = \frac{\sqrt{3}\,q^2}{4\pi\epsilon_0 r^2}\boldsymbol{e}_y \quad \cdots \text{(答)}$$

まとめ

- クーロンの法則： $\boldsymbol{F} = \dfrac{q_1 q_2}{4\pi\epsilon_0 |\boldsymbol{r}|^2}\boldsymbol{e}_r$ または $\boldsymbol{F} = \dfrac{q_1 q_2}{4\pi\epsilon_0}\dfrac{\boldsymbol{r}}{|\boldsymbol{r}|^3}$
- 1つの電荷に働く力は、各電荷から受ける力を足し合わせたものに等しい（重ね合わせの原理）。

コラム **クーロン力と琥珀(こはく)**

クーロン力の身近な例として、静電気があります。プラスチックの下敷きを髪の毛でこすると髪の毛が下敷きにくっつくという静電気の実験は、誰でも一度はやったことがあるでしょう。これは、摩擦によって髪の毛から下敷きに電子が移動し、下敷きにマイナスの電荷、髪の毛にプラスの電荷がたまるために起こります。

この現象は古代ギリシャの時代にはすでに知られていました。古代ギリシャにプラスチックの下敷きはありませんでしたが、琥珀(こはく)にほこりなどがくっつくことが知られていました。琥珀はギリシャ語でエレクトロンといい、これが電気という意味の electricity の語源になっています。

03 電場（でんば）とは

この節の概要

▶ 前節のクーロンの法則は、2つの電荷のあいだの関係を表していました。この関係を別の角度からとらえ直すと「電場」という新たな世界が見えてきます。

遠隔力と近接力

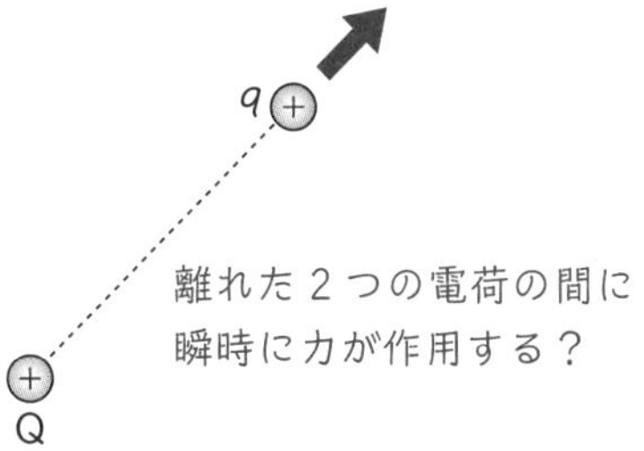

q
Q
離れた2つの電荷の間に
瞬時に力が作用する？

クーロンの法則では、距離の離れた電荷どうしは、互いに接触せず、あいだに何も介さずに、瞬時に力を及ぼし合っているようにみえます。このように作用する力を遠隔力（えんかくりょく）といいます。

有名なニュートンは、自分が発見した万有引力を遠隔力だと考えました。そのため、万有引力によく似たクーロン力も、発見された当初は遠隔力だろうと考えられていました。

しかし、あいだに何も介在せずに、どうやって離れた場所に力を作用させることができるのでしょうか？　ちょっと説明がつきません。そこで、19世紀イギリスのファラデーという物理学者は次のように考えました。

「電荷が力の源となる何らかの変化を空間にもたらし、その変化がもう1つの電荷に伝わって、力が生まれるのだ」

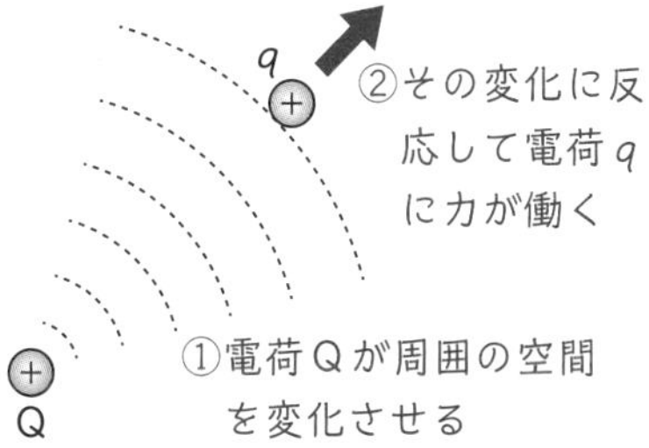

q
②その変化に反応して電荷q
に力が働く
①電荷Qが周囲の空間
を変化させる
Q

いわば、**空間自体が力を媒介している**という説明です。このように作用する力を**近接力**（きんせつりょく）といいます。現在ではファラデーのいうとおり、**クーロン力は近接力**であることがわかっています。そして、じつは万有引力も近接力であることが、アインシュタインによって明らかにされています。

電場（電界）とは

クーロン力を近接力と考えた場合、電荷を空間に置いたときに周囲に広がる空間の変化を、**電場**（でんば）または**電界**（でんかい）といいます。これまでクーロンの法則によって理解してきた現象を、電場という考え方を使ってとらえなおしてみましょう。

まず、空間に点電荷 Q を置きます。次に、この Q から距離 r だけ離れた位置に点電荷 q を置きます。このとき点電荷 q に働く力 $\boldsymbol{F}$ は、次のように表すことができます。

$$\boldsymbol{F} = \frac{Qq}{4\pi\epsilon_0}\frac{\boldsymbol{r}}{|\boldsymbol{r}|^3} = q\left(\boxed{\frac{Q}{4\pi\epsilon_0}\frac{\boldsymbol{r}}{|\boldsymbol{r}|^3}}\right)$$

← 電荷Qによって生じる「何か」

この式はクーロンの法則を変形しただけですが、電荷 q に働く力 $\boldsymbol{F}$ が、カッコ内に書いた式によって表される「何か」によって生じるものであることを示しています。つまり、

①点電荷 Q が、空間上のある点に「何か」を生み出す。
②点電荷 q がこの「何か」に反応して、力 $\boldsymbol{F}$ が生じる。

という、近接力の考え方に沿った式になっています。

①の「何か」は、点電荷 q に力を与える源とみなすことができます。この力の源を、**電場**または**電界**といい、記号 $\boldsymbol{E}$ で表します。

上の式のカッコでくくった部分が、電場 $\boldsymbol{E}$ を表す式になります。

電場：$\boldsymbol{E} = \dfrac{Q}{4\pi\epsilon_0}\dfrac{\boldsymbol{r}}{|\boldsymbol{r}|^3}$　または　$\boldsymbol{E} = \dfrac{Q}{4\pi\epsilon_0|\boldsymbol{r}|^2}\boldsymbol{e}_r$　※ $\boldsymbol{e}_r = \dfrac{\boldsymbol{r}}{|\boldsymbol{r}|}$

電場と電界はどちらでもよいのですが、理学系は「電場」、工学系は「電界」と呼ぶことが多いと言われています。

式からわかるように、電場 $\boldsymbol{E}$ は大きさと方向をもつベクトル量です。また、電場 $\boldsymbol{E}$ の大きさは、電荷 Q からの距離 r によって定まります。つまり、空間上の1点を指定すると、その位置の電場の大きさが決まります。すなわち、**電場 $\boldsymbol{E}$ はベクトル場**の一種です。

参考

電場の大きさ（電場の強さともいう）だけを表すときは、次のように書けます。

$$\text{電場の大きさ（強さ）}：|\boldsymbol{E}| = E = \frac{Q}{4\pi\epsilon_0|\boldsymbol{r}|^2}$$

電場 $\boldsymbol{E}$ の中に電荷 q を置くと、電荷 q には $q\boldsymbol{E}$ で表される力が働きます。式で表すと、

$$\boldsymbol{F} = q\boldsymbol{E}$$

上の式のように、電場 $\boldsymbol{E}$ に電荷 q〔C〕を掛けると力 $\boldsymbol{F}$〔N〕になるので、電場 $\boldsymbol{E}$ の単位は〔N/C〕と書けます。ただし一般には、後で説明するように〔V/m〕という単位が使われます（79ページ）。

点電荷がつくる電場

1個の点電荷 Q がつくる電場 $\boldsymbol{E}$ の大きさは、点電荷 Q の大きさに比例し、点電荷 Q からの距離 r の2乗に反比例します。

$$\boldsymbol{E} = \frac{Q}{4\pi\epsilon_0|\boldsymbol{r}|^2}\boldsymbol{e}_r \qquad ※\ \boldsymbol{e}_r = \frac{\boldsymbol{r}}{|\boldsymbol{r}|}$$

（Q：電荷の大きさに比例／$|\boldsymbol{r}|^2$：距離の2乗に反比例）

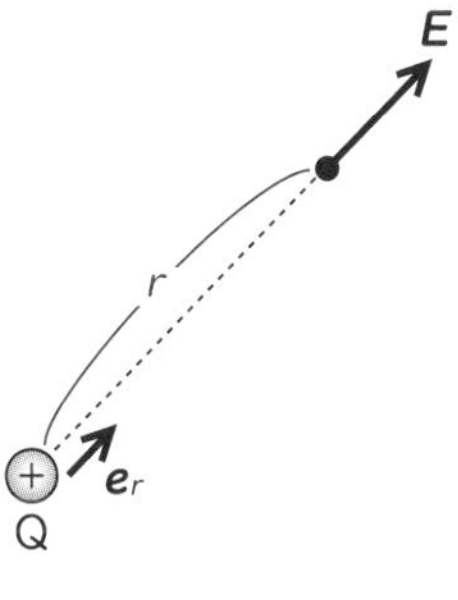

また、電場 $\boldsymbol{E}$ の方向は、点電荷 Q を中心に放射状に伸びる線に沿って、Q が正電荷のときは外向き、Q が負電荷のときは内向きになります。

図は平面ですが、実際には球対称になります。

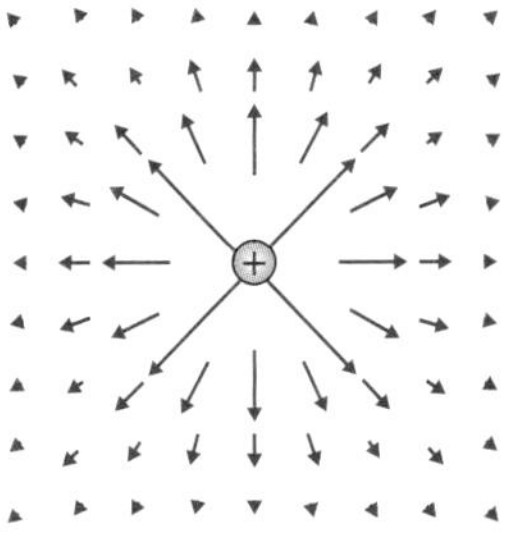
正電荷による電場

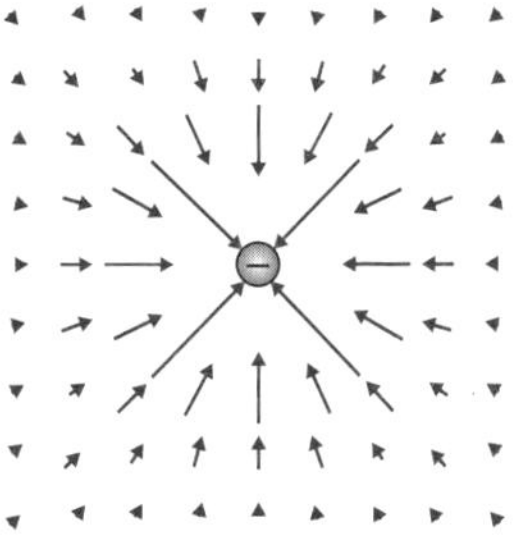
負電荷による電場

2つ以上の点電荷がつくる電場は、各電荷によって生じる電場の合成になります。

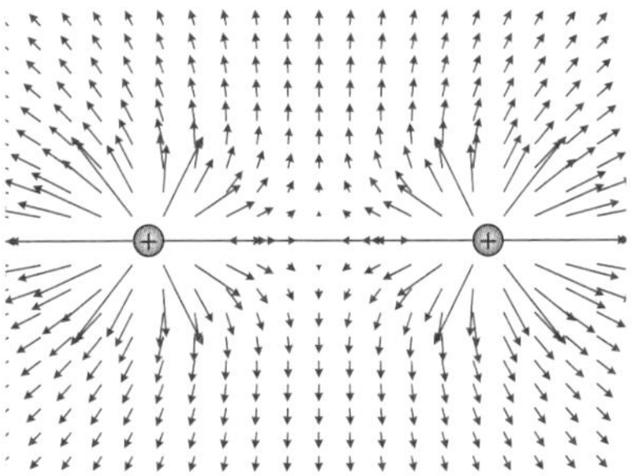
同符号の点電荷を2つ並べた場合

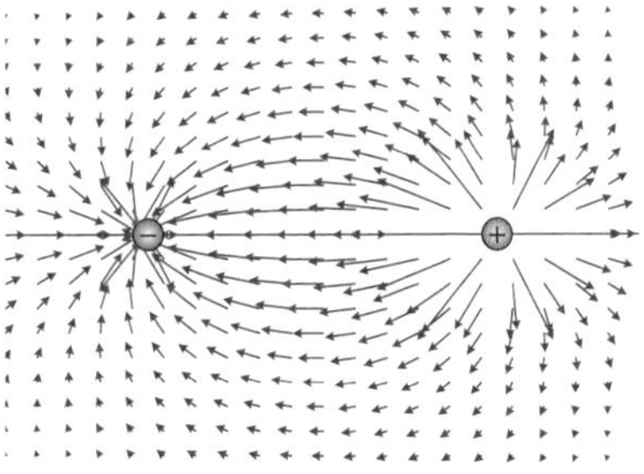
異符号の点電荷を2つ並べた場合

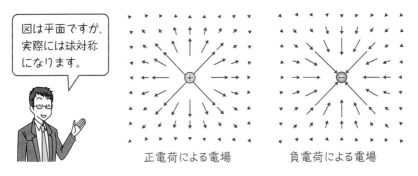

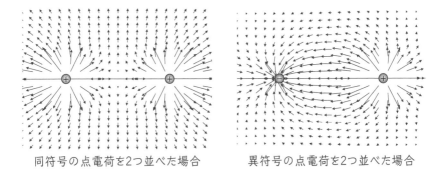

まとめ

点電荷 Q の周囲には、次の式で表される電場 $\boldsymbol{E}$ ができる。

$$\text{電場}：\boldsymbol{E}=\frac{Q}{4\pi\epsilon_0}\frac{\boldsymbol{r}}{|\boldsymbol{r}|^3}\quad\text{または}\quad\boldsymbol{E}=\frac{Q}{4\pi\epsilon_0|\boldsymbol{r}|^2}\boldsymbol{e}_r$$

電場 $\boldsymbol{E}$ の中に電荷 q を置くと、電荷 q に電場が作用して、$\boldsymbol{F}=q\boldsymbol{E}$ で表されるクーロン力が働く。

04 連続分布する電荷による電場

この節の概要

▶ 空間に連続的に分布する電荷が、どのような電場をつくるかを考えます。また、具体的な電場の計算方法を、例題を通して確認します。

空間に分布する電荷による電場

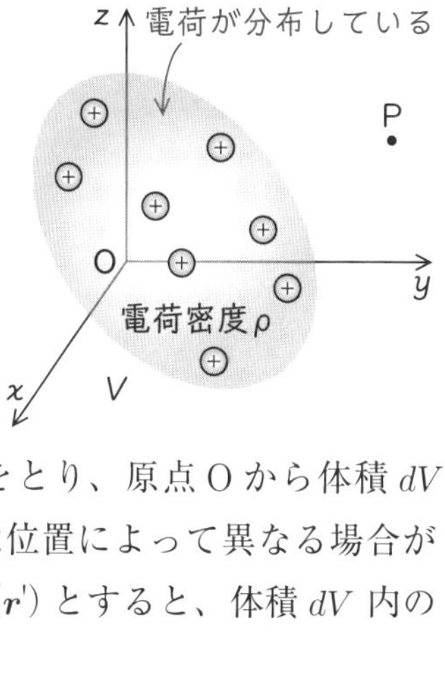
この体積の中に、
電荷が分布している
z
P
O
y
電荷密度ρ
x
V

空間に点電荷がポツンと浮いているような電場は、現実世界には存在しません。現実に存在する電荷は、ある体積をもつ空間や物質中に分布している場合が多いでしょう。そこで、右図のような体積 $\boldsymbol{V}$ のなかに分布する電荷を考えます。この電荷のカタマリによって、点P上にできる電場を求めてみましょう。

まず、体積Vのなかに微小な体積 dV をとり、原点Oから体積 dV に至るベクトルを $\boldsymbol{r}'$ とします。電荷密度は位置によって異なる場合があるので、$\boldsymbol{r}'$ の位置における電荷密度を $\rho(\boldsymbol{r}')$ とすると、体積 dV 内の電荷の量は $\rho(\boldsymbol{r}')\,dV$ と表せます。

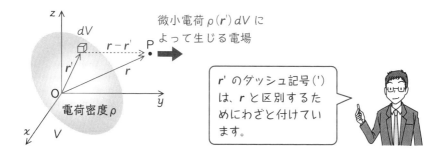

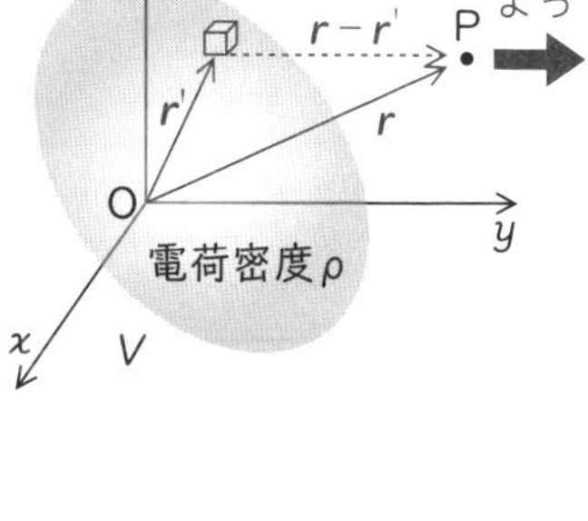
z
dV
r−r'
P
微小電荷 ρ(r')dV によって生じる電場
r'
r
O
y
電荷密度ρ
x
V

r' のダッシュ記号(')は、r と区別するためにわざと付けています。

原点Oから点Pに至るベクトルを$\boldsymbol{r}$とすると、dVから点Pに至るベクトルは$\boldsymbol{r}-\boldsymbol{r}'$と表せます。以上から、$dV$の位置にある電荷によって点Pに生じる電場は、$\boldsymbol{E}=\frac{Q}{4\pi\epsilon_0}\frac{\boldsymbol{r}}{|\boldsymbol{r}|^3}$より、

$$d\boldsymbol{E}=\frac{\rho(\boldsymbol{r}')dV}{4\pi\epsilon_0}\frac{(\boldsymbol{r}-\boldsymbol{r}')}{|\boldsymbol{r}-\boldsymbol{r}'|^3}$$

となります。

この$d\boldsymbol{E}$は、体積Vのなかにある微小体積dV1つ分がつくる電場にすぎません。分布電荷全体の電場を求めるには、この式を体積V全体にわたって体積積分します。

r'とdVが体積V内をくまなく動いて積分します。rは積分の計算では動かないことに注意しましょう。

$$\boldsymbol{E}(\boldsymbol{r})=\iiint_V\frac{\rho(\boldsymbol{r}')dV}{4\pi\epsilon_0}\frac{(\boldsymbol{r}-\boldsymbol{r}')}{|\boldsymbol{r}-\boldsymbol{r}'|^3}$$

定数を積分の前に出して整理すると、次のようになります。

連続分布する電荷による電場：

$$\boldsymbol{E}(\boldsymbol{r})=\frac{1}{4\pi\epsilon_0}\iiint_V\frac{\rho(\boldsymbol{r}')(\boldsymbol{r}-\boldsymbol{r}')}{|\boldsymbol{r}-\boldsymbol{r}'|^3}dV$$

なかなかごつい式になりました。この式を使えば、理論上はどんな電場でも計算できます。しかし実際には、この式を使って電場を計算するのはかなり面倒です。とはいえ、ナツメ社の担当編集者が「どれくらい面倒かはやってみないとわからない」とおっしゃるので（編集者注：言ってません！）、いくつかの例題で確認してみましょう。

直線上に分布する電荷による電場

現実世界の電荷の分布は、コンピュータを使わないと計算できない場合もあるので、ここではより単純化した電荷分布について、どんな電場ができるかを考えてみます。

例題 無限に長い直線上に、線電荷密度 λ の電荷が一様に分布しているときの電場を求めよ。

解 図のように、点Oから r だけ離れた点Pの電場を考えます。点Oから l だけ離れた直線上の点Lに微小長さ dl をとると、点Lの電荷は λdl となります。この微小電荷によって生じる点Pの電場を $d\boldsymbol{E}$ としましょう。

次に、点Oから点Lと逆方向に l だけ離れた直線上の点L' に同じように微小長さ dl をとり、点L' の微小電荷によって生じる点Pの電場を $d\boldsymbol{E}'$ とします。

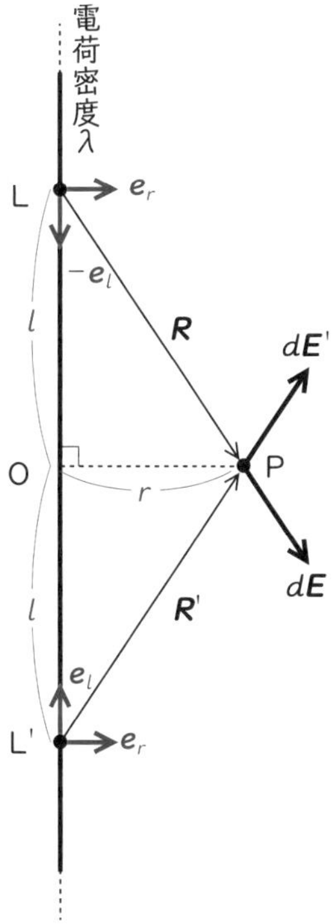

電場 $d\boldsymbol{E}$ と $d\boldsymbol{E}'$ は、それぞれ次のように表せます。

$$d\boldsymbol{E} = \frac{\lambda dl}{4\pi\epsilon_0}\frac{\boldsymbol{R}}{|\boldsymbol{R}|^3}, \quad d\boldsymbol{E}' = \frac{\lambda dl}{4\pi\epsilon_0}\frac{\boldsymbol{R}'}{|\boldsymbol{R}'|^3}$$

ここで、ベクトル $\boldsymbol{R}$ とベクトル $\boldsymbol{R}'$ は、単位ベクトルを使ってそれぞれ、

$$\boldsymbol{R} = r\boldsymbol{e}_r - l\boldsymbol{e}_l, \quad \boldsymbol{R}' = r\boldsymbol{e}_r + l\boldsymbol{e}_l$$

のように書けます。また、$\boldsymbol{R}$ と $\boldsymbol{R}'$ は大きさが等しく、

$$|\boldsymbol{R}| = |\boldsymbol{R}'| = \sqrt{r^2 + l^2}$$

となります。

dE と dE' を合成すると、図のように直線と平行な成分は打ち消し合って、直線に対して垂直な成分だけが残ります。これを式で書くと、次のようになります。

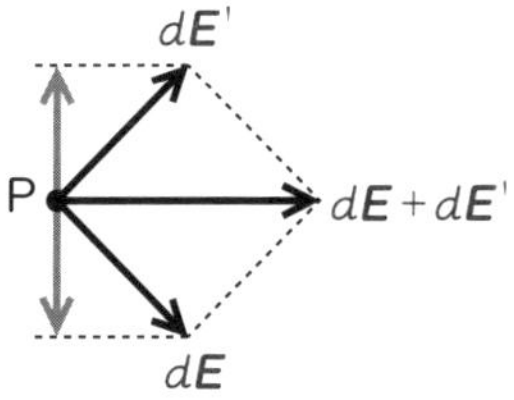

$$
\begin{aligned}
d\boldsymbol{E}+d\boldsymbol{E}' &= \frac{\lambda dl}{4\pi\epsilon_0}\frac{\boldsymbol{R}}{|\boldsymbol{R}|^3}+\frac{\lambda dl}{4\pi\epsilon_0}\frac{\boldsymbol{R}'}{|\boldsymbol{R}'|^3}\\
&= \frac{\lambda dl}{4\pi\epsilon_0}\frac{\boldsymbol{R}+\boldsymbol{R}'}{(\sqrt{r^2+l^2})^3} \quad \leftarrow \text{定数を外に出す}\\
&= \frac{\lambda dl}{4\pi\epsilon_0}\frac{(r\boldsymbol{e}_r-l\boldsymbol{e}_l)+(r\boldsymbol{e}_r+l\boldsymbol{e}_l)}{(\sqrt{r^2+l^2})^3} \quad \leftarrow \text{単位ベクトルで表す}\\
&= \frac{\lambda r dl}{2\pi\epsilon_0\left(\sqrt{r^2+l^2}\right)^3}\boldsymbol{e}_r
\end{aligned}
$$

点Pにおける電場 $\boldsymbol{E}$ は、上の式の l を0から無限大∞まで線積分すれば求められます。

$$
\begin{aligned}
\boldsymbol{E} &= \int_0^\infty \frac{\lambda r dl}{2\pi\epsilon_0(\sqrt{r^2+l^2})^3}\boldsymbol{e}_r = \frac{\lambda\boldsymbol{e}_r}{2\pi\epsilon_0}\int_0^\infty \frac{r}{(\sqrt{r^2+l^2})^3}dl\\
&= \frac{\lambda\boldsymbol{e}_r}{2\pi\epsilon_0}\int_0^\infty \frac{1}{r^2}\frac{r^3}{(\sqrt{r^2+l^2})^3}dl \quad \leftarrow \text{分母と分子に } r^2 \text{ を掛ける}
\end{aligned}
$$

両側のベクトルを合成しているので、積分範囲は上半分（または下半分）になります。

この積分を行うには、高校数学で習う**置換積分**のテクニックを使います。$\tan\theta = \dfrac{l}{r}$ より、$l = r\tan\theta$ と置き、両辺を θ で微分すると、

$$
l = r\tan\theta \;\Rightarrow\; \frac{dl}{d\theta} = \frac{r}{\cos^2\theta} \;\Rightarrow\; dl = \frac{r}{\cos^2\theta}d\theta
$$

微分公式：$(\tan\theta)' = \dfrac{1}{\cos^2\theta}$

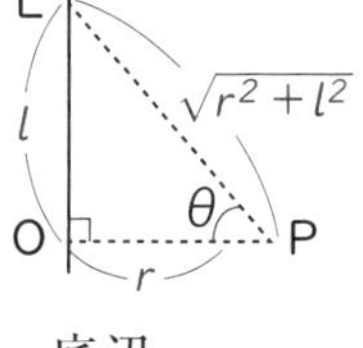

となります。また、$\dfrac{r}{\sqrt{r^2+l^2}}$ は直角三角形OPLの $\dfrac{\text{底辺}}{\text{斜辺}}$ なので、

cosθです。積分範囲は、右図のようにlが0のときθ = 0、lを無限大 (∞) に伸ばすとθは直角 (π/2) になります。これらを元の式に代入して計算します。

l	$0 \to \infty$
θ	$0 \to \pi/2$

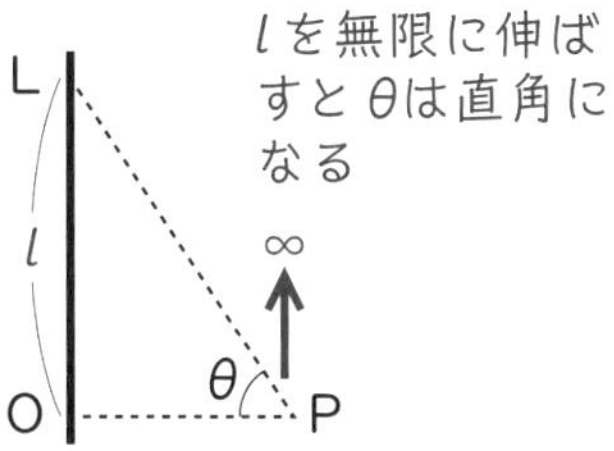

lを無限に伸ばすとθは直角になる
L
l
∞
θ
O
P

$$\boldsymbol{E} = \frac{\lambda \boldsymbol{e}_r}{2\pi\epsilon_0}\int_0^{\frac{\pi}{2}} \frac{\cos^3\theta}{r^2}\underbrace{\frac{r}{\cos^2\theta}d\theta}_{dl}$$

$$= \frac{\lambda \boldsymbol{e}_r}{2\pi\epsilon_0 r}\int_0^{\frac{\pi}{2}} \cos\theta d\theta$$

$$= \frac{\lambda \boldsymbol{e}_r}{2\pi\epsilon_0 r}\Big[\sin\theta\Big]_0^{\frac{\pi}{2}} = \frac{\lambda \boldsymbol{e}_r}{2\pi\epsilon_0 r}\Big(\underbrace{\sin\frac{\pi}{2}}_{1} - \underbrace{\sin 0}_{0}\Big) = \frac{\lambda}{2\pi\epsilon_0 r}\boldsymbol{e}_r$$

積分公式：$\int \cos\theta d\theta = \sin\theta$

電場の方向は直線と垂直で、直線上の電荷が正電荷なら外向きの方向になります。点Oから点Pに向かうベクトルを$\boldsymbol{r}$とすれば、電場$\boldsymbol{E}(\boldsymbol{r})$は次のように表せます。

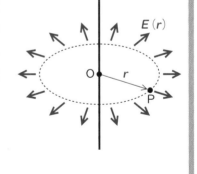

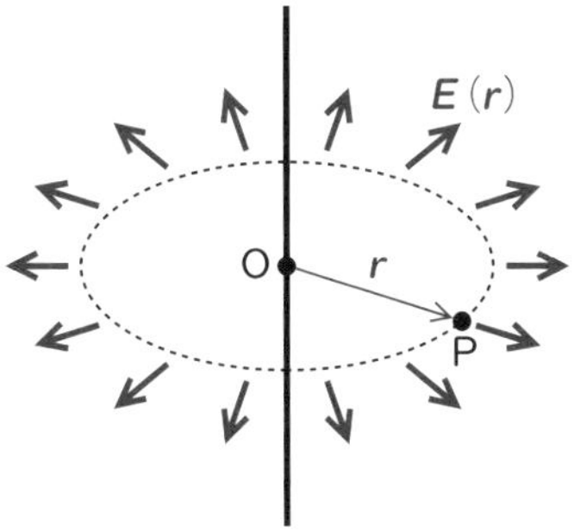

$$\boldsymbol{E}(\boldsymbol{r}) = \frac{\lambda}{2\pi\epsilon_0|\boldsymbol{r}|}\underbrace{\frac{\boldsymbol{r}}{|\boldsymbol{r}|}}_{\boldsymbol{e}_r}$$

$$= \frac{\lambda}{2\pi\epsilon_0}\frac{\boldsymbol{r}}{|\boldsymbol{r}|^2} \quad \cdots \text{（答）}$$

いかがでしょうか。線電荷密度の積分は線積分で計算できるので、置換積分や三角関数の積分といった高校数学レベルの計算テクニックだけで、何とか計算できましたね。しかし、次の例題ではそうも言っていられなくなります。

円形の平面上に分布する電荷による電場

例題 図のような半径 a の円形の平面上に、電荷が面電荷密度 σ で一様に分布しているとき、円の中心から垂直に l 離れた z 軸上の点Pに生じる電場を求めよ。

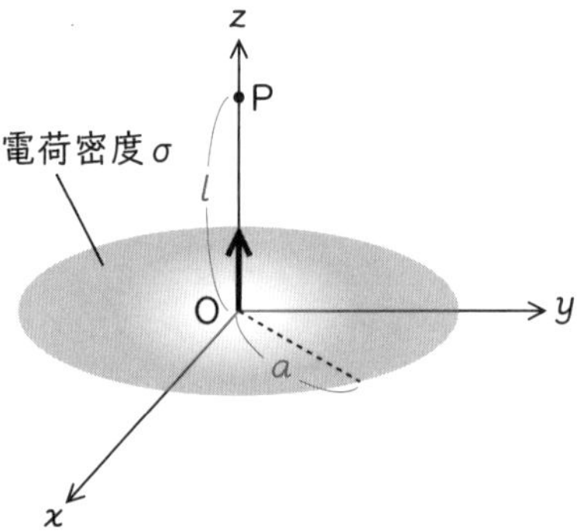

解 電荷が分布している円盤上に、微小面積 dS をとります。この微小面積 dS のとり方ですが、図のようにまず円盤を細長いピザ状に切り取り、次にこのピザの一片を扇形に切り取ります。原点Oから dS までの距離を r、ピザ一片の中心の角度を $d\varphi$、dS の半径方向の長さを dr とします。

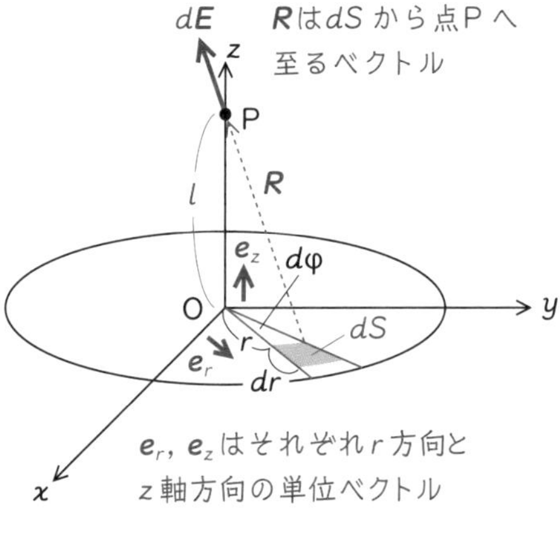

微小面積 dS によって点 P に生じる電場 $d\boldsymbol{E}$ は、次のように求めることができます。

$$d\boldsymbol{E} = \frac{\sigma dS}{4\pi\epsilon_0}\frac{\boldsymbol{R}}{|\boldsymbol{R}|^3}, \quad \boldsymbol{R} = -r\boldsymbol{e}_r + l\boldsymbol{e}_z$$

次に、この微小面積 dS を180° 回転させた位置に、同じように微小面積 dS' をとり、これによって点 P に生じる電場 $d\boldsymbol{E}'$ を求めます。

$$d\boldsymbol{E}' = \frac{\sigma dS'}{4\pi\epsilon_0}\frac{\boldsymbol{R}'}{|\boldsymbol{R}'|^3}, \quad \boldsymbol{R}' = r\boldsymbol{e}_r + l\boldsymbol{e}_z$$

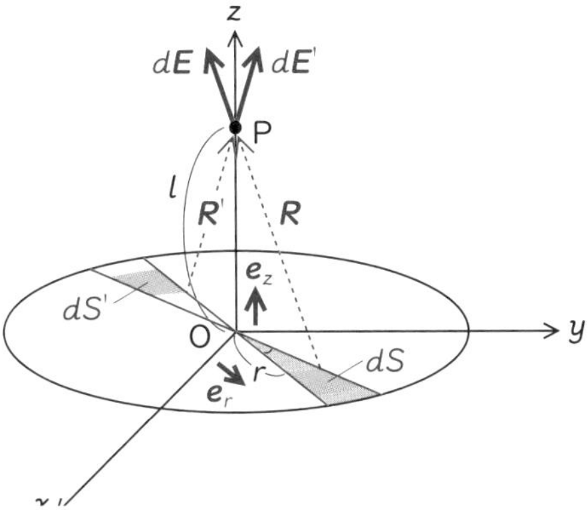

2つの電場を合成すると、図のように z 軸に垂直な成分が打ち消し合って、z 軸と平行なベクトルになります。式で書くと、

$$\begin{aligned} d\boldsymbol{E} + d\boldsymbol{E}' &= \frac{\sigma dS}{4\pi\epsilon_0}\frac{\boldsymbol{R}+\boldsymbol{R}'}{(\sqrt{r^2+l^2})^3} \\ &= \frac{\sigma dS}{4\pi\epsilon_0}\frac{(-r\boldsymbol{e}_r + l\boldsymbol{e}_z) + (r\boldsymbol{e}_r + l\boldsymbol{e}_z)}{(\sqrt{r^2+l^2})^3} \\ &= \frac{\sigma l dS}{2\pi\epsilon_0(r^2+l^2)^{3/2}}\boldsymbol{e}_z \end{aligned}$$

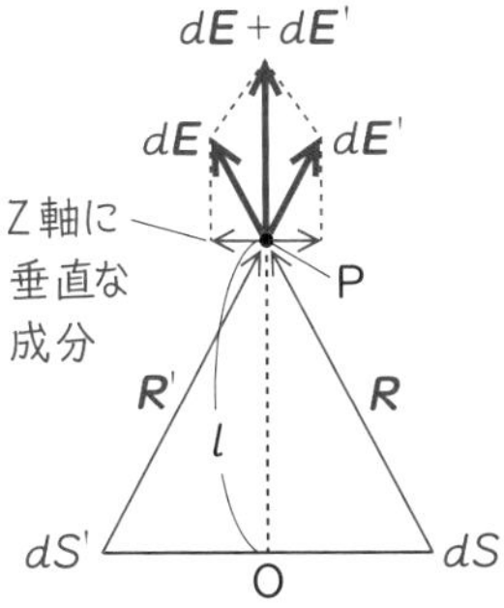

となります。この式を円周方向に0から π まで積分すると、1周分の電荷による電場になります。さらに、半径方向に0から a まで積分すれば、円盤全体の電荷による電場が求められます。

$$E = \int_0^a \int_0^\pi \frac{\sigma l dS}{2\pi\epsilon_0 (r^2 + l^2)^{3/2}} e_z$$

この積分を計算するには、微小面積 dS を積分できる形に置き換える必要があります。dS の円周方向は円弧になっていて、その長さは $2r \times \pi \times \frac{d\varphi}{2\pi} = r d\varphi$ です。さらに、微小面積なので長方形とみなし、

$$dS = dr \times r d\varphi = r dr d\varphi$$

として dS を置き換えます。

$$E = \int_0^a \int_0^\pi \frac{\sigma l r dr d\varphi}{2\pi\epsilon_0 (r^2 + l^2)^{3/2}} e_z \quad \leftarrow dS = r dr d\varphi \text{を代入}$$

$$= \frac{\sigma l e_z}{2\pi\epsilon_0} \underbrace{\int_0^a \frac{r}{(r^2 + l^2)^{3/2}} dr}_{r\text{に関する積分}} \underbrace{\int_0^\pi d\varphi}_{\varphi\text{に関する積分}} \quad \leftarrow \text{定数を外に出し、積分を分ける}$$

上のように定数を外に出し、さらに r に関する積分（半径方向）と φ に関する積分（円周方向）に分けます。このうち円周方向は積分するまでもなく π となります。また、半径方向の積分は、

$$= \frac{\pi\sigma l e_z}{2\pi\epsilon_0} \int_0^a r(r^2 + l^2)^{-\frac{3}{2}} dr \quad \leftarrow \frac{1}{x^{\frac{3}{2}}} = x^{-\frac{3}{2}}$$

としてから、$r^2 + l^2 = t$ とおいて置換積分すれば、

$$r^2 + l^2 = t \xrightarrow{\text{両辺を } r \text{ で微分}} 2r = \frac{dt}{dr} \Rightarrow dr = \frac{dt}{2r} \text{より、}$$

$$= \frac{\sigma l e_z}{2\epsilon_0} \int_0^a r t^{-\frac{3}{2}} \frac{dt}{2r}$$

$$= \frac{\sigma l e_z}{2\epsilon_0} \left[\frac{1}{2} \cdot \frac{1}{-\frac{1}{2}} t^{-\frac{1}{2}} \right]_0^a \qquad \int_a^b t^n dt = \left[\frac{1}{n+1} t^{n+1} \right]_a^b$$

$$= \frac{\sigma l e_z}{2\epsilon_0} \left[-t^{-\frac{1}{2}} \right]_0^a$$

$$= \frac{\sigma l \boldsymbol{e}_z}{2\epsilon_0}\left[-\frac{1}{\sqrt{r^2+l^2}}\right]_0^a \quad \leftarrow t\text{を元に戻す}$$

$$= \frac{\sigma l}{2\epsilon_0}\left(\frac{1}{l}-\frac{1}{\sqrt{a^2+l^2}}\right)\boldsymbol{e}_z \cdots \text{（答）}$$

となります。以上から、点Pの位置には z 軸上に平行な電場が生じることがわかります。

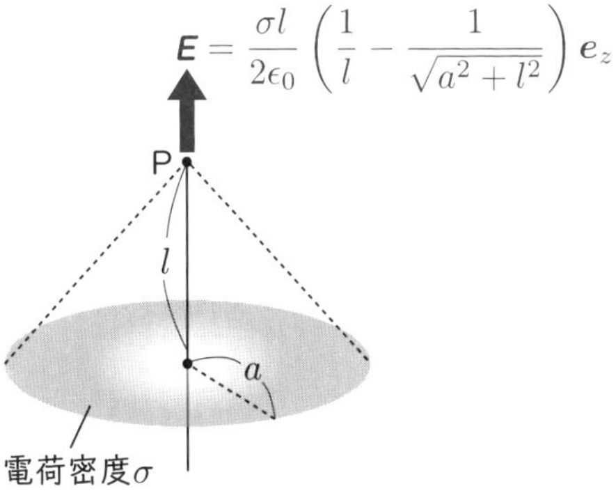

いかがでしょうか。面電荷密度の積分になると、計算もけっこう大がかりでしたね。「**こんな面倒な計算が必要なら、電磁気学なんてやってられないよ！**」と思った方、ちょっと待ってください。じつは、これまでのような計算を**ずっと楽にする方法**があるんです。次の章でそれを紹介するので、あきらめずにがんばって続けましょう。

まとめ

連続分布する電荷による電場は、一般に次の式で求められる（ただし、実際に計算するのは大変なので注意）。

$$\boldsymbol{E}(\boldsymbol{r}) = \iiint_V \frac{\rho(\boldsymbol{r}')dV}{4\pi\epsilon_0}\frac{(\boldsymbol{r}-\boldsymbol{r}')}{|\boldsymbol{r}-\boldsymbol{r}'|^3}$$

05 電気力線

この節の概要

▶ここで、電気力線という考え方を導入します。電気力線はもともと電場を視覚的に表す手段でしたが、このアイデアからガウスの法則という画期的な法則が生まれたのでした。

電気力線とは

空間に電荷を置くと、電荷の周囲の空間に《**何か**》がみなぎり、それに触れた電荷に力が作用します。この《**何か**》を電場または電界というのでした。

前節でみたように、ある位置における電場の大きさや方向は計算で求めることができます。しかし、電場全体の様子がどうなっているかは、イメージするのが難しいことがあります。そこで、ファラデー（43ページで電場を発見した人です）が考案したのが**電気力線**です。

電気力線は、電荷から糸のようにシュルシュルと伸びて、空間いっぱいに張りめぐらされる仮想的な線です。電気力線は以下のようなルールにしたがって描きます。

電気力線を描くときのルール

①電気力線は、プラスの電荷から出て、マイナスの電荷に入る。
②電気力線は、途中で枝分かれしたり、交差したりしない。
③電荷から出る（または入る）電気力線の本数は、その電荷の量に比例する。

このような線に沿って電場が広がっていると想像することで、電場の様子を視覚的に表すことができます。いくつか例をみてみましょう。

例：点電荷が１つだけの電場

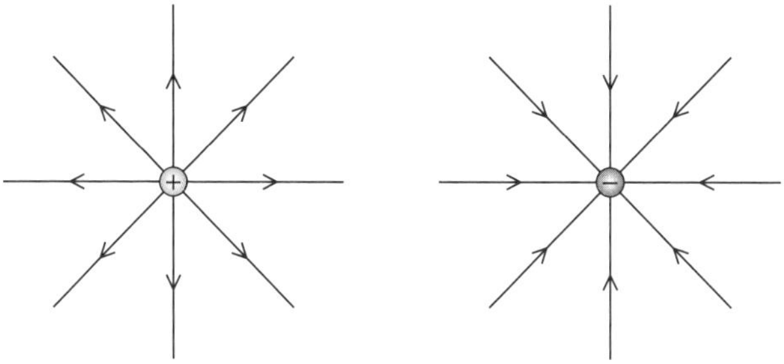

点電荷が１つだけの電気力線は、電荷がプラスの場合は無限のかなたに消えていき、マイナスの場合は無限のかなたから入ってくる直線になります。

例：点電荷が２つある電場

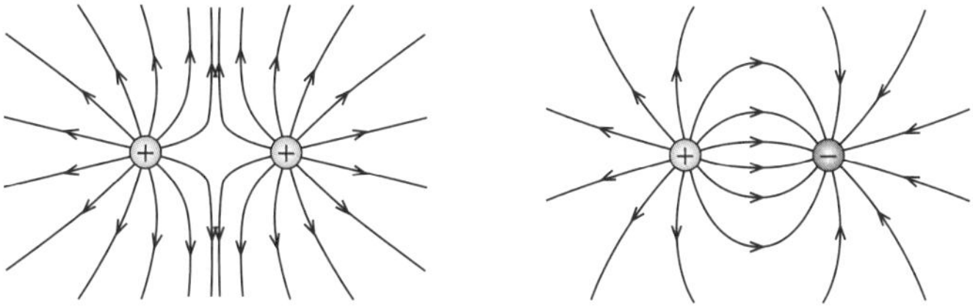

2つの電荷の符号が同じ場合　　2つの電荷の符号が異なる場合

点電荷が２つになると、電気力線は上の図のような曲線を描きます。電気力線上のある点に接線を描くと、その方向がその場所の電場の方向になります。

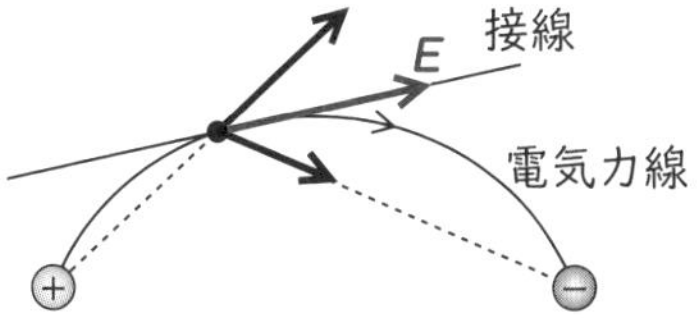

電気力線の接線は、その点の電場の方向を示す。

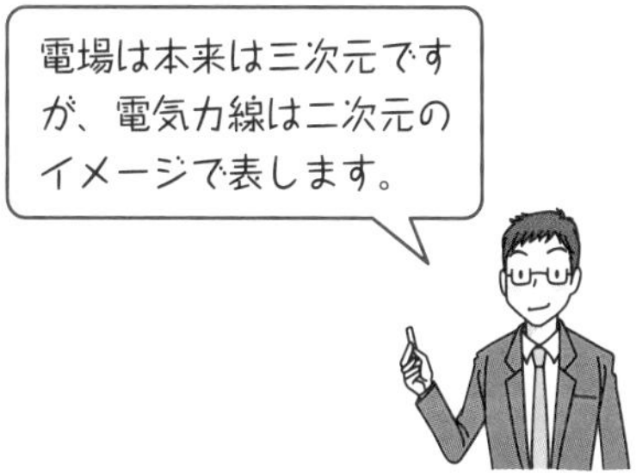

電場は本来は三次元ですが、電気力線は二次元のイメージで表します。

電気力線と電場の大きさ

ここで、電気力線と電場の大きさの関係について考えてみましょう。右図のような半径 r の球体を考え、その中心に点電荷 q を置きます。この電荷から出る電気力線の本数を N としましょう。球体の表面積は $S = 4\pi r^2$ なので、球面を通る電気力線の密度は

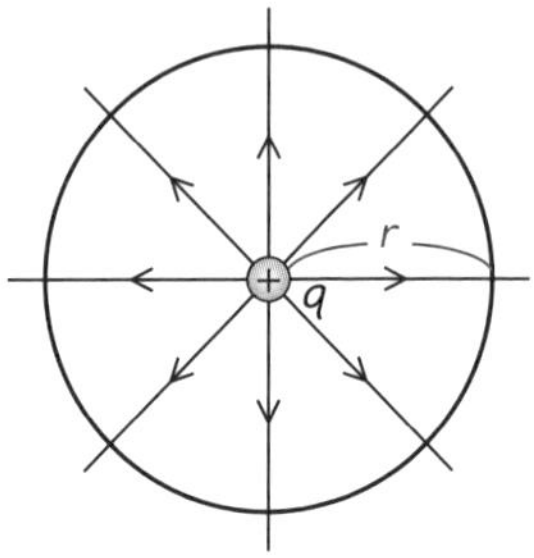
r
q

$$\text{電気力線の密度} = \frac{N}{4\pi r^2}$$

となります。電気力線の密度は、半径 r の2乗に反比例しています。また、電気力線の本数 N は電荷量に比例するので、電気力線の密度も電荷量に比例します。

ちょうど、電場の大きさも電荷量に比例し、電荷からの距離 r の2乗に反比例するので、**電場の大きさは電気力線の密度によって表すことができることがわかります。**

電気力線の密度は、電場の大きさ E に比例する。

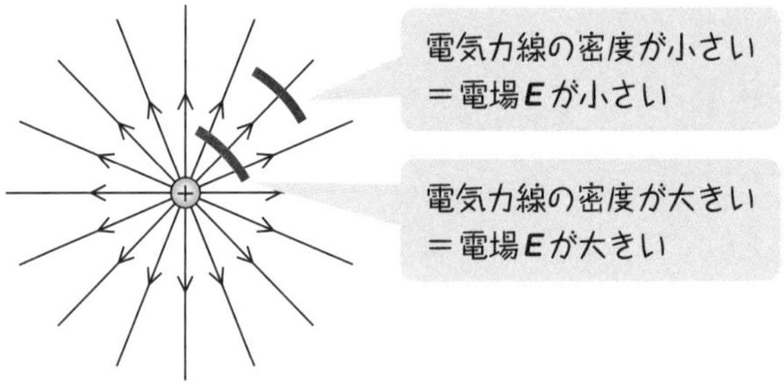
電気力線の密度が小さい
＝電場Eが小さい
電気力線の密度が大きい
＝電場Eが大きい

電気力線が混み合っているところは電場が大きく、電気力線がスカスカなところは電場が小さくなります。

そこで、**電場の大きさ E の場所に、1m^2 当たりＥ本の電気力線が通っ**

ているものとしましょう。半径 r の球体の中心にある点電荷 q から出る電気力線の本数を N、球体の表面積を S とすれば、電気力線の密度は N/S〔本 /m^2〕ですから、次の式が成り立ちます。

$$E = \frac{N}{S} \Rightarrow N = E \times S$$

球体の表面積 $S = 4\pi r^2$、電場の強さ $E = \frac{q}{4\pi\epsilon_0 r^2}$ より、

$$N = E \times S = \frac{q}{4\pi\epsilon_0 r^2} \times 4\pi r^2 = \frac{q}{\epsilon_0}$$

4π がきれいに消えましたね。以上から、q〔C〕の電荷からは、$\frac{q}{\epsilon_0}$ 本の電気力線が出ているということがわかりました。

q〔C〕の電荷からは $\frac{q}{\epsilon_0}$ 本の電気力線が出ている。

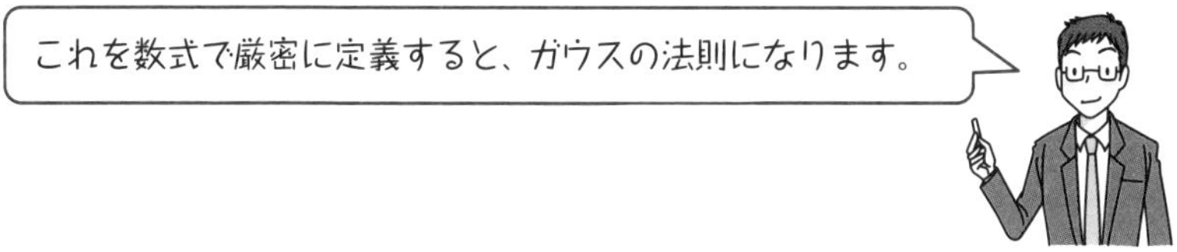
これを数式で厳密に定義すると、ガウスの法則になります。

ちなみに ϵ_0 = 約 8.854×10^{-12} ですから、1 クーロンの電荷からは、$1 \div (8.854 \times 10^{-12})$ = 約 1129 億本の電気力線が出ていることになります。そんなにたくさん線を描くことはできないので、図では本数を大幅に省略しているわけです。

まとめ

- 電気力線の密度は電場の大きさを表す。
- q クーロンの電荷からは、$\frac{q}{\epsilon_0}$ 本の電気力線が出ている。

06 ガウスの法則

この節の概要

▶いよいよガウスの法則について説明します。電磁気学の旅の出発点がクーロンの法則だとすれば、ガウスの法則は最初の到達点といえるでしょう。

電荷量を外側から測定するには

図のような閉曲面Sがあるとしましょう。どんな形でもかまわないのですが、閉曲面なので、内側と外側は完全に隔てられていなければなりません。この閉曲面の内側に、電荷がいくらか入っているものとします。

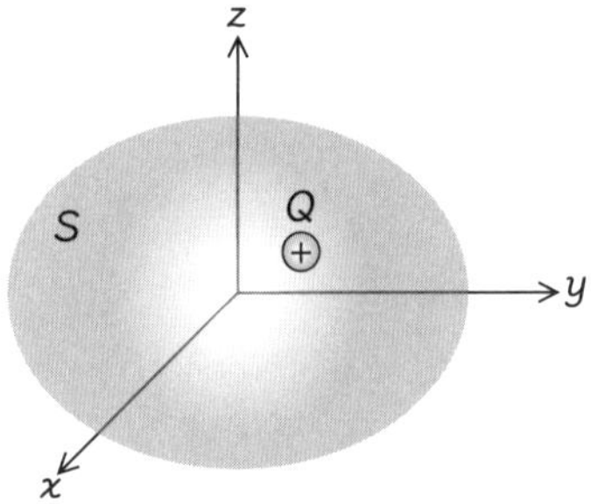

この閉曲面の内側にある電荷の総量を、閉曲面の内側を覗かずに、外側からだけで測る方法はないでしょうか？

前節では、Qクーロンの電荷から、$\frac{Q}{\epsilon_0}$本の電気力線が出ていることを説明しました。ということは、**電荷から出ている電気力線の本数を数えれば、電荷の量を求めることができますね**。つまり、閉曲面Sを貫いている電気力線の本数を数えれば、そのなかにある電荷の量もわかるはずです。

しかし、図のようないびつな形をした閉曲面では、電気力線の本数も場所によってまちまちになります。そこで、閉曲面 S を面積 ΔS の細かい区画に分割し、それぞれの区画ごとに電気力線の本数を数えます。これは**積分の考え方**ですね。

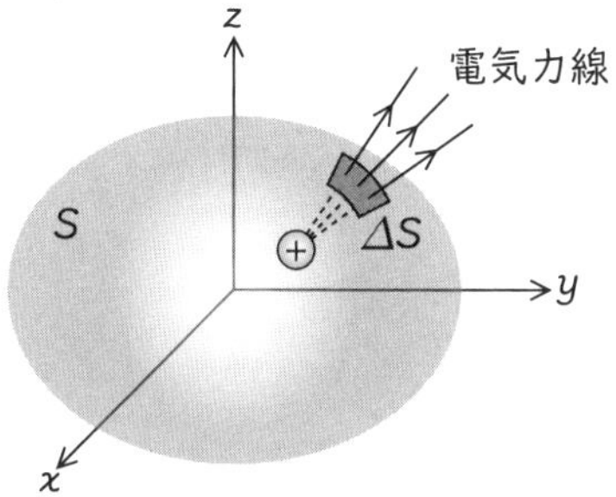

電気力線の本数の数え方

しかし、電気力線は実際には存在しない架空の線なので、1本、2本…のように数えることはできません。代わりに、その区画の電場 $\boldsymbol{E}$ を測定します。電場の大きさは電気力線の密度を表すので、密度に面積を掛ければ、電気力線の本数を求めることができるはずです。

ちなみに、電場 $\boldsymbol{E}$ を測定するには、測定したい区画に電荷 q を置き、その電荷に働く力 $\boldsymbol{F}$ を測れば $\boldsymbol{F} = q\boldsymbol{E}$（45ページ）より求めることができます。

ここで注意する必要があるのは、電場 $\boldsymbol{E}$ の方向です。図のように、電気力線が区画 ΔS を斜めに貫いている場合と直角に貫いている場合とでは、電気力線の本数は同じでも密度が異なるからです。

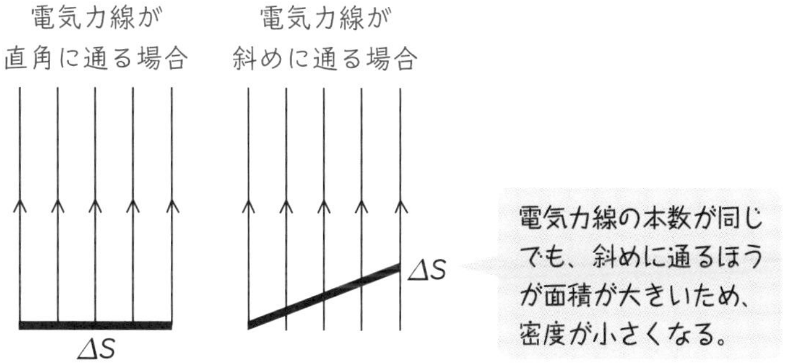

電場 $\boldsymbol{E}$ の大きさは電気力線が面を直角に貫く場合の密度ですから、測定された $\boldsymbol{E}$ の大きさに斜面の面積を掛けても、正確な本数は求められません。そこで、区画の面積 ΔS に $\cos\theta$ を掛け、電場 $\boldsymbol{E}$ に対して直角な面の面積に補正します。

$$\text{区画}\Delta S\text{ を貫く電気力線の本数} = |\boldsymbol{E}|\Delta S\cos\theta$$

ここで、方向が区画 ΔS に対して直角で大きさが 1 の法線ベクトル $\boldsymbol{n}$ を考え、電場 $\boldsymbol{E}$ と $\boldsymbol{n}$ の内積をとると、$\boldsymbol{a}\cdot\boldsymbol{b} = |\boldsymbol{a}||\boldsymbol{b}|\cos\theta$ (17 ページ) より、

$$\boldsymbol{E}\cdot\boldsymbol{n} = |\boldsymbol{E}||\boldsymbol{n}|\cos\theta = |\boldsymbol{E}|\cos\theta$$

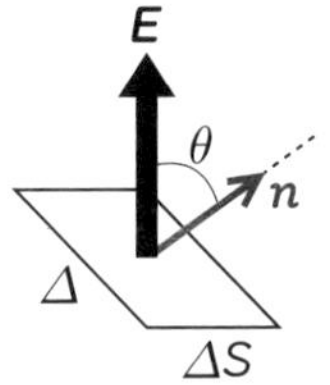

となるので、区画 ΔS を貫く電気力線の本数は次のように表すことができます。

$$\begin{aligned}\text{区画}\Delta S\text{ を貫く電気力線の本数} &= |\boldsymbol{E}|\Delta S\cos\theta = (|\boldsymbol{E}|\cos\theta)\Delta S \\ &= \boldsymbol{E}\cdot\boldsymbol{n}\Delta S\end{aligned}$$

ガウスの法則

閉曲面 S 全体にわたって、区画ごとの電気力線の本数を求め、これらをすべて足し合わせれば、閉曲面 S を貫く電気力線の総数が求められます。この本数は $\frac{Q}{\epsilon_0}$ に等しいので、区画数を k として総和記号を使って表すと、

$$\sum_{i=1}^{k} \boldsymbol{E}_i\cdot\boldsymbol{n}\Delta S = \frac{Q}{\epsilon_0}$$

となります。ΔS を限りなく 0 に近づけ dS とし、積分の式に直すと、次のような式になります。

$$\oiint_S \boldsymbol{E}\cdot\boldsymbol{n}dS = \frac{Q}{\epsilon_0}$$

このままでも良いのですが、もう少し一般化しましょう。上の式の右辺にある Q は、閉曲面 S に囲まれた体積の内部にある電荷の総量を表

すので、体積内の電荷密度を ρ とすれば、次のような体積積分で表すことができます（25 ページ）。この式が、**ガウスの法則**と呼ばれる式です。

$$\text{ガウスの法則：}\quad \oiint_S \boldsymbol{E}\cdot\boldsymbol{n}\,dS = \frac{1}{\epsilon_0}\iiint_V \rho\,dV$$

閉曲面から出ている ┘　　　　　　　　　└ 閉曲面の内側にある
電気力線の本数　　　　　　　　　　　電荷の総量

→ ガウスの法則は何を表すのか

　ガウスの法則は、「**閉曲面から出ていく電気力線の本数は、その内部にある電荷から出る電気力線の総数と等しい**」ことを数式で示したものです。言葉にすると案外当たり前のことを言っているに過ぎません。式の左辺は、閉曲面を通る電気力線の本数を電気力線の密度から求めます。右辺では、閉曲面内部の電荷の総量を体積積分で表し、$\frac{1}{\epsilon_0}$ を掛けて電気力線の本数に直しています。

微小面積dSを通る
電気力線の本数

$$\oiint_S \boldsymbol{E}\cdot\boldsymbol{n}\,dS = \frac{1}{\epsilon_0}\iiint_V \rho\,dV$$

閉曲面S全体　　　体積内の
にわたって積分　　電荷の総量

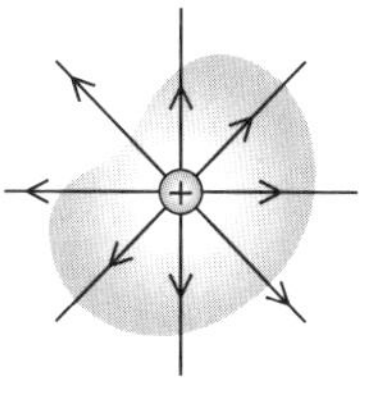

閉曲面を通る電気力
線の本数

||

閉曲面内の電荷から
出る電気力線の本数

　この法則は、閉曲面のなかの電荷がプラスでもマイナスでも成り立ちます。マイナスの電荷については、閉曲面を通って入ってくる電気力線の本数を数えます。電荷のプラスとマイナスが混在している場合の電荷の総量は、出ていく電気力線の本数から入ってくる電気力線の本数を引いて、出ていく本数が多ければプラス、入ってくる本数が多ければマイナスとなります。

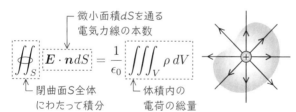

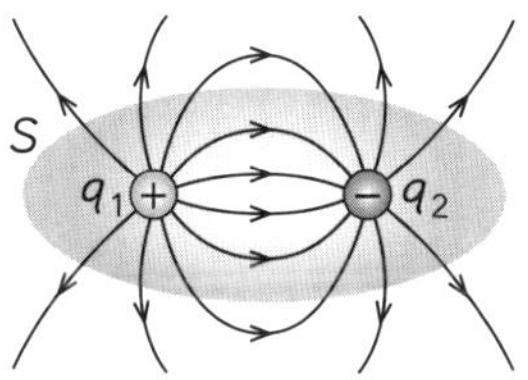

出ていく電気力線と入っていく電気力線
の差が、$\dfrac{q_1+q_2}{\varepsilon_0}$ 本になる

また、閉曲面の形はどんな形でもかまいません。たとえば下図のような形では、1本の電気力線が何度も閉曲面を出入りしていますが、出ていく線を2本、入ってくる線を1本と数えれば差し引き1本となるので、電荷から出る本数と等しくなります。

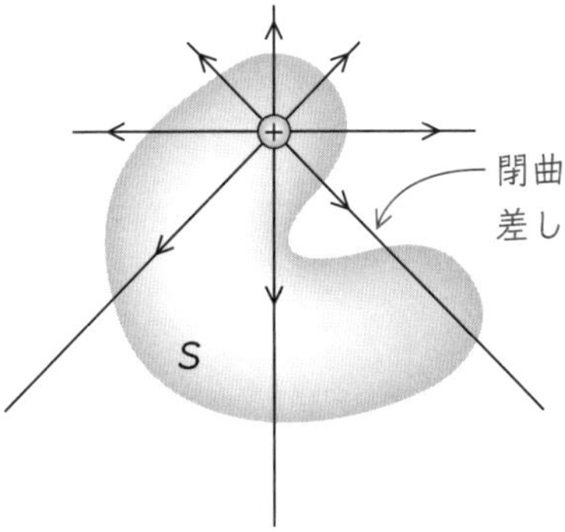

閉曲面から2回出て1回入るので、
差し引きすると1本になる。
S

最後に、電荷が閉曲面の外側にある場合についても確認しておきましょう。この場合、閉曲面に入った電気力線は、かならず別の側から出ていくので、入ってくる電気力線と出ていく電気力線は差し引きゼロになります。これは、閉曲面の内部に電荷がないことを示します。

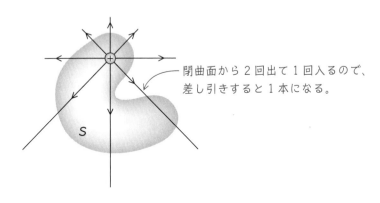

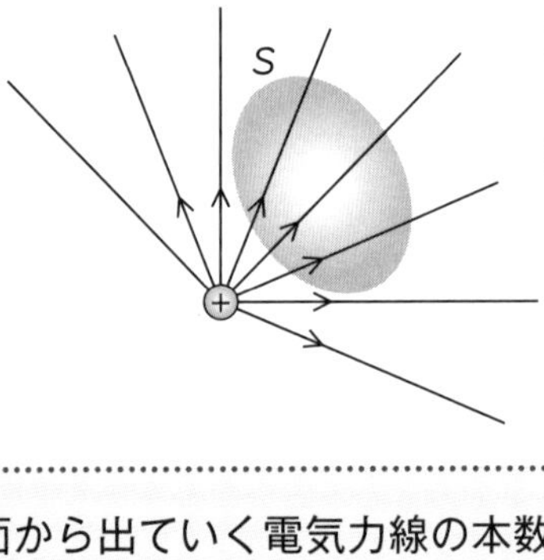

まとめ 閉曲面から出ていく電気力線の本数を数えれば、その内部にある電荷の総量がわかる。

ガウスの法則：$\displaystyle\oiint_S \boldsymbol{E}\cdot\boldsymbol{n}\,dS = \frac{1}{\epsilon_0}\iiint_V \rho\, dV$

07 ガウスの法則を使ってみよう

この節の概要

▶ 49 ~ 55 ページでは、分布電荷による電場を積分計算によって求める例を紹介しました。ガウスの法則を使うと、このような計算がずっと簡単になります。

ガウスの法則の応用①：直線の電荷がつくる電場

ガウスの法則のすごいところは、**面倒な積分計算をしないで**電場の計算ができることです。ただし、この方法はどんな電場でも使えるわけではなく、「**電場に対称性があること**」という条件がつきます。どういうことか、例題をもとに説明しましょう。

例題 無限に長い直線上に、線電荷密度 λ の電荷が一様に分布しているときの電場を求めよ。

解 49 ページとまったく同じ例題です。けっこう面倒な積分計算をして解きましたが、これをガウスの法則を使って解いてみましょう。

① まず、この直線を中心に半径 r の円を描き、この円周上の任意の点の電場を考えます。電場の大きさは360°どこでも同じになることは明らかです。また、電場の方向は円の半径方向になることも予想できます。

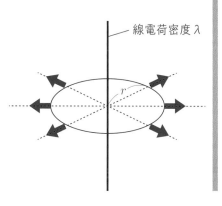

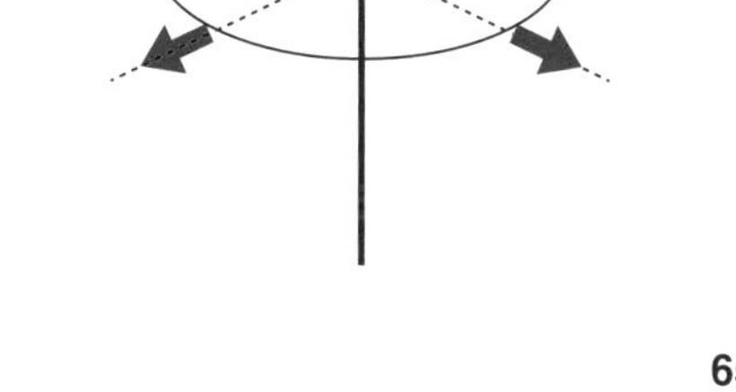

このように、**電場に対称性がある**と認められるときは、ガウスの法則が使えます。

ガウスの法則の左辺は、閉曲面から出る電気力線の本数です。そこでまず、閉曲面をとりましょう。このとき電場の対称性をうまく利用すれば、面倒な積分計算を省略することができます。ここでは、図のように、直線電荷を中心とする半径 r、高さ z の円柱を閉曲面とします。

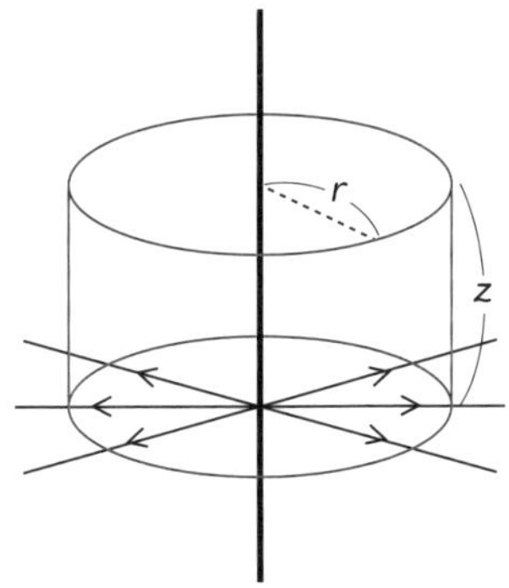

②電場の対称性から、電気力線はすべて円柱の側面から垂直に伸びており、円柱の上下面からは1本も出ません。また、電気力線の密度(＝電場の大きさ)は円柱の側面のどこでも均一です。したがって、この円柱を通る電気力線の本数は、積分するまでもなく、**電場の大きさ×側面の面積**で求めることができます。

$$\text{円柱を通る電気力線の本数} = E \times \underbrace{2\pi rz}_{\text{円柱の側面の面積}}$$

③一方、この円柱の内部にある電荷量は、これも積分するまでもなく、電荷密度 λ × 高さ z で求められます。したがって電荷から出る電気力線の本数は次のようになります。

$$\text{電荷から出る電気力線の本数} = \frac{\lambda z}{\epsilon_0}$$

④ガウスの法則より、②と③で求めた電気力線の本数は等しいので、次の式が成り立ちます。

$$E \times 2\pi rz = \frac{\lambda z}{\epsilon_0} \quad \Rightarrow \quad E = \frac{\lambda}{2\pi\epsilon_0 r}$$

⑤以上で、電場の大きさが求められます。半径方向のベクトルを $\boldsymbol{r}$ としてベクトル表記にすると、

$$\boldsymbol{E} = \frac{\lambda}{2\pi\epsilon_0|\boldsymbol{r}|}\frac{\boldsymbol{r}}{|\boldsymbol{r}|} = \frac{\lambda}{2\pi\epsilon_0}\frac{\boldsymbol{r}}{|\boldsymbol{r}|^2} \quad \cdots \text{(答)}$$

となります。49ページの例題の積分計算と比べると、ずっと簡単に電場を求めることができましたね。

ここで、ガウスの法則を使って電場を求める一般的な手順をまとめておきましょう。上の例題も、この手順に沿って解いています。

ガウスの法則を使って電場を求める手順

①電場の対称性を考慮して、計算に都合がいいように閉曲面をとります。
②閉曲面を通る電気力線の本数を求めます。閉曲面をうまくとれば、積分計算をせずに、電場の大きさ×面積で求めることができます。
③閉曲面の内部にある電荷から出る電気力線の本数を、$\frac{1}{\epsilon_0}$×電荷量で求めます。
④ガウスの法則より②と③は等しいので、両者を等号で結び、電場の大きさ E を求めます。
⑤電場の方向は対称性から明らかなので、ベクトル $\boldsymbol{E}$ を求めることができます。

ガウスの法則の応用②：平面の電荷がつくる電場

手順がわかったところで、もうひとつ例題を解いてみましょう。

例題 図のように、無限に広がる平面上に、面電荷密度 σ で一様に分布する電荷がつくる電場を求めよ。

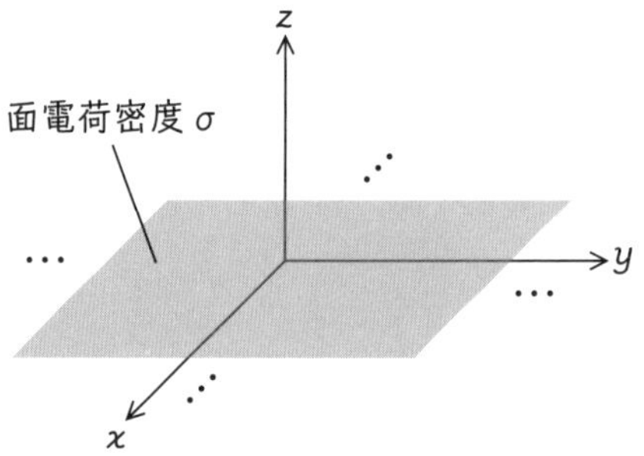

解 この平面から、垂直に z だけ離れた点 P にできる電場を考えます。平面上の任意の点 A によってできる電場を $\boldsymbol{E}_{\mathrm{A}}$、点 P をはさんで対称となる点 A' によってできる電場を $\boldsymbol{E}_{\mathrm{A}}'$ とします。$\boldsymbol{E}_{\mathrm{A}}$ と $\boldsymbol{E}_{\mathrm{A}}'$ を合成すると、水平方向の成分が打ち消しあって、平面に垂直な成分だけが残ります。

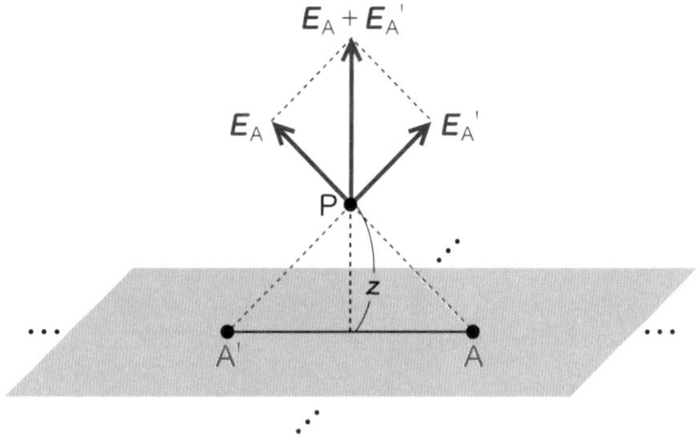

平面上のあらゆる点には対称となる点が存在するので、点 P にできる電場は平面と垂直な方向になります。平面は無限に続くので、どの点の電場も同様で、平面からの高さが同じなら、大きさも同じと考えられます。

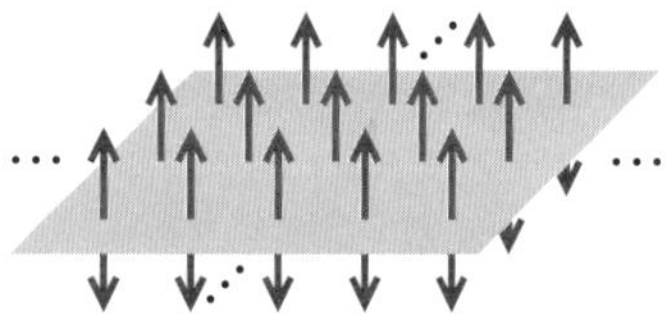

電場の方向は平面に対して垂直で、平面からの高さが同じ位置では電場の大きさも同じ。

このように、**電場に対称性が認められる**ので、ガウスの法則を使って電場の大きさを求めることができます。

①次の図のように、平面を貫く円柱形の閉曲面を考えます。円柱の上面と下面の面積を S としましょう。

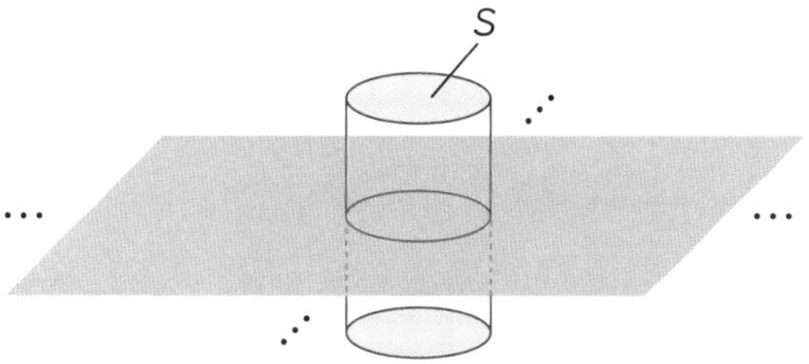

②電場の方向はすべて平面に対して垂直なので、電気力線はこの円柱の側面は通りません。また、上面と下面を通る電気力線の本数は、**電場の大きさ×面積**で求めることができます。したがって、閉曲面を通る電気力線の本数は次のようになります。

閉曲面を通る電気力線の本数 $= E \times S \times 2$

③一方、円柱の内側にある電荷量は σS で求められるので、電荷から出る電気力線の本数は次のようになります。

電荷から出る電気力線の本数 $= \dfrac{\sigma S}{\epsilon_0}$

④ガウスの法則により、次の式が成り立ちます。

$$E \times S \times 2 = \frac{\sigma S}{\epsilon_0} \quad \Rightarrow \quad E = \frac{\sigma}{2\epsilon_0}$$

⑤以上で、電場 $\boldsymbol{E}$ の大きさが求められました。平面に対して垂直な方向の単位ベクトルを $\boldsymbol{e}_z$ とすれば、電場 $\boldsymbol{E}$ は次のようになり

ます。

$$\boldsymbol{E} = \frac{\sigma}{2\epsilon_0}\boldsymbol{e}_z \quad \cdots \text{(答)}$$

参考

52 ページの例題では、半径 a の円形の平面に分布する電荷による電場を次のように求めました。

$$\boldsymbol{E} = \frac{\sigma l}{2\epsilon_0}\left(\frac{1}{l} - \frac{1}{\sqrt{a^2 + l^2}}\right)\boldsymbol{e}_z$$

この式の a を無限大にすると、左と同じ答えになります。

ガウスの法則の応用③：球状の電荷がつくる電場

ガウスの法則の 3 つ目の応用例として、球状の電荷がつくる電場について考えてみましょう。

例題 図のように、半径 a の球体に電荷密度 ρ で一様に分布する電荷がつくる電場を求めよ。

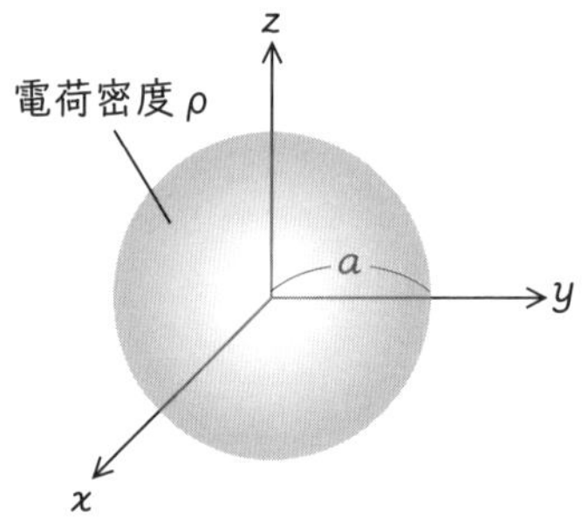

電荷密度 ρ
z
a
y
x

この例題は、電磁気学の教科書にはたいてい載っているものです。

解 図のように、電荷球の中心から半径 r の球体の閉曲面をとります。以下では、$r > a$ の場合について考えます。

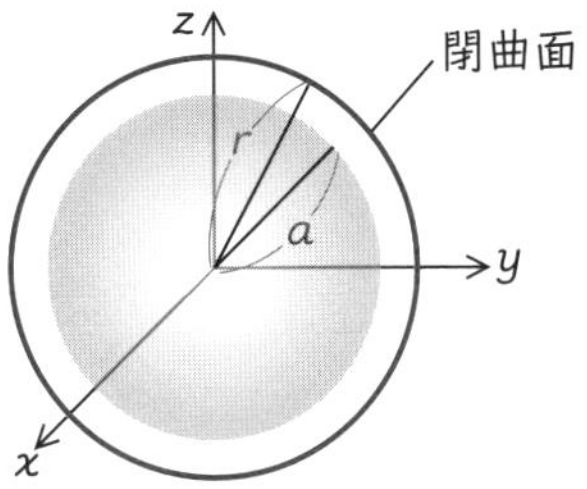

球体の対称性より、閉曲面の電場は球面に垂直な方向で、大きさはどこでも一様と考えられます。したがって、この閉曲面を通る電気力線の本数は、積分するまでもなく、$E\times 4\pi r^2$ で求めることができます。

$$\text{球面を通る電気力線の本数} = E\times \underbrace{4\pi r^2}_{\text{球の表面積}}$$

一方、この球体の内部にある電荷の総量は、$\rho\times$ 半径 a の電荷球の体積で求められます。したがって電荷球から出る電気力線の本数は次のようになります。

$$\text{電荷球から出る電気力線の本数} = \frac{1}{\epsilon_0}\times\rho\times\underbrace{\frac{4}{3}\pi a^3}_{\text{球の体積}} = \frac{4\pi a^3\rho}{3\epsilon_0}$$

ガウスの法則より両者は等しいので、次の式が成り立ちます。

$$E\times 4\pi r^2 = \frac{4\pi a^3\rho}{3\epsilon_0} \quad\Rightarrow\quad E = \frac{a^3\rho}{3\epsilon_0 r^2}$$

次に、$r\leqq a$ の場合についても考えてきましょう。$r\leqq a$ の場合は、次のように閉曲面を電荷球の内部にとります。

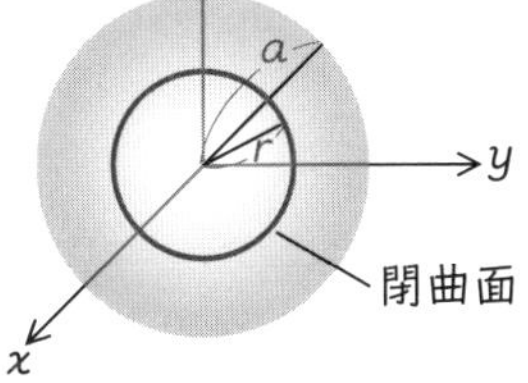

閉曲面を通る電気力線の本数はこの場合も変わらず、$E \times 4\pi r^2$ で求められます。一方、閉曲面の内部にある電荷量は、$\rho \times$ 半径 r の球の体積となるため、

$$\text{電荷球から出る電気力線の本数} = \frac{1}{\epsilon_0} \times \rho \times \frac{4}{3}\pi r^3 = \frac{4\pi r^3 \rho}{3\epsilon_0}$$

となります。ガウスの法則より両者は等しいので、次の式が成り立ちます。

$$E \times 4\pi r^2 = \frac{4\pi r^3 \rho}{3\epsilon_0} \quad \Rightarrow \quad E = \frac{r\rho}{3\epsilon_0}$$

半径 r 方向の単位ベクトル $\boldsymbol{e}_r = \boldsymbol{r}/|\boldsymbol{r}|$ とすると、電荷球がつくる電場 $\boldsymbol{E}$ は次のようになります。

$$\boldsymbol{E} = \begin{cases} \dfrac{a^3\rho}{3\epsilon_0} \dfrac{\boldsymbol{r}}{|\boldsymbol{r}|^3} & (|\boldsymbol{r}| > a) \\ \dfrac{\rho}{3\epsilon_0}\boldsymbol{r} & (|\boldsymbol{r}| \leqq a) \quad \cdots \text{(答)} \end{cases}$$

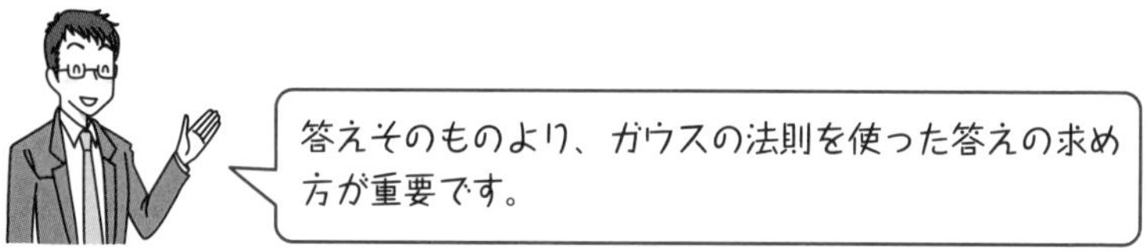
答えそのものより、ガウスの法則を使った答えの求め方が重要です。

まとめ

ガウスの法則を使って電場を求める手順

①電場の対称性を考慮して閉曲面をとる。
②閉曲面を通る電気力線の本数を $\boldsymbol{E}$ ×面積で求める。
③閉曲面の内部にある電荷から出る電気力線の本数を求める。
④ガウスの法則②と③は等しいので、両者を等号で結び、電場の大きさ $\boldsymbol{E}$ を求める。
⑤電場の対称性から、ベクトル $\boldsymbol{E}$ を求める。

第3章

静電場の世界

01 静電ポテンシャルと電位

この節の概要

▶電場のなかに置いた電荷がもつ位置エネルギーを静電ポテンシャルといいます。電位の高い位置にある電荷ほど、静電ポテンシャルも大きくなります。

エネルギーと仕事

物理学では、「仕事」という言葉を日常とはだいぶ違った意味で使います。仕事とは、**物体に力を加えてその方向に動かすこと**です。仕事の大きさ(仕事量)は、**移動方向に加える力** F と**移動距離の積** x で計算します。

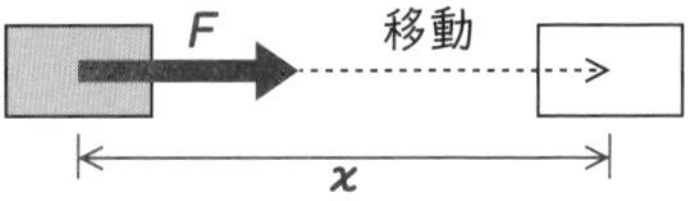

$$W = Fx$$

仕事量には、ジュール〔J〕という独立した単位が与えられています。たとえば、物体に3Nの力を加えて、その方向に2m移動した場合の仕事量は、$3 \times 2 = 6$J となります。

力の方向が物体の移動方向と異なる場合は、**移動方向と同じ成分の力**を移動距離に掛けます。たとえば、次のように力の方向が移動方向とθの角度をなす場合、力$\boldsymbol{F}$の移動方向の成分の大きさは$|\boldsymbol{F}|\cos\theta$なので、仕事量は

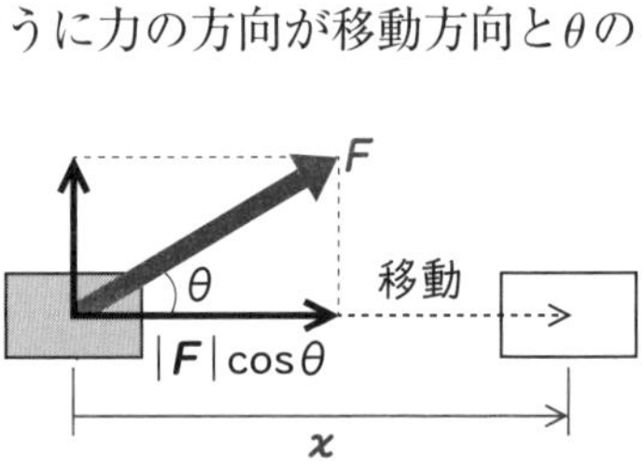

$$W = |\boldsymbol{F}||\boldsymbol{x}|\cos\theta = \boldsymbol{F}\cdot\boldsymbol{x}$$

のように、2つのベクトルの内積 $\boldsymbol{F}\cdot\boldsymbol{x}$ で求められます。

仕事量：$W = \boldsymbol{F}\cdot\boldsymbol{x}$ ←力$\boldsymbol{F}$と距離$\boldsymbol{x}$の外積

仕事をするには何らかの「エネルギー」が必要です。物理学では、**仕事をするための能力**のことをエネルギーと呼んでいます。エネルギーの単位は、仕事量と同じジュール〔J〕です。

一般に、物体Aが物体Bに力を加えて仕事をすると、物体Aのエネルギーがその仕事量と同じだけ減り、物体Bに同じ量のエネルギーが増加します。仕事によって、エネルギーが物体Aから物体Bに移動するのです。たとえば、机の上の消しゴムを指で押すと、消しゴムに運動エネルギーが与えられ、消しゴムが転がります。一方、「消しゴムを指で押す」という仕事によって、私たちはエネルギーを消費します。減った分のエネルギー（カロリー）は、ご飯を食べて補充します。

ポテンシャルエネルギー

次に、消しゴムを机から数センチ上に持ち上げてみましょう。「重力にさからって消しゴムを持ち上げる」という仕事をしたので、その分のエネルギーが消しゴムに蓄えられるはずです。実際、手を離すと消しゴムが落下して、蓄えられたエネルギーが運動エネルギーに変わります。このように、物体がある位置にあるだけで生じるエネルギーを**位置エネルギー**、または**ポテンシャルエネルギー**といいます。

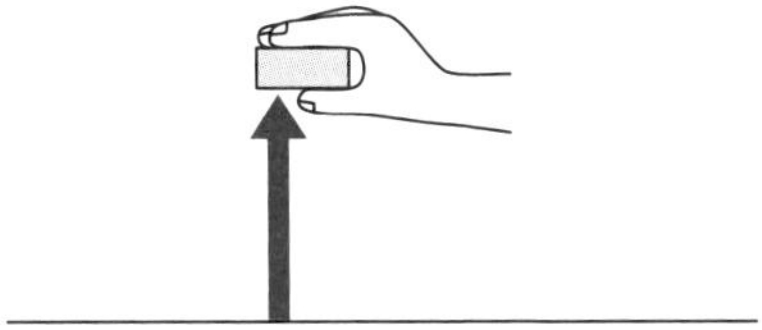

消しゴムを上に持ち上げると、位置エネルギーが生じる。

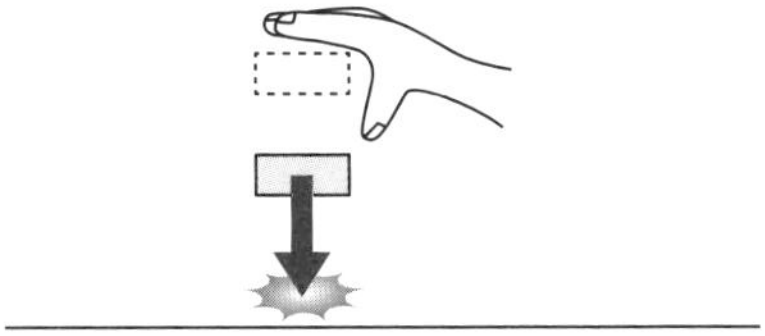

手を離すと、消しゴムの位置エネルギーが運動エネルギーに変換される。

位置エネルギーは、「**物体を重力にさからって持ち上げる**」という仕事を、エネルギーに変換したものと考えることができます。物体の質量を m〔kg〕、重力加速度を g〔m/s^2〕とすると、「重力にさからう」のに必要な力は mg〔N〕です。この力で物体を h〔m〕持ち上げるのに必要な仕事量（力×距離）は mgh〔J〕ですから、m〔kg〕の物体を h〔m〕持ち上げることによって生じる位置エネルギーは

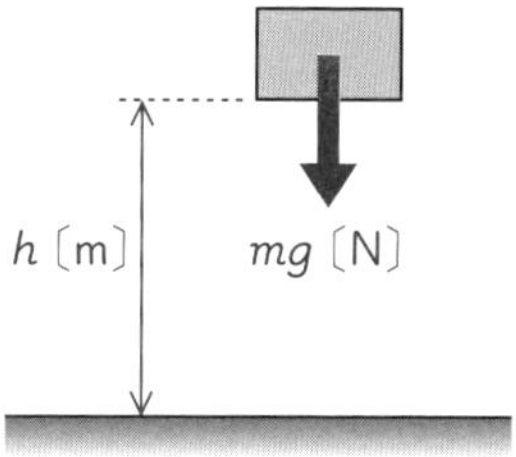

h〔m〕
mg〔N〕

$$U = mgh$$

となります。

電場によって生じる位置エネルギー

重力による位置エネルギーは、重力にさからって物体を運ぶことによって蓄えられることを説明しました。一方、電場では電荷にクーロン力が働くので、「**クーロン力にさからって電荷を運ぶ**」という仕事によって、電荷に位置エネルギーが生じます。この位置エネルギーのことを**静電**（せいでん）**ポテンシャル**といいます。

静電ポテンシャル：**電場に置いた電荷を、クーロン力にさからって運ぶことによって蓄えられる位置エネルギー**

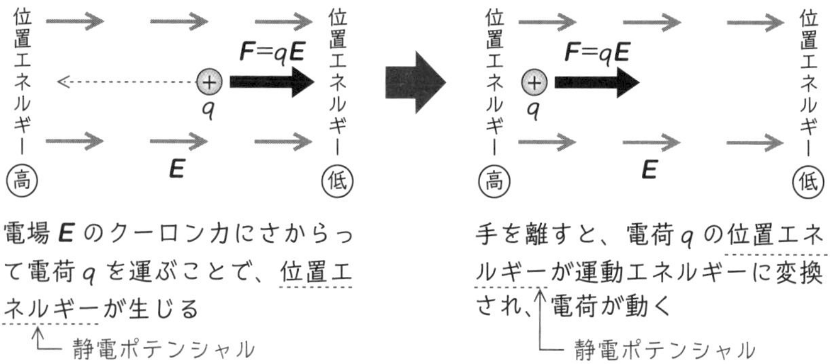

位置エネルギー
高
F=qE
q
E
位置エネルギー
低
電場 E のクーロン力にさからって電荷 q を運ぶことで、位置エネルギーが生じる
静電ポテンシャル
位置エネルギー
高
F=qE
q
E
位置エネルギー
低
手を離すと、電荷 q の位置エネルギーが運動エネルギーに変換され、電荷が動く
静電ポテンシャル

静電ポテンシャルを数式で定義してみましょう。

図のように、電場 $\boldsymbol{E}$ のなかに $q = 1$〔C〕の電荷を置きます。すると、$\boldsymbol{F} = q\boldsymbol{E}$ より、この電荷には $\boldsymbol{E}$〔N〕のクーロン力が働きます。このクーロン力にさからって、1C の電荷を点 A から点 P までゆっくりと運びます。この運搬に要する仕事量を、点 A を基準とする点 P の静電ポテンシャルとします。

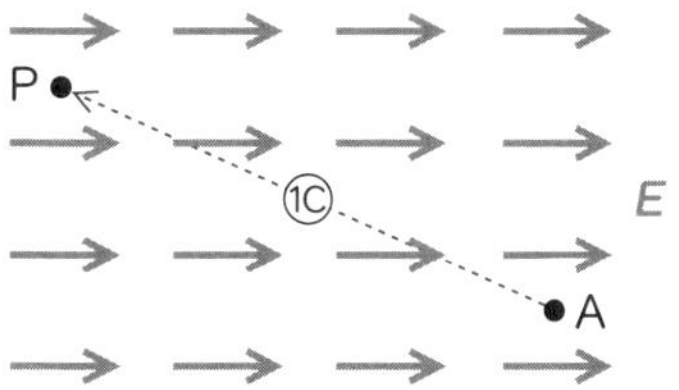

いま、電荷 1C を微小な距離 ds だけ運ぶとしましょう。電荷を ds 運ぶために必要な仕事量 dW は、クーロン力 $\boldsymbol{E}$ にさからってすすむ力 $-\boldsymbol{E}$ のうち、ds と同じ方向の成分と、ds の長さとの積になります。この値は、ベクトル $-\boldsymbol{E}$ とベクトル $d\boldsymbol{s}$ との**内積**で求められるのでした。

$$dW = -\boldsymbol{E} \cdot d\boldsymbol{s}$$

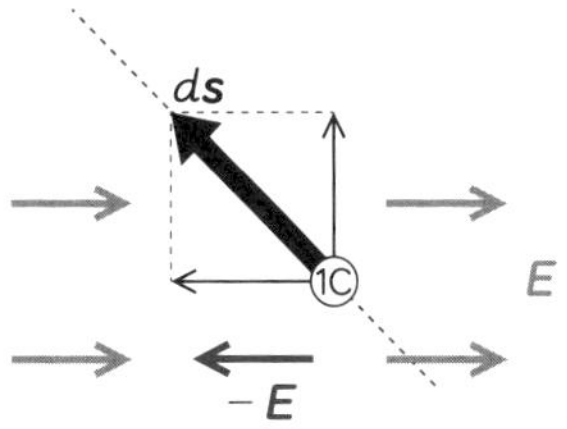

この「ds すすんで $-\boldsymbol{E}$ との内積をとる」という作業を、電荷 1C が点 A から点 P に到達するまで繰り返し、すべてを足し合わせると、電荷に加えられた仕事の総量になります。数式で表すと、次のような**線積分の式**になります。

$$W = \int_A^P dW = -\int_A^P \boldsymbol{E} \cdot d\boldsymbol{s}$$

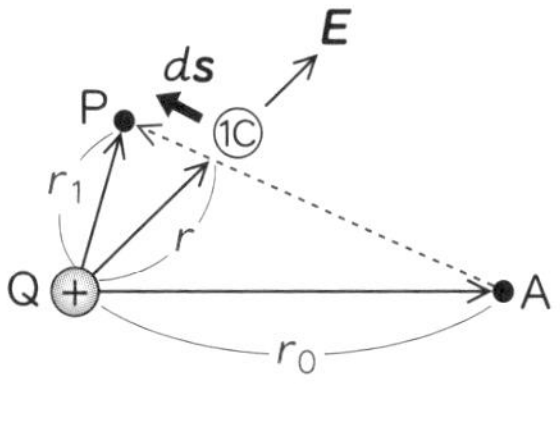

ここで、電場 $\boldsymbol{E}$ が右図のように点電荷 Q によってできたものとすると、

$$\boldsymbol{E} = \frac{Q}{4\pi\epsilon_0 r^2}\boldsymbol{e}_r$$

なので、仕事の総量は次のように計算できます。

$$W = -\int_{r0}^{r1} \frac{Q}{4\pi\epsilon_0 r^2}\boldsymbol{e}_r \cdot d\boldsymbol{s} = -\frac{Q}{4\pi\epsilon_0}\int_{r0}^{r1} \frac{1}{r^2}\boldsymbol{e}_r \cdot d\boldsymbol{s}$$

定数を外に出す

（$\boldsymbol{e}_r$と同方向）

ベクトル $d\boldsymbol{s}$ を、点電荷 Q を中心とする円の半径方向 $d\boldsymbol{r}$ と円周方向 $d\boldsymbol{l}$ に分解します。すると、$d\boldsymbol{s} = d\boldsymbol{r} + d\boldsymbol{l}$ なので、

$$= -\frac{Q}{4\pi\epsilon_0}\int_{r0}^{r1} \frac{1}{r^2}\boldsymbol{e}_r \cdot (d\boldsymbol{r} + d\boldsymbol{l}) \longleftarrow d\boldsymbol{s} = d\boldsymbol{r} + d\boldsymbol{l}$$

$$= -\frac{Q}{4\pi\epsilon_0}\int_{r0}^{r1} \frac{1}{r^2}(\underbrace{\boldsymbol{e}_r \cdot d\boldsymbol{r}}_{=|d\boldsymbol{r}|} + \underbrace{\boldsymbol{e}_r \cdot d\boldsymbol{l}}_{=0})$$

$$= -\frac{Q}{4\pi\epsilon_0}\int_{r0}^{r1} \frac{1}{r^2}dr$$

$$= -\frac{Q}{4\pi\epsilon_0}\left[-\frac{1}{r}\right]_{r0}^{r1} = -\frac{Q}{4\pi\epsilon_0}\left(\frac{1}{r_0} - \frac{1}{r_1}\right)$$

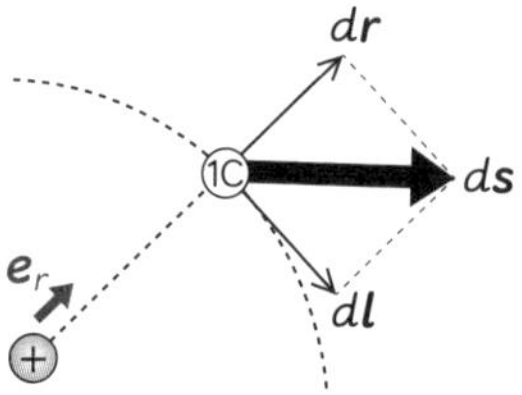

電位と電位差

上の式は、点 A を基準点とする点 P の静電ポテンシャルを表します。しかし、このままでは A の位置によって点 P の静電ポテンシャルが変わってしまいます。そこで、基準点 A の不動の位置をきちんと定めましょう。

一般に、基準点は電場に生じる**クーロン力がゼロになる点**にとります。そんな点がどこにあるかというと、**無限に離れた点**（無限遠）にあると考えます。

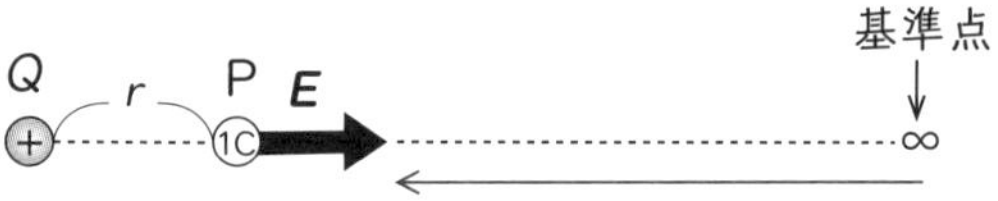

無限遠から点 P まで 1C の
電荷を運ぶ。

この静電ポテンシャルは、上の式の r_0 を∞に置き換えれば求めることができます。

$$W=-\frac{Q}{4\pi\epsilon_0}\left(\frac{1}{\infty}-\frac{1}{r_1}\right)=\frac{Q}{4\pi\epsilon_0}\frac{1}{r_1}$$

↑基準点を無限遠(∞)に置く

これが、点Pに置いた1Cの電荷が持つ静電ポテンシャルです。この静電ポテンシャルを、点Pの**電位**（でんい）といいます。

$$\text{電位：}\phi=\frac{Q}{4\pi\epsilon_0}\frac{1}{r}$$

電位は単位電荷〔C〕当たりの仕事量〔J〕なので、単位は〔J/C〕と表せますが、ボルト〔V〕という独立した単位が与えられています。

参考

電場 $\boldsymbol{E}$ の単位〔V/m〕は、〔V〕=〔J/C〕、〔J〕=〔Nm〕より、次のように算出されます。

〔N/C〕=〔J/mC〕=〔V/m〕

電位の単位：〔J/C〕=〔V〕

2乗ではない！

電位は電荷 Q からの距離 r に反比例し、電荷からの距離が遠いほど小さくなります。点電荷 Q からの距離が等しければ電位も等しいので、電位が等しい点を結ぶと、点電荷 Q を中心とする球面が描けます。この面を**等電位面**（とうでんいめん）といいます。

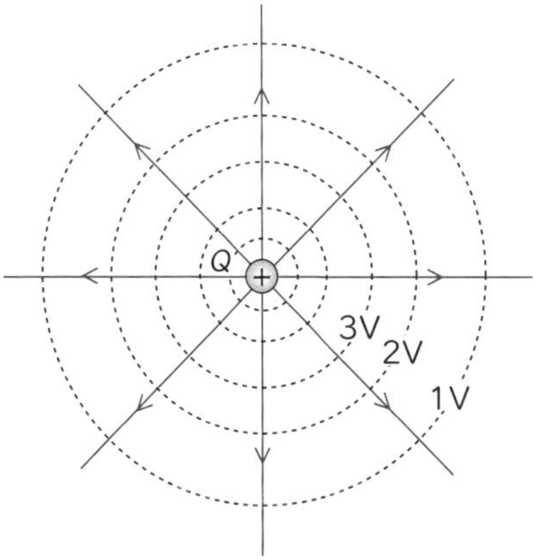
Q
+
3V
2V
1V

等電位面は、地図における等高線に相当するものと考えることができます。

電位を定義できたので、任意の点 A から点 B まで電荷 1C を運搬することで生じる静電ポテンシャルは、

$$\Delta\phi = -\int_A^B \boldsymbol{E}\cdot d\boldsymbol{s} = -\left(\int_A^\infty \boldsymbol{E}\cdot d\boldsymbol{s} + \int_\infty^B \boldsymbol{E}\cdot d\boldsymbol{s}\right)$$
$$= \int_\infty^A \boldsymbol{E}\cdot d\boldsymbol{s} - \int_\infty^B \boldsymbol{E}\cdot d\boldsymbol{s} = \phi(A) - \phi(B)$$

のように、それぞれの電位の差で求めることができます。これを**電位差**（でんいさ）といいます。

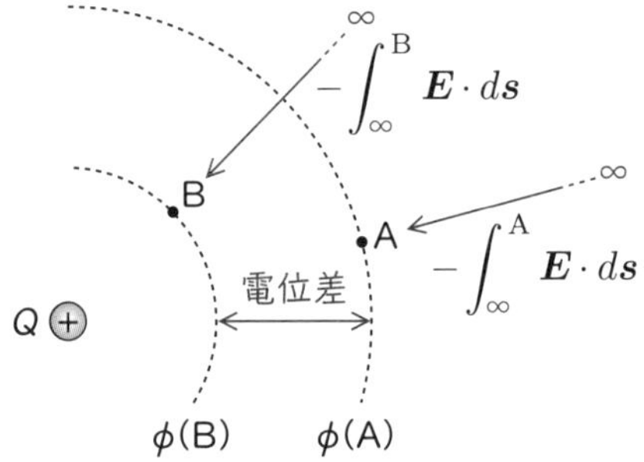

電位差は、より身近な言葉で**電圧**（でんあつ）ともいいます。たとえば「1.5V」の乾電池は、電池のプラス極とマイナス極の間に 1.5V の電位差があり、電荷 1C 当たり 1.5J の仕事をするエネルギーをもっています。

まとめ

電場に置いた電荷に蓄えられる位置エネルギーを静電ポテンシャルという。とくに、電場 $\boldsymbol{E}$ のなかに置いた 1C の電荷に蓄えられる静電ポテンシャルを電位という。

点電荷Qによる電位：$\phi = \dfrac{Q}{4\pi\epsilon_0}\dfrac{1}{r}$

02 静電場の渦なしの法則

（ルビ：せいでんば　うず）

この節の概要

▶ 静電ポテンシャルは、電場によって生じる位置エネルギーです。位置エネルギーが生まれるための「場」の性質について考えます。

静電ポテンシャルは経路によらず一定

前節の繰り返しになりますが、点Aから点Bまで、電場 $\boldsymbol{E}$ にさからって電荷を運ぶことによって蓄えられる静電ポテンシャルは、

$$\Delta\phi = -\int_A^B \boldsymbol{E}\cdot d\boldsymbol{s}$$

のような線積分で表すことができました。これを計算すると、

$$\Delta\phi = -\frac{Q}{4\pi\epsilon_0}\left(\frac{1}{r_A} - \frac{1}{r_B}\right)$$ ※ r_A，r_B は電荷Qから点A，点Bまでの距離

のように、積分経路の情報は消えてしまいます。このことは、点Aから点Bまでどのような経路をとっても、必要な仕事量は同じであることを示します。必要な仕事量が変わらないので、蓄えられる静電ポテンシャルも**経路によらず一定**になります。

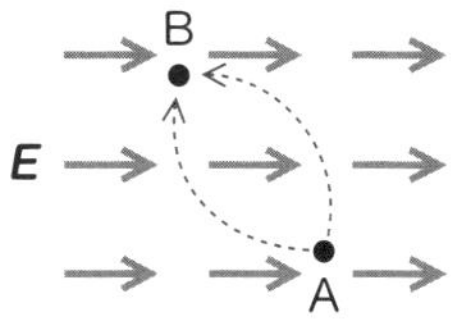

点Aから点Bまでどのような経路で
電荷を運んでも仕事量は同じ

このことは、次のように説明できます。いま、点電荷 Q がつくる電場のなかを、経路 C をたどって点Aから点Bまで移動するとしましょう。この経路を n 個の細かいベクトル $\Delta\boldsymbol{s}$ に分割し、さらに各 $\Delta\boldsymbol{s}$ を半

径方向のベクトル $\Delta \boldsymbol{r}$ と円周方向のベクトル $\Delta \boldsymbol{l}$ に分解します。すると経路 C は、

$$C = \Delta \boldsymbol{s}_1 + \Delta \boldsymbol{s}_2 + \cdots + \Delta \boldsymbol{s}_n = (\Delta \boldsymbol{r}_1 + \Delta \boldsymbol{l}_1) + (\Delta \boldsymbol{r}_2 + \Delta \boldsymbol{l}_2) + \cdots + (\Delta \boldsymbol{r}_n + \Delta \boldsymbol{l}_n)$$
$$= \underbrace{\sum \Delta \boldsymbol{r}}_{\text{半径方向}} + \underbrace{\sum \Delta \boldsymbol{l}}_{\text{円周方向}}$$

のように、半径方向と円周方向のベクトルの和に整理できます。

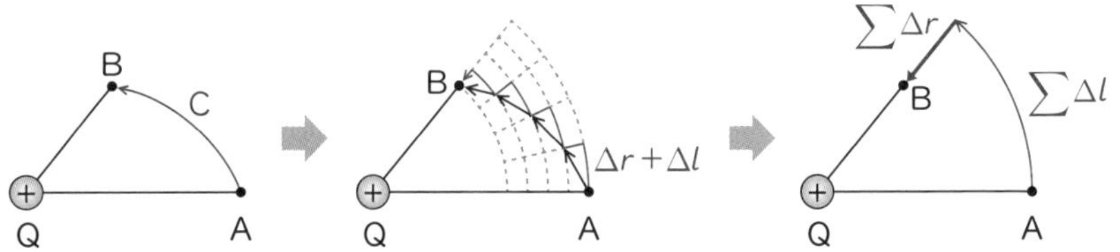

経路 C を、円周方向にすすむベクトルと半径方向にすすむベクトルに分解する。

仕事に使われるのは、電場にさからってすすむ半径方向のベクトルだけ。

このうち円周方向は電場の方向と垂直なので、どんなに移動距離があっても仕事量はゼロになります。仕事に使われるのは電場 $\boldsymbol{E}$ にさからってすすむ半径方向の移動距離だけなので、どのような経路をとっても仕事量は一定になるというわけです。

電場には「渦」がない

静電ポテンシャルが経路によらないことから、右図のように積分経路 C_1 と C_2 の静電ポテンシャルは等しくなります。

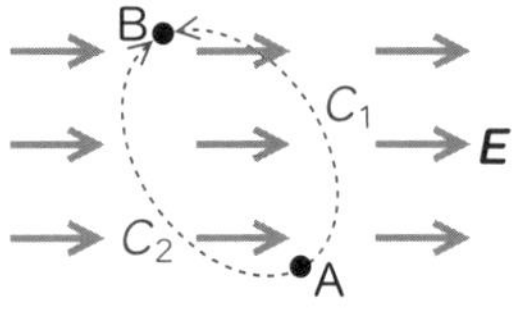

$$\int_{C_1} \boldsymbol{E} \cdot d\boldsymbol{s} = \int_{C_2} \boldsymbol{E} \cdot d\boldsymbol{s}$$

$$\Rightarrow \quad \int_{C_1} \boldsymbol{E} \cdot d\boldsymbol{s} - \int_{C_2} \boldsymbol{E} \cdot d\boldsymbol{s} = 0$$

この式で、マイナス符号のついた線積分は、積分経路 C_2 を点 B から点 A へと逆にたどったものと同様です。つまり上の式の左辺は、点 A を出発して C_1 をたどって点 B を通り、C_2 をたどって点 A に戻ってく

る**周回積分**になります。

$$\underbrace{\int_A^B \boldsymbol{E}\cdot d\boldsymbol{s}}_{\text{経路}C_1}+\underbrace{\int_B^A \boldsymbol{E}\cdot d\boldsymbol{s}}_{\text{経路}C_2}=\underbrace{\oint \boldsymbol{E}\cdot d\boldsymbol{s}}_{\text{周回積分}}=0$$

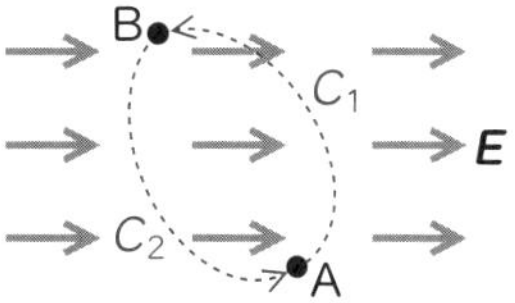

この式は、**静電ポテンシャルが経路によらないなら、周回積分の値はかならずゼロになる**ことを表しています。周回積分の値がゼロになるのは、静電場が「渦」のないベクトル場であることを示すので、この式を「静電場の渦なしの法則」といいます。

> 静電場の渦なしの法則：$\oint_C \boldsymbol{E}\cdot d\boldsymbol{s}=0$

「渦」については、第6章であらためて説明しますが、ここでは図のようにグルグルと渦巻いているような流れをイメージしておきましょう。

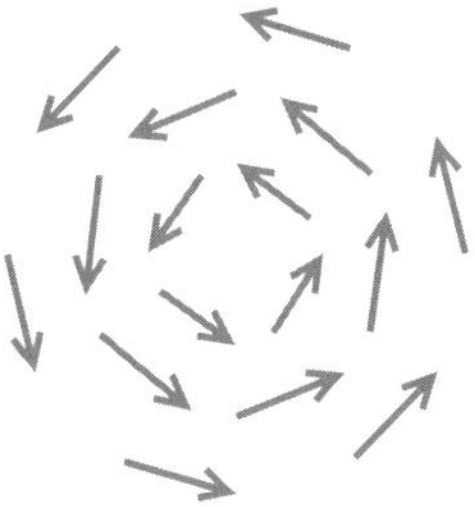

図の渦の中心を囲む経路で周回積分すれば、値がゼロにならないことはあきらかです。もし、静電場にこのような流れがあると、静電ポテンシャルも経路によって異なる値になってしまいます。そうならないことを保証しているのが、「静電場の渦なしの法則」です。

渦あり：$\oint \boldsymbol{E}\cdot d\boldsymbol{s}\neq 0$

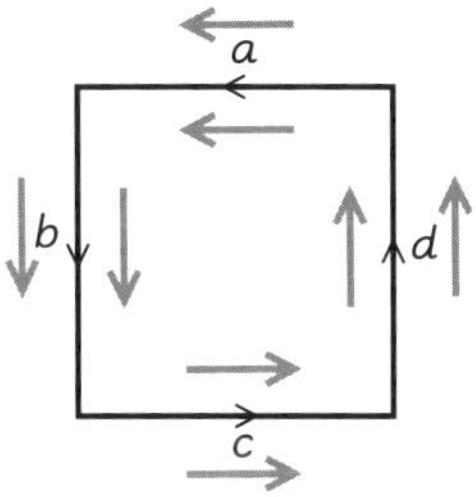

経路a, b, c, dの積分値はいずれもプラスになるため、周回積分の値は0にならない。

渦なし：$\oint \boldsymbol{E}\cdot d\boldsymbol{s}=0$

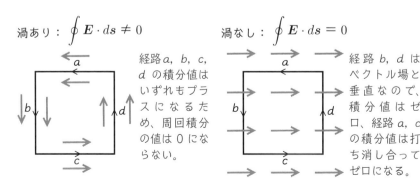

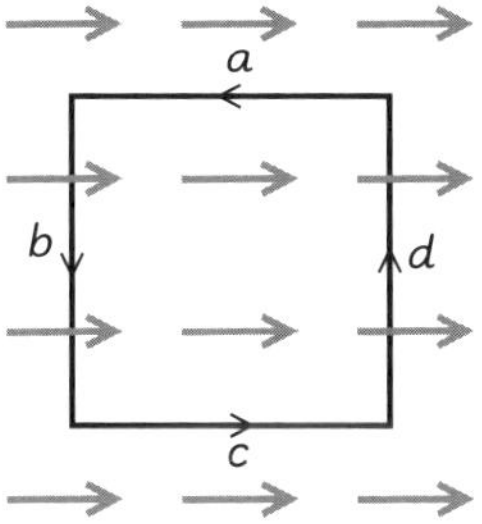

経路b, dはベクトル場と垂直なので、積分値はゼロ、経路a, cの積分値は打ち消し合ってゼロになる。

なお、電場ではなく「静電場」とわざわざ断っているのは、変化する電場ではこの法則が成り立たない場合もあるからです（本書でこれまでみてきた電場は、すべて静電場です）。

まとめ **静電ポテンシャルは経路によらず一定になる。そうなる理由は、静電場に「渦」がないからだ。**

静電場の渦なしの法則：$\oint_C \boldsymbol{E} \cdot d\boldsymbol{s} = 0$

コラム **保存力**

経路にかかわらず仕事量が一定になるのは、重力の場合でも同様です。たとえば山を登るとき、

まっすぐ登っても
ジグザグに登っても仕事量は同じ。

斜面を真っすぐ登ると距離は短くなりますが傾斜がきつくなり、ジグザグに登ると傾斜はゆるやかですが距離が長くなります。トータルの仕事量はどちらも変わりません。

このように、クーロン力や重力の存在する空間では、それにさからって行う仕事量が経路によらず一定になります。このような力を保存力といいます。一般に、保存力が存在する空間では、位置エネルギーを蓄えることができます。

03 電位と電場

(でんい と でんば)

この節の概要

▶ 電場はベクトル量、電位はスカラー量です。先ほどは電場から電位を求めましたが、電位から電場を求める方法も覚えておきましょう。

電位はスカラー場をつくる

点電荷 Q がつくる電場において、電荷から距離 r 離れた点における電位は次のように求めることができました（79 ページ）。

$$\phi = \frac{Q}{4\pi\epsilon_0 r}$$

電荷からの距離 r が等しい点の電位は等しいので、地図における等高線と同じように、右のような等電位線を引くことができます（実際には三次元なので、等電位面になります）。

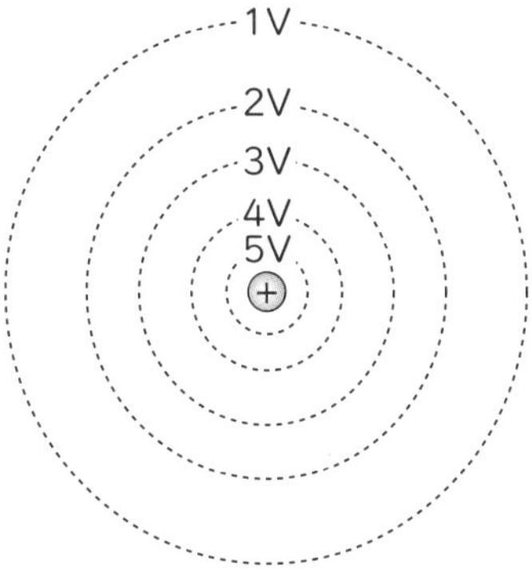

電位は、空間中の任意の点に応じて値が決まるスカラー量です。電場はベクトル場ですが、**電位はスカラー場**となります。

電位と電場の関係

電位から電場を求める方法を考えてみましょう。電場 $\boldsymbol{E}$ 中の点 (x, y, z) における電位を $\phi(x, y, z)$ とします。いま、この点から $\Delta\boldsymbol{s}$ だけ移動したとしましょう。$\Delta\boldsymbol{s} = (\Delta x, \Delta y, \Delta z)$ とすると、2 点間の電位差 $\Delta\phi$ は

$$\Delta\phi = \phi(x+\Delta x,\ y+\Delta y,\ z+\Delta z) - \phi(x,y,z)$$

と表せます。この式を、次のように変形します（変形のしかたは 32 ページを参照）。

$$\begin{aligned}\Delta\phi =& \frac{\phi(x+\Delta x, y+\Delta y, z+\Delta z) - \phi(x, y+\Delta y, z+\Delta z)}{\Delta x}\Delta x\\ &+ \frac{\phi(x, y+\Delta y, z+\Delta z) - \phi(x, y, z+\Delta z)}{\Delta y}\Delta y\\ &+ \frac{\phi(x, y, z+\Delta z) - \phi(x, y, z)}{\Delta z}\Delta z\end{aligned}$$

上の式は、Δx、Δy、Δz をゼロに近づけると偏微分になるので、

$$\Delta\phi = \frac{\partial\phi}{\partial x}\Delta x + \frac{\partial\phi}{\partial y}\Delta y + \frac{\partial\phi}{\partial z}\Delta z = \left(\frac{\partial\phi}{\partial x}, \frac{\partial\phi}{\partial y}, \frac{\partial\phi}{\partial z}\right)\cdot(\Delta x, \Delta y, \Delta z) \quad \cdots①$$

と書けます。一方、この電位差は、1C の電荷をクーロン力 $\boldsymbol{E}$ にさからって $\Delta\boldsymbol{s}$ の距離運ぶ仕事量に等しいので、

$$\Delta\phi = -\boldsymbol{E}\cdot\Delta\boldsymbol{s} = -(E_x,\ E_y,\ E_z)\cdot(\Delta x,\ \Delta y,\ \Delta z) \quad \cdots②$$

式①、②から、$-\boldsymbol{E} = \left(\frac{\partial\phi}{\partial x}, \frac{\partial\phi}{\partial y}, \frac{\partial\phi}{\partial z}\right)$となります。この式の右辺は、スカラー場 ϕ の**勾配**（33 ページ）を表すので、

$$\boldsymbol{E} = -\mathrm{grad}\,\phi$$

と書けます。

勾配（grad）というのは、スカラー場のある点で、変化量が最大となる方向を示すベクトルでした。grad ϕ の向きは電位 ϕ が増加する方向になりますが、電場 $\boldsymbol{E}$ はその反対方向（− grad ϕ）となります。また、電位の変化率が大きいほど、電場 $\boldsymbol{E}$ も大きくなります。

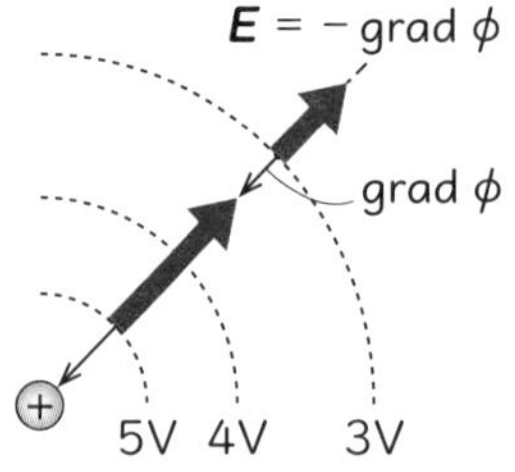

等電位面と電場

ある点における電位 ϕ と、その点から微小なベクトル $\Delta\boldsymbol{s}$ だけ移動した点との電位差は、

$$\Delta\phi = \mathrm{grad}\,\phi \cdot \Delta s$$

で求められました。ここでベクトル $\Delta\boldsymbol{s}$ を、この点における等電位面の接線の方向にとります。すると、2 点は等電位なので電位差 $\Delta\phi$ はゼロになり、

$$\Delta\phi = \mathrm{grad}\,\phi \cdot \Delta s = 0$$

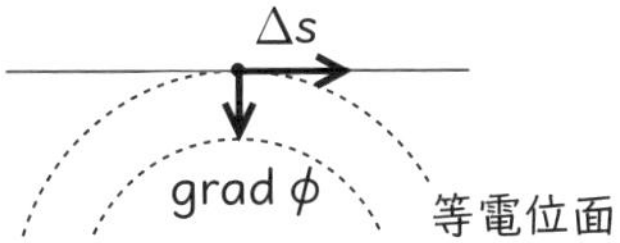

となります。

grad ϕ と $\Delta\boldsymbol{s}$ の内積がゼロになるので、2 つのベクトルは直交することがわかります。

grad ϕ は等電位面と直交する。

電場 $\boldsymbol{E}$ は grad ϕ の逆ベクトルなので、電場 $\boldsymbol{E}$ も等電位面と直交します。

電場 $\boldsymbol{E}$ は等電位面と直交する。

まとめ **電位 ϕ と電場 E の関係：** $\boldsymbol{E} = -\mathrm{grad}\,\phi$

04 導体の性質

この節の概要

▶ 物質には、電気が伝わりやすい導体と、伝わりにくい不導体（絶縁体）があります。ここでは導体の性質について考えてみましょう。

導体の構造

ほとんどの物質は、電気が伝わりやすい**導体**と、電気が伝わりにくい**不導体**（絶縁体）のどちらかに分類することができます。たとえば、鉄や銅などの金属は導体です。一方、磁器やゴムなどは電気をほとんど伝えないので不導体です。

導体：鉄、銅、アルミニウム、金、人体
不導体：磁器、ゴム、ガラス、プラスチック

金属などの導体は、規則正しく並んだ原子核の間を、たくさんの**自由電子**がくっついたり離れたりして、自由に動きまわれるようになっています。導体は、この自由電子が物質の内部を移動することで電気を伝えます。

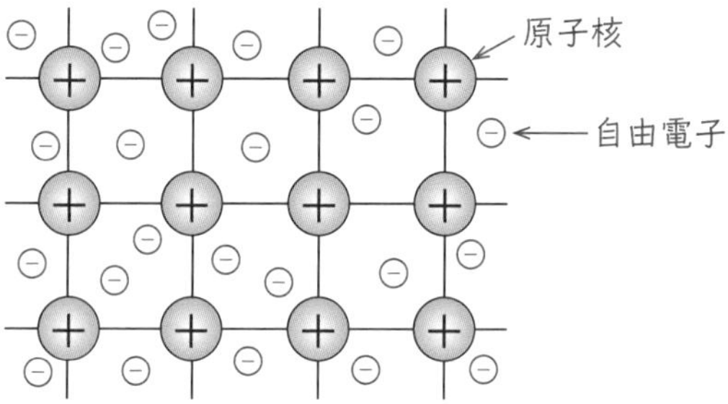

一方、不導体には導体のような自由電子が存在しないため、物質の内

部で電子が移動せず、電気が伝わらないのです。

導体内部の電場

図のように、導体を電場 $\boldsymbol{E}$ のなかに置いたとき、どのような現象が起こるのかをみてみましょう。

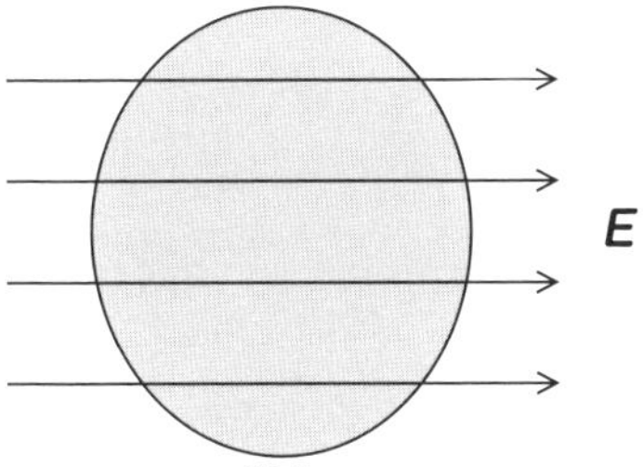

導体内部にはたくさんの自由電子がありますが、原子核と電子の量は通常の状態では釣り合っており、電気的に中性です。この導体を電場 $\boldsymbol{E}$ のなかにおくと、クーロン力によって自由電子が電場 $\boldsymbol{E}$ の反対方向に引き寄せられます。この現象を**静電誘導**（せいでんゆうどう）といいます。

静電誘導によって、電子が移動した側にある原子は電子が余分になって負電荷となり、反対側にある原子は電子が不足して正電荷となります。

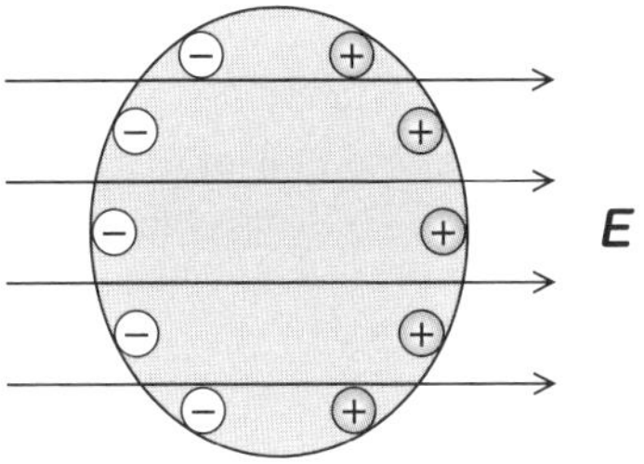

電場 $\boldsymbol{E}$ によって導体内の自由電子が移動し、導体の一方に正電荷、もう一方に負電荷が現れる。

上の図のように、自由電子の移動によって導体の両側に電荷が生じると、今度はこれらの電荷が電場をつくります。その方向は、導体の内部では電場 $\boldsymbol{E}$ と反対の方向になります。この電場は、自由電子の移動につれて大きくなり、電場 $\boldsymbol{E}$ を打ち消します。導体内部の電場 $\boldsymbol{E}$ がちょうどゼロになると、クーロン力もゼロになるので自由電子の移動がとまり、平衡状態になります。

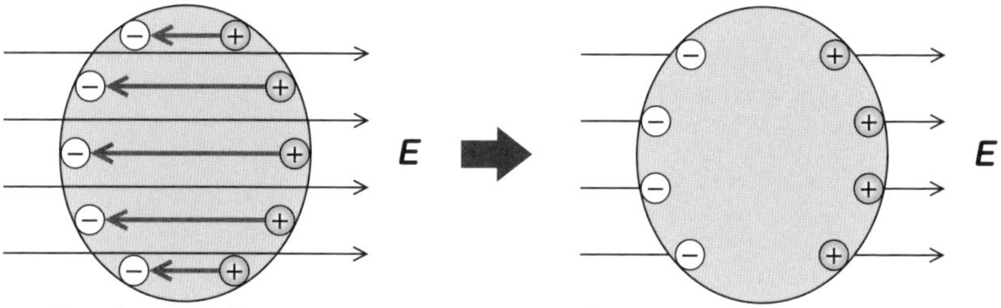

両端に生じた電荷による電場が、電場 $\boldsymbol{E}$ を打ち消す。

導体内部の電場はゼロになる。

以上から、**導体を電場のなかに置いても、導体の内部では電場はゼロになってしまう**ことがわかります。

導体の内部には電場が存在しない。

なお、導体内部で電場 $\boldsymbol{E}$ がゼロになるなら、$\boldsymbol{E} = -\mathrm{grad}\phi$ (86 ページ) より、$\mathrm{grad}\phi$ もゼロになります。$\mathrm{grad}\phi$ は電位 ϕ の変化量を表すので、導体内部では電位は変化しません。つまり、**導体内部に電位差はなく、電位はどこでも等しくなります。**

導体内部の電位はどこでも等しい。

導体表面の電荷

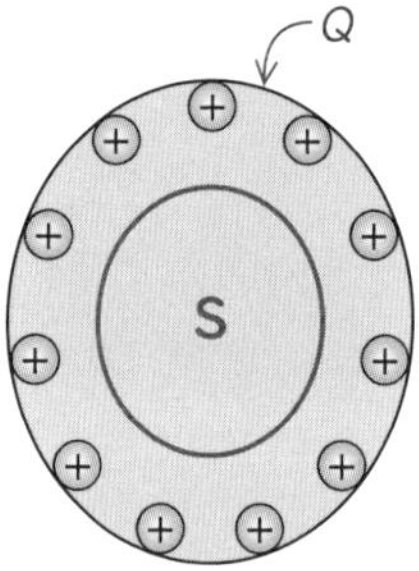

いま、何らかの方法で、導体から Q クーロンに相当する自由電子を取り去ったとします。すると、この導体には Q クーロンの正電荷が生じます。この電荷の分布はどのようになるでしょうか？

この問いについて考えるために、導体内部に右図のような閉曲面 S をとり、閉曲面 S を貫く電気力線の本数を数えます。しかし、前節で説明したように、導体の内部には電場がないのですから、電気力線の本数は当然ゼロ本です。

閉曲面を貫く電気力線がゼロということは、ガウスの法則により、閉曲面の内部にある電荷もゼロということになります。すなわち、導体の内部に電荷は存在しません。内部に存在できなければ、電荷の居場所は導体の表面しかありません。つまり、電荷は導体の表面だけに分布します。

電荷は導体の表面だけに分布する。

では、導体の表面に分布する電荷は、どのような電場をつくるでしょうか？　まず、導体の内部に電場は存在しないので、電場の方向は導体表面の外向きになります。この電場が、仮に右図の$\boldsymbol{E}$のようなベクトルで表せるとします。

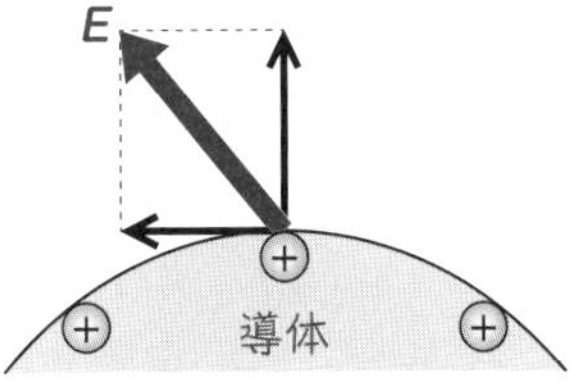

ベクトル$\boldsymbol{E}$を、導体表面に垂直な成分と、導体表面に水平な成分とに分解します。すると、導体表面にあるほかの電荷は、この水平成分の電場によって動いてしまいます。ということは、導体表面の電荷が静止している状態では、電場に水平成分はない、ということになります。つまり、導体から出る電場の方向は、導体表面から垂直になります。

導体から出る電場の方向は導体表面に垂直になる。

静電遮蔽

右図のように、中が空洞になっている導体があるとします。この導体に正電荷Qを与えると、電荷はどのように分布するでしょうか？

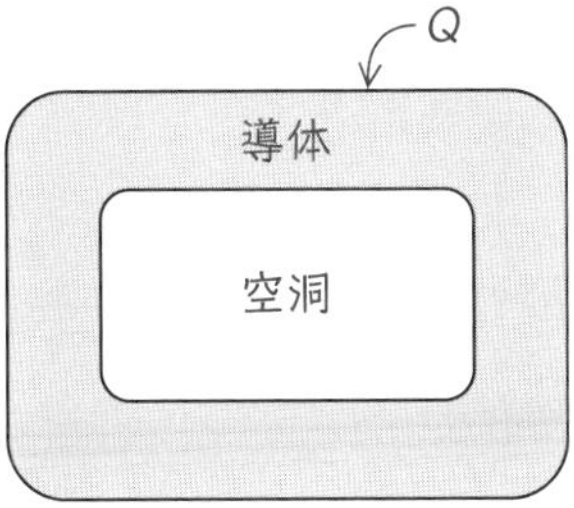

次のような閉曲面Sをとって考えてみましょう。導体内に電場は存在しないので、

この閉曲面を通る電気力線はゼロ本です。ということは、ガウスの法則より、閉曲面の内部に電荷は存在できません。つまり、電荷 Q はすべて導体の外側に分布します。

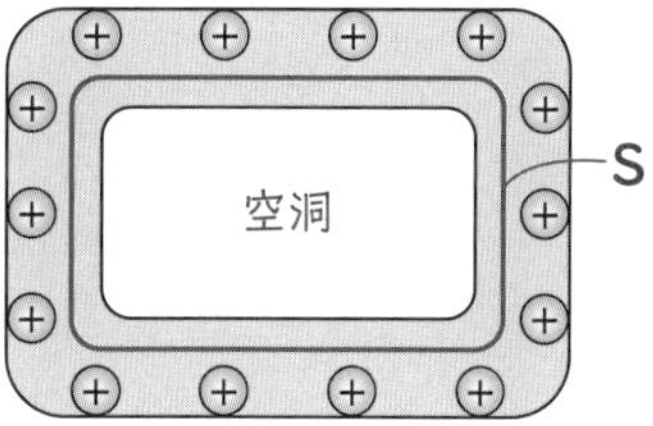

参考

落雷の危険があるところでは、自動車や電車のなかが比較的安全だといわれるのは、金属製の箱の中では静電遮蔽が働くからです。

このように、導体の内部では外側からの電気的影響を遮断することができます。この現象を**静電遮蔽**（せいでんしゃへい）といいます。

次に、下図のように中が空洞になっている導体球 A の内側に、導体球 B がある場合を考えてみます。導体球 B に正電荷 Q を与えたとき、電荷はどのように分布するでしょうか。

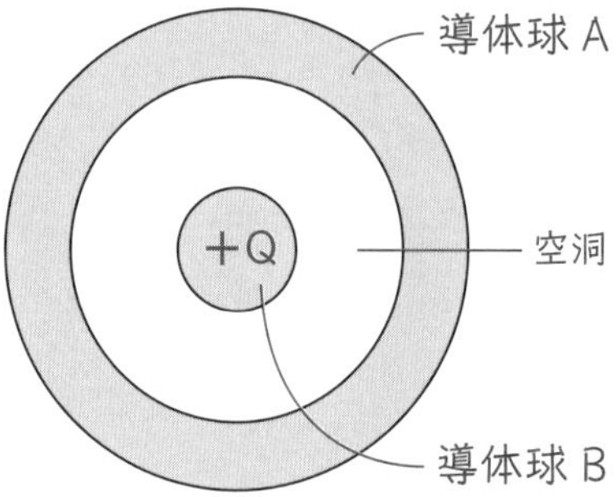

先ほどと同じように、導体球 A の内部に閉曲面をとれば、この閉曲面を通る電気力線はゼロですから、閉曲面の内側の電荷もゼロになるはずです。すると、導体球 B に与えた電荷 Q はどこにいってしまうのでしょうか？

じつは、電荷 Q がつくる電場によって導体球 A の内側に電荷 $-Q$ が誘導され、それが電荷 Q がつくる電場を打ち消してしまうのです。導体球 A の内側に $-Q$ の電荷が誘導されるので、導体球 A の外側には $+Q$ の電荷が誘導されます。

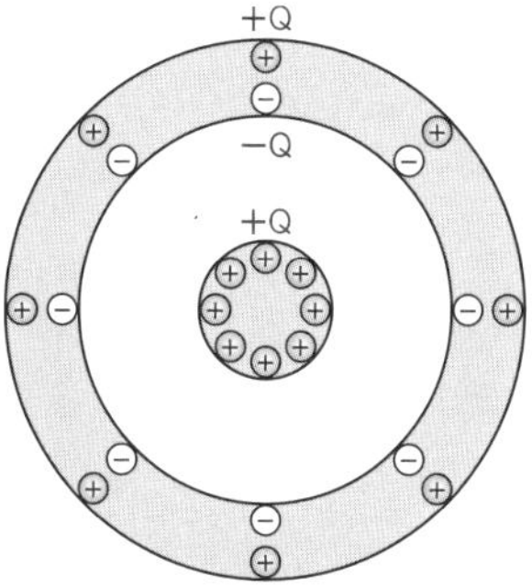

この結果、導体球Aの外側に電場ができますが、導体球Aを接地すると電荷が大地に逃げていき、電場も消えてしまいます。これにより、導体球Bの電気的影響を遮断することができます。これも、静電遮蔽のひとつです。

参考

電子レンジは、内部で発生する電磁波が外に漏れないように金属でおおわれています。そのため、電子レンジのなかに携帯電話を入れると、静電遮蔽によって電波がほとんど届かなくなります。

まとめ

- 導体の内部に電場は存在せず、電位は等しくなる。
- 電荷は導体の表面だけに分布し、電場の方向は表面と垂直になる。

05 コンデンサ

この節の概要

▶コンデンサは電荷を蓄えることができる電気部品です。コンデンサの静電容量がどのように求められるかを考えてみましょう。

コンデンサとは

前節で説明したように、導体に電荷を与えると、電荷は導体の表面に分布します。この性質をうまく利用すると、導体に電荷を蓄えておくことができます。

図のように、2つの導体を置き、電池をつなぎます。すると、一方の導体に正電荷、もう一方の導体に負電荷が流れ込みます。正電荷と負電荷はクーロン力によって互いに引き寄せられ、両方の導体に蓄えられます。

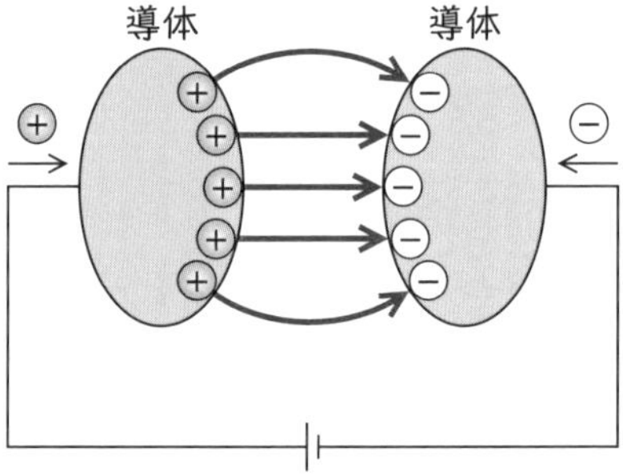

このように、2つの導体をペアにして電荷を蓄える装置をコンデンサといいます。

平行平板コンデンサ

コンデンサにはいろいろな形状がありますが、もっともポピュラーなのは、同じ面積の2枚の金属板（極板）を向かい合わせに配置したコンデンサです。これを平行平板(へいこうへいばん)コンデンサといいます。

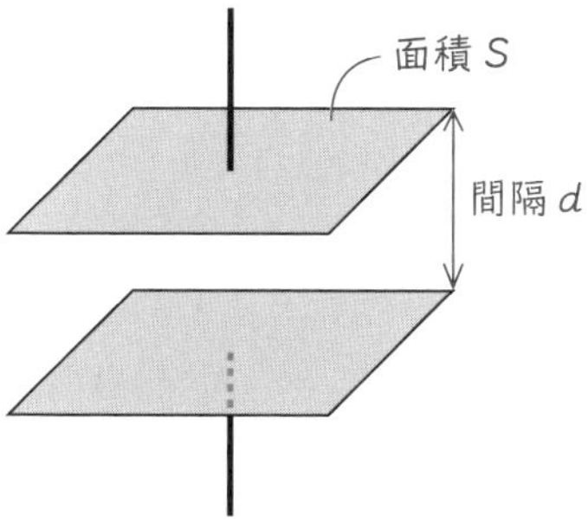

以下では、極板の面積を S、極板間の間隔を d とします。高校の物理では、平行平板コンデンサに関して次の4つの公式を習います。

コンデンサに関する4つの公式

①極板間の電場の大きさ：$E=\dfrac{V}{d}$　← 電場 $\boldsymbol{E}$ の大きさは電位差 V の傾きに等しい

②コンデンサの静電容量：$C=\epsilon_0\dfrac{S}{d}$　← 静電容量 C は面積 S に比例し、距離 d に反比例する

③コンデンサに蓄えられる電荷量：$Q=CV$　← 電荷量 Q は電位差 V に比例する

④静電エネルギー：$U=\dfrac{1}{2}CV^2$　← 静電エネルギーは電位差 V の2乗に比例する

これらの公式がどのように成り立つかを順にみていきましょう。

極板間の電場　無限に広い平面に電荷が一様に分布しているとき、電場の方向は平面に垂直になります（67ページ）。平行平板コンデンサの極板は無限に広いわけではありませんが、極板間の距離 d がじゅうぶん小さいので、電場 $\boldsymbol{E}$ は極板に垂直とみなします（実際には、極板の端のほうは垂直になりませんが、無視できるものとします）。

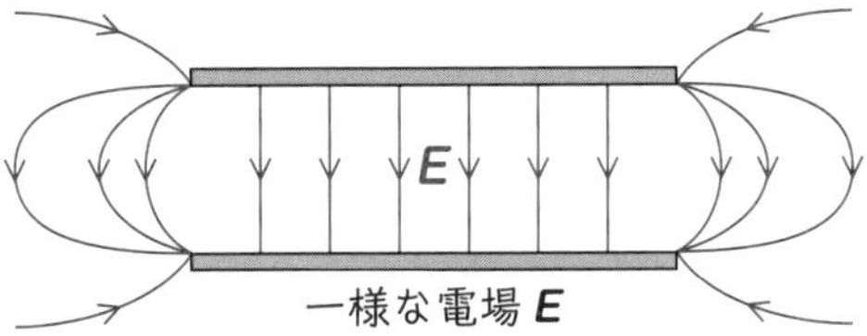
E
一様な電場 E

両端の電場は実際には一様ではないが、無視できるものとする。

いま、上の極板に $+Q$、下の極板に $-Q$ の電荷が蓄えられているとしましょう。電場はそれぞれの極板の上下にできますが、2枚の極板を合わせると、極板の外側の電場は打ち消しあい、極板間の電場だけが残ります。

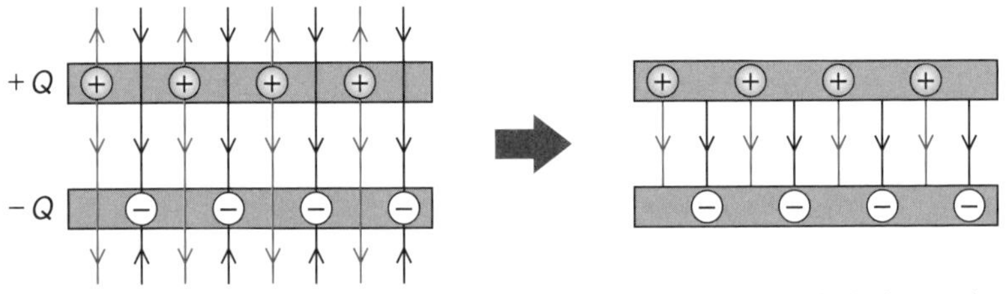
+Q
−Q
極板の外側の電場は打ち消し合う
極板の内側の電場だけが残る

極板間の電場 $\boldsymbol{E}$ の大きさを、ガウスの法則を使って求めてみましょう。

極板の一方に次の図のような円筒形の閉曲面をとり、閉曲面を貫く電気力線の本数を数えます。電気力線は極板と垂直なので、円筒の側面を通る電気力線はありません。また、電場は極板の間にしか存在しないので、極板の裏側から出る電気力線もありません。以上から、この円筒を貫く電気力線は、図の面積 A を通るもののみとなります。

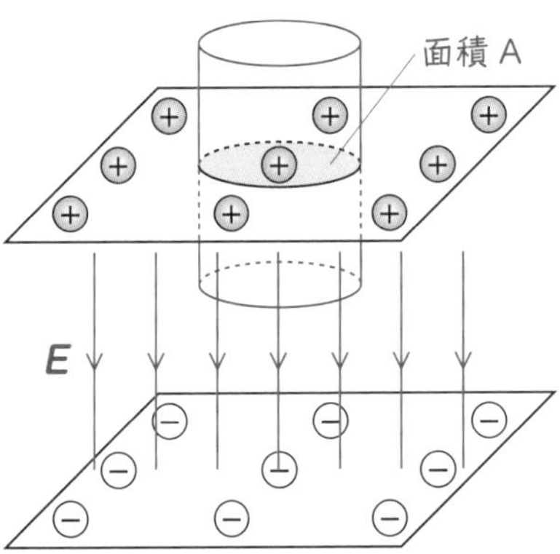
面積 A
E

円筒を通る電気力線の本数は$E \times A$で求められます。一方、円筒の内部にある電荷量は、極板の面電荷密度を$\sigma = \dfrac{Q}{S}$とすれば、$\sigma \times A$です。したがってガウスの法則より、次の式が成り立ちます。

$$E \times A = \frac{1}{\epsilon_0}(\sigma \times A) \quad \Rightarrow \quad E = \frac{\sigma}{\epsilon_0}$$

電場$\boldsymbol{E}$の大きさと方向は、極板の間であればどこでも一定であることに注意しましょう。

極板間の電位差 極板間の電位差Vは、1Cの電荷を、下側の極板から上側の極板まで、距離dだけ運搬するのに要する仕事量です。式で表すと次のように書けます。

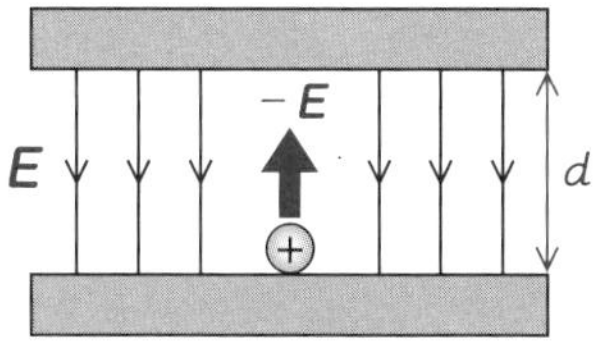

$$V = -\int_0^d \boldsymbol{E} \cdot d\boldsymbol{l}$$

ただし、電場$\boldsymbol{E}$の大きさと方向は極板間のどこでも一定なので、上の式の右辺は$-E$ニュートンの力で$-d$の距離をすすむ仕事量に等しく、Edとなります。したがって、

$$V = Ed \quad \Rightarrow \quad E = \frac{V}{d}$$

が導けます。

静電容量 電位差$V = Ed$、電場$E = \dfrac{\sigma}{\epsilon_0}$、面電荷密度$\sigma = \dfrac{Q}{S}$を組み合わせると、

$$V = Ed = \frac{\sigma}{\epsilon_0}d = \frac{1}{\epsilon_0}\frac{Q}{S}d$$

より、

$$Q = \epsilon_0 \frac{S}{d} V$$

となります。上の式の$\epsilon_0 \dfrac{S}{d}$をCと置けば、

$Q = CV$

を得ます。このCを静電容量（せいでんようりょう）といいます。

コンデンサに蓄えられる電荷：$Q = CV$，静電容量：$C = \epsilon_0 \dfrac{S}{d}$

式 $Q = CV$ は、**静電容量 C が大きいコンデンサほど、より少ない電位差 V で多くの電荷 Q を蓄えられる**ことを表しています。つまり、静電容量 C は、コンデンサの性能を表しているといえます。

また、式 $C = \epsilon_0 \dfrac{S}{d}$ は、静電容量 C が、**コンデンサの極板面積 S に比例し、極板間の距離 d に反比例する**ことを表します。たしかに、極板の面積は大きいほうが電荷をたくさん蓄えることができるし、極板間の距離が小さいほうが電位差が小さくて済みます。

実際のコンデンサは、シート状の極板（アルミ箔）2枚を、絶縁体をはさんでぐるぐる巻きにした構造をしています。

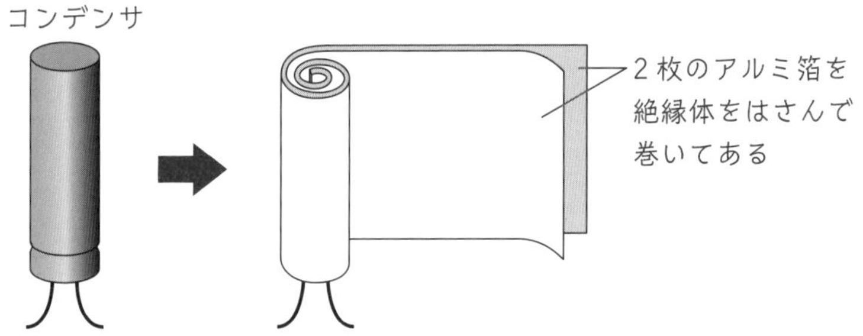
コンデンサ
2枚のアルミ箔を
絶縁体をはさんで
巻いてある

なお、静電容量には、ファラデーの名前にちなみ、ファラド〔F〕という単位がついています。

円筒コンデンサ

図のように、内側が空洞になっている円筒形の導体の中心に、もうひとつ円柱状の導体を入れた形状のコンデンサを考えてみましょう。このコンデンサの静電容量を求めてみましょう。

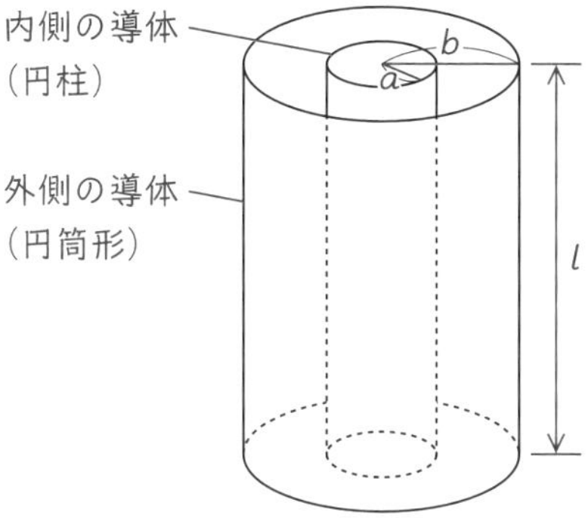

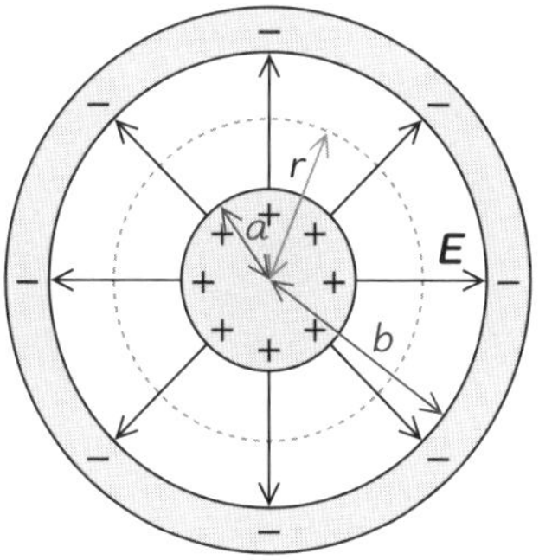

ここで、内側の円柱の半径を a、外側の円筒の半径を b とし、2つの導体の長さを l とします。内側の導体に $+Q$、外側の導体に $-Q$ の電荷を与えると、間の空洞部分に右図のような半径方向の電場が生じます。この電場を $\boldsymbol{E}$ とします。

電場 $\boldsymbol{E}$ の大きさを、ガウスの法則を使って求めます。上の図のように半径 r $(a < r < b)$ の円筒形の閉曲面をとり、この閉曲面を貫く電気力線の本数を数えます。

すると、すべての電気力線は閉曲面の側面を通るので、その本数は $E \times 2\pi rl$ と書けます。一方、閉曲面の内側にある電荷は $+Q$ ですから、ガウスの法則より、

$$E \times 2\pi rl = \frac{Q}{\epsilon_0} \quad \Rightarrow \quad \boldsymbol{E} = \frac{Q}{2\pi\epsilon_0 l}\frac{1}{r}\boldsymbol{e}_r$$

となります。

次に、外側と内側の円筒の間の電位差 V を求めます。電位差 V は、1C の電荷を $\boldsymbol{E}$〔N〕のクーロン力にさからって b から a まで運ぶ仕事量ですから、

$$V = -\int_b^a \boldsymbol{E} \cdot d\boldsymbol{r}$$

と書けます。この式に、先ほどガウスの法則で求めた電場 $\boldsymbol{E}$ の式を代入します。

$$V = -\int_b^a \frac{Q}{2\pi\epsilon_0 l}\frac{1}{r}\boldsymbol{e}_r \cdot d\boldsymbol{r} \longleftarrow \boldsymbol{e}_r \cdot d\boldsymbol{r} = |\boldsymbol{e}_r||d\boldsymbol{r}| = dr$$

$$= -\frac{Q}{2\pi\epsilon_0 l}\int_b^a \frac{1}{r}dr$$

$$= -\frac{Q}{2\pi\epsilon_0 l}\Big[\log r\Big]_b^a \longleftarrow$$

積分公式：$\int \frac{1}{x}dx = \log x$

$$= -\frac{Q}{2\pi\epsilon_0 l}(\log a - \log b) = \frac{Q}{2\pi\epsilon_0 l}(\log b - \log a) = \frac{Q}{2\pi\epsilon_0 l}\log\left(\frac{b}{a}\right)$$

$\uparrow$ $\log M - \log N = \log \frac{M}{N}$

上の式を Q について解くと、

$$Q = \frac{2\pi\epsilon_0 l}{\log(b/a)}V$$

となり、$Q = CV$ より、静電容量 $C = \frac{2\pi\epsilon_0 l}{\log(b/a)}$ が求められます。

式から、この円筒形コンデンサの静電容量は、円筒の長さ l に比例し、$\log\ b/a$ に反比例します。円筒の長さが長いほど、電荷が分布する面積が広くなるので、より多くの電荷を蓄えることができます。

また、b/a は外側の円筒の半径と内側の円筒の半径の比です。この比が小さいほど、すなわち外側と内側の円筒の隙間が小さいほど、電位差 V は小さくなり、静電容量が大きくなります。

まとめ

- **コンデンサの極板間の電場の大きさ**：$E = \frac{V}{d}$
- **コンデンサの静電容量**：$C = \epsilon_0 \frac{S}{d}$
- **コンデンサの電荷量**：$Q = CV$

06 静電エネルギー

この節の概要

▶ 静電ポテンシャルは、電場のなかに置いた電荷が蓄えるエネルギーでした。これに対し、静電エネルギーは電場自体が蓄えるエネルギーです。

静電エネルギーとは

コンデンサに電荷を蓄えることを充電といいます。充電したコンデンサに豆電球をつなぐと、蓄えられた電荷が豆電球に流れ、豆電球が点灯します。これは蓄えられた電荷による仕事ですから、充電したコンデンサは仕事をする能力＝エネルギーをもっていると考えることができます。このエネルギーを**静電エネルギー**といいます。

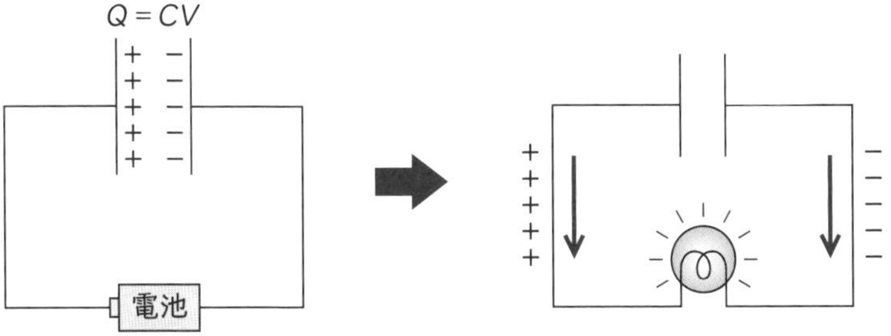

コンデンサに電池をつないで充電する

充電されたコンデンサを豆電球につなぐと点灯する

コンデンサの静電エネルギーを計算してみましょう。

静電エネルギーはコンデンサの充電によって生じます。そこで、「**コンデンサに電荷 Q を充電する**」という仕事の量を考えてみましょう。

次ページの図のような平行平板コンデンサを考えます。このコンデンサの下側の極板から、正電荷をちょびっととって、上側の極板まで運びます。1回に運ぶ電荷量を dq クーロンとしましょう。

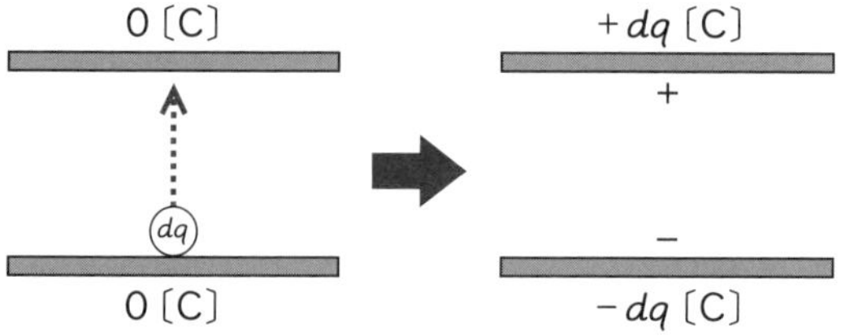

1回の作業で、上側の極板には＋ dq、下側の極板には－ dq が充電されます。まだ電荷が充電されていない状態では、極板間に電場がないため、この作業に必要な仕事量はゼロです。

しかし、極板に電荷が少しでも充電されると、極板間に電場が生じます。そのため、次の電荷 dq を運ぶときには、電場によるクーロン力にさからう力が必要になります。この力は充電量が増えるにつれて大きくなります。

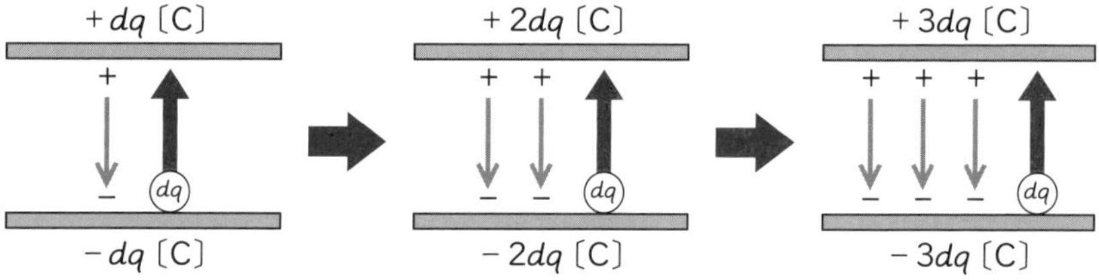

この作業を、極板の充電量が Q になるまで繰り返します。その仕事の総量が、電荷 Q を充電したコンデンサの静電エネルギーとなります。

いま、すでに極板に充電されている電荷を q としましょう。電場に働くクーロン力にさからって、電荷 dq を極板から極板へ運ぶのに必要な仕事量を求めます。

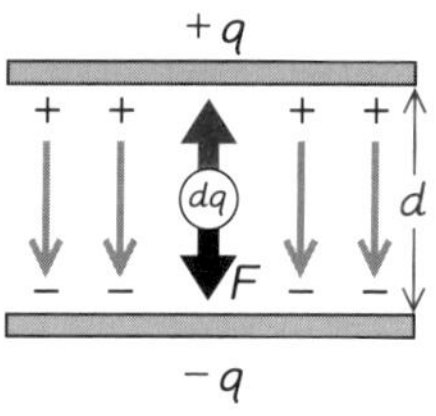

極板間の電場の大きさ $E = \dfrac{V}{d}$ (97ページ) です。また $q = CV$ (98ページ) より、

$$E = \frac{V}{d} = \frac{q}{Cd}$$

となります。電荷 dq に働くクーロン力は、$F = qE$ より、

↑ このqはここではdqのこと

$$F = -dqE = -\frac{q}{Cd}dq$$

したがって、電荷 dq を F にさからって運ぶのに必要な仕事量 dW は、

$$dW = -F \times d = \frac{q}{C}dq$$

です。この仕事を、充電量 q が 0 から Q になるまで積分します。

$$W = \int_0^Q dW = \int_0^Q \frac{q}{C}dq = \frac{1}{C}\left[\frac{1}{2}q^2\right]_0^Q = \frac{1}{2}\frac{Q^2}{C}$$

$Q = CV$ より、

$$W = \frac{1}{2}\frac{C^2V^2}{C} = \frac{1}{2}CV^2$$

これが、電荷 Q を充電したコンデンサの静電エネルギーとなります。

静電エネルギー：$U = \dfrac{1}{2}\dfrac{Q^2}{C} = \dfrac{1}{2}CV^2$

静電エネルギー密度

上の静電エネルギーの式に、$C = \epsilon_0 \dfrac{S}{d}$, $V = Ed$ を代入すると、次のようになります。

$$U = \frac{1}{2}CV^2 = \frac{1}{2}\epsilon_0\frac{S}{d}E^2d^2 = \frac{1}{2}\epsilon_0 E^2 Sd$$

上の式の Sd は、平行平板コンデンサの極板面積×極板間距離であり、電場が存在する空間の体積を表します。したがって、上の式を Sd で割った

$$u = \frac{1}{2}\epsilon_0 E^2$$

は、**単位体積当たりの静電エネルギー**（静電エネルギー密度）を表していることになります。これは空間に分布しているエネルギーであり、もはやコンデンサの形とは関係ありません。電場 $\boldsymbol{E}$ が存在している空間には、単位体積当たり $\frac{1}{2}\epsilon_0 E^2$〔J/m^3〕のエネルギーが蓄えられていることを意味しています。

電場が存在する空間には、単位体積当たり $\frac{1}{2}\epsilon_0 E^2$〔J/m^3〕のエネルギーが分布している。

一般に、領域 V 内の電場 $\boldsymbol{E}$ に蓄えられている静電エネルギーの総量は、次のように領域 V を静電エネルギー密度で体積積分すれば求めることができます。

$$U = \iiint_V \frac{1}{2}\epsilon_0 E^2 dV$$

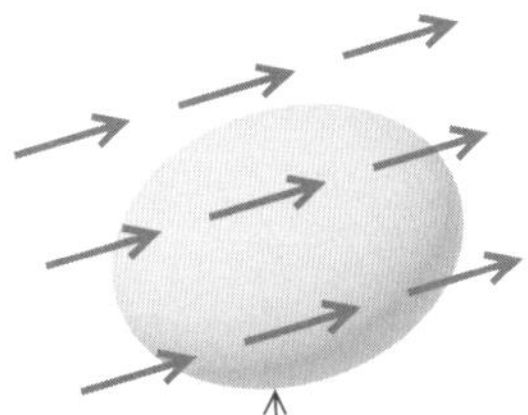

まとめ

- **コンデンサの静電エネルギー**：$U = \frac{1}{2}CV^2$
- **電場の静電エネルギー密度**：$u = \frac{1}{2}\epsilon_0 E^2$

07 誘電体（ゆうでんたい）

この節の概要

▶ コンデンサの極板の間に誘電体をはさむと、コンデンサの静電容量がアップします。そのしくみを説明しましょう。

コンデンサに誘電体をはさむ

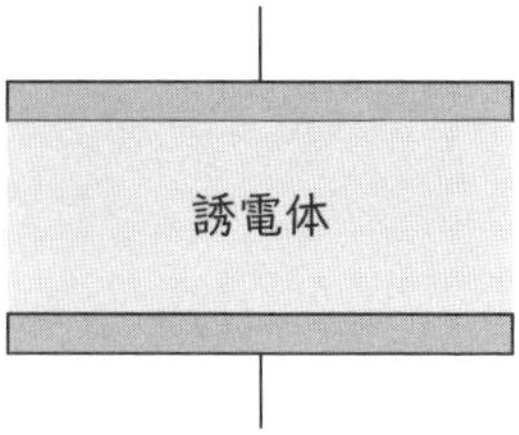

これまでの説明は、平行平板コンデンサの極板の間が真空であることが前提でした。実際のコンデンサでは、極板の間は真空ではなく、セラミックスなどの不導体（絶縁体）がはさまっています。コンデンサの極板の間にはさむ不導体を、**誘電体**（ゆうでんたい）といいます。

平行平板コンデンサの極板の間に誘電体をはさむと、どのような現象が起こるかを考えてみましょう。

誘電体を電場$\boldsymbol{E}$のなかに置くと、誘電体の表面にわずかに電荷が生じます。この現象を**誘電分極**（ゆうでんぶんきょく）といい、誘電体の表面に生じる電荷を**分極電荷**（ぶんきょくでんか）といいます（誘電分極が起こる理由についてはのちほど説明します）。

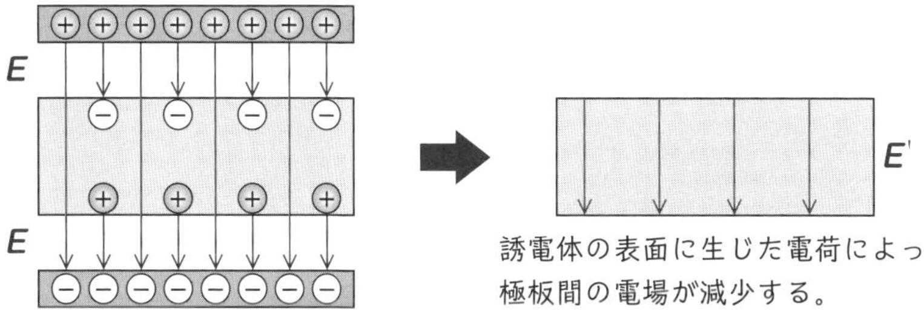

誘電体の表面に生じた電荷によって、極板間の電場が減少する。

この分極電荷は、上の図のように誘電体内部をとおる電場 $\boldsymbol{E}$ の一部を打ち消すため、電場 $\boldsymbol{E}$ の大きさが減少します。減少した電場を $\boldsymbol{E}'$ として、その大きさを

$$E' = \frac{1}{\epsilon_r}E$$

としましょう（ただし、$\epsilon_r > 1$）。すると、極板間の電位差は $V = \dfrac{E}{d}$ より、

$$V' = \frac{E'}{d} = \frac{1}{\epsilon_r}\frac{E}{d} = \frac{1}{\epsilon_r}V$$

となって、やはりもとの電位差 V より小さくなります。また、誘電体をはさんだコンデンサの静電容量は、$C = \dfrac{Q}{V}$ より、

$$C' = \frac{Q}{V'} = \epsilon_r\frac{Q}{V} = \epsilon_r C$$

このように、誘電体をはさんだコンデンサの静電容量は、真空の場合の静電容量の ϵ_r 倍になります。$\epsilon_r = 10$ なら、同じ電圧で、真空の場合より10倍の電荷を蓄えることができます。

コンデンサに誘電体をはさむと、静電容量が ϵ_r 倍になる。

誘電率と比誘電率

極板間が真空の場合の静電容量は、

$$C = \epsilon_0\frac{S}{d}$$

と表すことができました。もう忘れてしまったかもしれませんが、この ϵ_0 のことを「**真空の誘電率**」というのでしたね（39ページ）。

一方、誘電体をはさんだときの静電容量は、

$$C' = \epsilon_r C = \epsilon_r\epsilon_0\frac{S}{d}$$

ですから、$\epsilon_r\epsilon_0 = \epsilon$ とおくと、

$$C' = \epsilon\frac{S}{d}$$

と表せます。この $\epsilon=\epsilon_r\epsilon_0$ を、極板間にはさんだ誘電体の**誘電率**といい、ϵ_r を**比誘電率**といいます。

誘電分極のしやすさを表す

誘電率：$\epsilon=\epsilon_r\epsilon_0$

比誘電率：誘電率が真空の場合の何倍になるかを表す（$\epsilon_r>1$）

真空の誘電率：極板の間が真空の場合の誘電率（$\epsilon_0=8.854\times10^{-12}$）

比誘電率と誘電率を混同しないように注意しましょう。

比誘電率は物質ごとに異なります。空気の誘電率は真空とほぼ同じなので、比誘電率は約 1 です。一方、チタン酸バリウムという物質の比誘電体率は約 5000 もあり、コンデンサの誘電体材料に使われています。

物質	比誘電率
空気	約 1
紙、ゴム	約 2
雲母	約 7
チタン酸バリウム	約 5000

誘電分極のしくみ

誘電体を電場のなかに置くと、誘電体表面に電荷が生じます。コンデンサの静電容量が大きくなるのは、この誘電分極という現象によるものでした。

では、誘電分極はどのようなメカニズムで生じるのでしょうか。

誘電体（不導体）には自由電子は存在しませんが、原子で構成されているのは導体と同じです。原子には原子核と電子があるので、電場をかけると原子核（＋）は電場と同じ方向へ、電子（－）は電場と反対の方向へ引っ張られて、わずかなズレが生じます。この現象を**分極**といいます。

分極した原子は、大きさの等しいプラスとマイナスの電荷が、わずかな距離をおいて並んでいるものとみなすことができます。このような電荷を**電気双極子**（でんきそうきょくし）といいます。

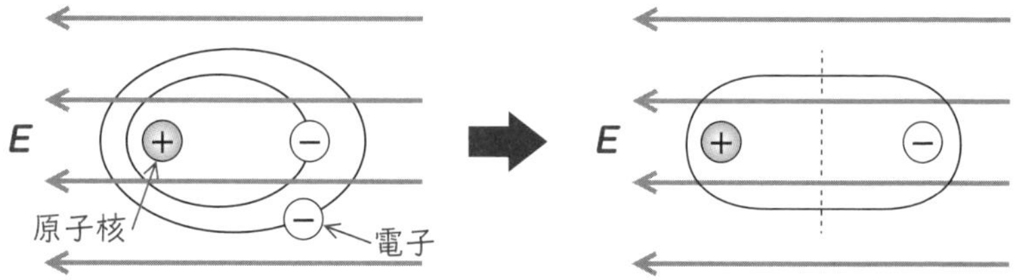

電場によって電子の軌道にかたよりが生じる（分極）。

プラスとマイナスの電荷がわずかな距離で並んでいる状態になる（電気双極子）。

電場のなかに置いた誘電体は、この電気双極子の集合体とみなすことができます。このとき、誘電体の内部では、隣り合った電気双極子のプラスとマイナスが相殺されるので、電気的に中性です。しかし誘電体の表面には、それぞれ負の分極電荷と正の分極電荷が現れます。これが誘電分極のメカニズムです。

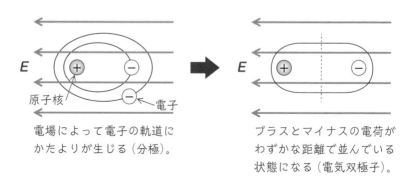

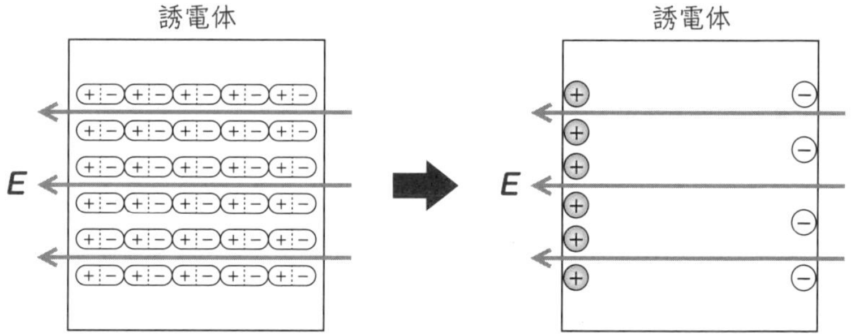

誘電体に電場をかけると電気双極子の集合体になる。

隣り合った電気双極子はプラスとマイナスが相殺され、表面に電荷が現れる。

まとめ **コンデンサの極板間に比誘電率 ϵ_r の誘電体をはさむと、静電容量は真空時の ϵ_r 倍になる。**

第4章
電流がつくる磁場

01 電流

でんりゅう

この節の概要

▶ 前章までは、電荷が動かない静電場についてみてきましたが、この章では「移動する電荷」すなわち電流について考えていきます。

電流とは

豆電球と電池を導線でつなぐと、導線に電流が流れて、豆電球が点灯します。この「電流」とはなんでしょうか。

電流とは、電荷の移動です。もっと厳密にいうと「**ある断面を1秒間に通過する正電荷の量**」と定義できます。

ある断面を1秒間に1クーロンの正電荷が通過する場合の電流の大きさを1〔C/秒〕とします。ただし、電流の単位には、アンペア〔A〕という単位を用います。

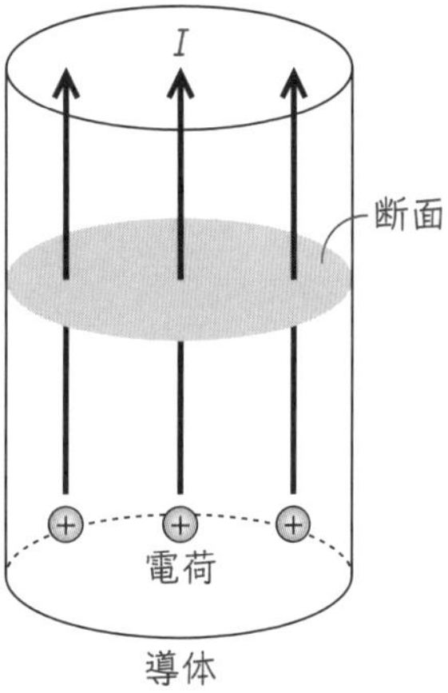

1秒間に1クーロンの正電荷が通過した場合の電流を1アンペア〔A〕とする。

電流の大きさを式で表してみましょう。断面の向こう側にある電荷量が、Δt 秒間に $Q(t)$ から $Q(t+\Delta t)$に増加したとすると、1秒間当たりに断面を通過した電荷量は

$$I = \frac{Q(t+\Delta t) - Q(t)}{\Delta t}$$

と書けます。ある瞬間に流れる電流は、上の式の Δt をゼロに近づけ、

$$I = \lim_{\Delta t \to 0} \frac{Q(t+\Delta t) - Q(t)}{\Delta t} = \frac{dQ}{dt}$$

と表せます。

電流：$I = \dfrac{dQ}{dt}$ ← 電流とは、ある瞬間の電荷の変化量

この式は、断面を通過する電荷量が変化する場合にも成り立ちますが、通過する電荷量が一定の場合は、電流 I の値も一定となります。断面を通過する電荷量が常に一定である場合の電流を**定常電流**（ていじょうでんりゅう）といいます。

この章では、とくに断りがない限り、定常電流について考えていきます。

導体を流れる電流

物理現象としての電流は、導体の中を**自由電子が移動する**ことによって生じます。自由電子が一方に移動することは、自由電子の欠けた穴が反対方向に移動することと同じです。私たちは、自由電子（負電荷）の移動を、その反対方向への正電荷の移動とみなして、その1秒間当たりの量を電流と呼んでいるわけです。

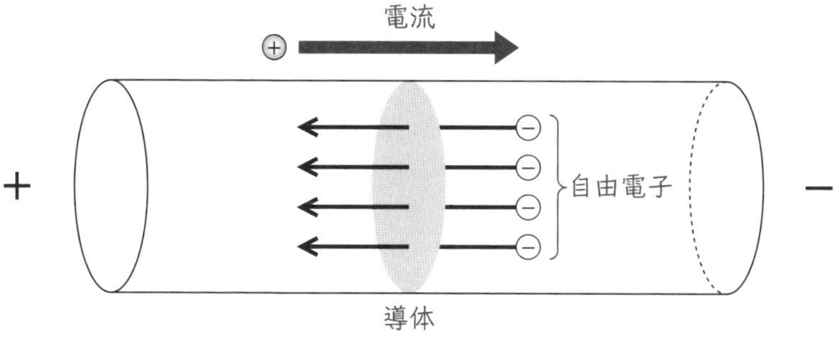

断面積が S〔m^2〕の導体の中を、電荷が一定の速度 v〔m/s〕で流れる定常電流について考えてみましょう。この導体の電荷密度を ρ〔C/m^3〕とすると、この導体の断面を1秒間に通過する電荷量は、

$I = \rho v S$
と書けます。

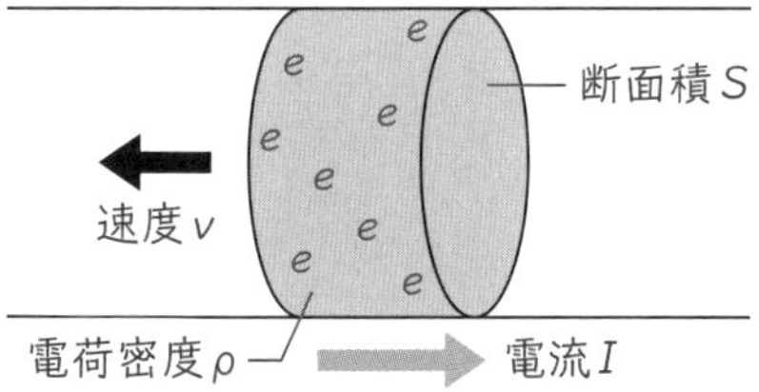

ここで、導体内にある自由電子の単位体積当たりの個数を n〔個 /m^3〕、電子 1 個の電荷量（電荷素量）を e〔C〕とすると、単位体積当たりの電荷量（＝体積電荷密度）ρ は

$$\rho = en$$

ですから、導体を流れる電流 I は次のように表せます。

導体を流れる電流：$I = envS$ ← 電荷素量 × 電子数 × 速度 × 断面積（電荷素量 × 電子数 ＝ 電荷密度）

電流密度

電荷密度 ρ と、その電荷密度の速度 $\boldsymbol{v}$ との積を**電流密度**（でんりゅうみつど）といいます。

電流密度：$\boldsymbol{j} = \rho \boldsymbol{v}$

電流密度はベクトル量です。また、単位は、電荷密度〔C/m^3〕× 速度〔m/s〕＝〔C/m^{2}s〕＝〔A/m^2〕となります。

$I = \rho v S$ より、導体を流れる電流 I と電流密度 $\boldsymbol{j}$ の大きさとの関係は、

$$I = |\boldsymbol{j}|S \quad \Rightarrow \quad |\boldsymbol{j}| = \frac{I}{S}$$

と書けます。このように、電流密度は電流を断面積で割ったものですから、**単位面積当たりの電流**を表すと考えることができます。

電流密度の大きさは、単位面積当たりの電流を表す。

電流密度は大きさと方向をもつベクトル量ですから、電流密度を使えば、図のように断面 S を斜めに通過する電流についても定式化することができます。

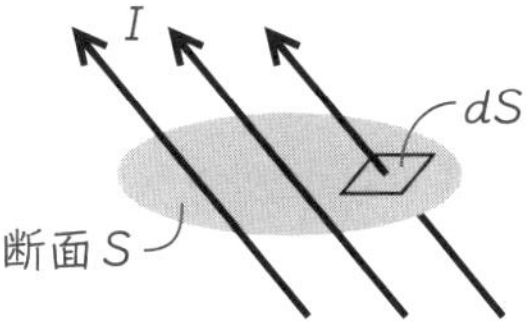

この断面 S 上に微小な面積 dS をとると、この面積を通過する電流 dI は、電流密度 $\boldsymbol{j}$ の断面に垂直な成分の大きさと、微小面積 dS との積で求められます。断面 S の法線ベクトルを $\boldsymbol{n}$ とすると、

$$dI = \underbrace{\boldsymbol{j} \cdot \boldsymbol{n}}_{\text{電流密度の断面}S\text{に垂直な成分}} \overbrace{dS}^{\text{微小面積}}$$

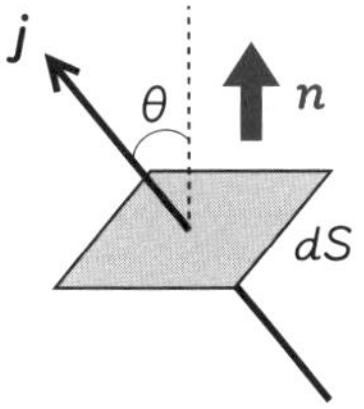

上の dI を、断面 S について面積分すると、断面 S を通過する電流になります。

電流： $I = \iint_S dI = \iint_S \boldsymbol{j} \cdot \boldsymbol{n}\, dS$

まとめ

電流は、次の３種類の式で表すことができる。

① $I = \dfrac{dQ}{dt}$ ←瞬間の電流

② $I = \iint_S \boldsymbol{j} \cdot \boldsymbol{n}\, dS$ ←電流密度で表した電流

③ $I = envS$ ←電荷素量で表した電流

02 電荷の保存則

この節の概要

▶流れる川の水が常に同じ水ではないように、電流として流れる電荷も同じ電荷ではありません。しかし、電荷の保存則は常に成り立ちます。

電荷の保存則

図のように、閉曲面 S で囲まれた体積の中に、電荷 Q があるとします。この電荷が、閉曲面 S を通って流出していくケースを考えます。閉曲面 S を通過する1秒間当たりの電荷量を電流 I としましょう。

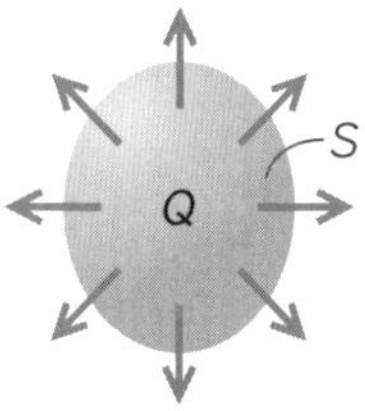

閉曲面 S から、1秒当たり I[C/s]の電荷が流れ出る。

閉曲面 S 内の時刻 t における電荷量を $Q(t)$、その Δt 秒後の電荷量を $Q(t+\Delta t)$ とすると、電荷 Q の1秒間当たりの減少量は、次のように表すことができます。

$$I=\frac{Q(t)-Q(t+\Delta t)}{\Delta t}$$

上の式は、Δt をゼロに近づけると微分になり、次のように表せます。

$$I=-\lim_{\Delta t\to 0}\frac{Q(t+\Delta t)-Q(t)}{\Delta t}=-\frac{dQ}{dt}$$

111ページの $I=dQ/dt$ は断面を通過する電荷量ですが、上の式は減少する電荷量なのでマイナス符号がつきます。

一方、閉曲面 S から出ていく電流は、電流密度 $\boldsymbol{j}$ を使って次のように表すことができます。

$$I = \oiint_S \boldsymbol{j} \cdot \boldsymbol{n} dS \quad \leftarrow \text{閉曲面なので周回積分になる}$$

電荷 Q の1秒間当たりの減少量は、閉曲面 S から出ていく電流に等しいので、次の等式が成り立ちます。

$$\underbrace{\oiint_S \boldsymbol{j} \cdot \boldsymbol{n}\, dS}_{\text{出ていく電荷量}} = \underbrace{-\frac{dQ}{dt}}_{Q\text{の減少量}}$$

この式を、**電荷の保存則**といいます。閉曲面 S の内部の体積を V とし、電荷 Q を電荷密度 ρ の体積積分で表すと、

$$Q = \iiint_V \rho\, dV$$

となるので、電荷の保存則（積分形）は次のように書けます。

$$\text{電荷の保存則：} \oiint_S \boldsymbol{j} \cdot \boldsymbol{n}\, dS = -\frac{d}{dt} \iiint_V \rho\, dV$$

定常電流における電荷の保存則

先ほどは、閉曲面 S から出ていく電流だけを考えましたが、次のように入っていく電流も含めて考えてみましょう。

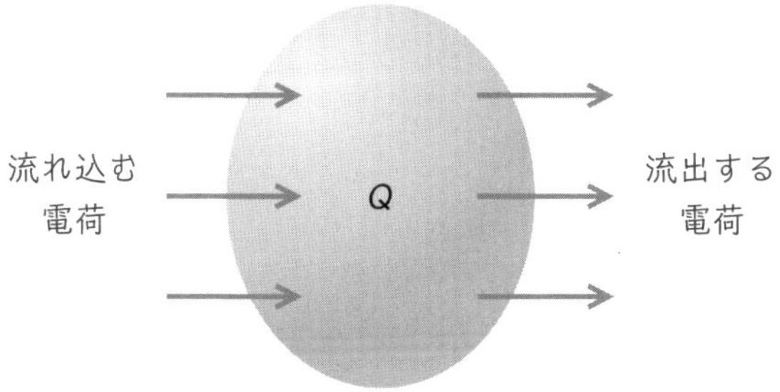

第4章 電流がつくる磁場

閉曲面に入っていく電流の電流密度は、出ていく電流と方向が反対なので、法線ベクトル $\boldsymbol{n}$ との内積 $\boldsymbol{j}\cdot\boldsymbol{n}$ はマイナスになります。電荷の保存則

$$\boxed{\oiint_S \boldsymbol{j}\cdot\boldsymbol{n}\,dS} = -\frac{dQ}{dt}$$

の左辺（囲みの部分）は、出ていく電流と入ってくる電流をすべて足し合わせているので、出ていく電流から入っていく電流を差し引いたもの、くわしくいうと、

閉曲面から1秒間に流出する電荷量－閉曲面に1秒間に流れ込む電荷量

を表していることになります。この値がプラスなら、閉曲面内部の電荷量はだんだん減少するはずです。逆に、この値がマイナスなら、閉曲面内部の電荷量は増加するはずです。

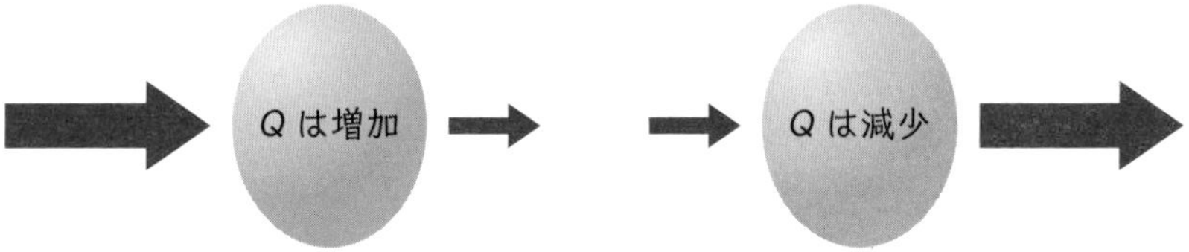

入ってくる電荷量のほうが多ければ、Q は増加する。

出ていく電荷量のほうが多ければ、Q は減少する。

言い換えると、この値がゼロなら、出ていく電流と入ってくる電流は等しく、閉曲面 S 内部の電荷量 Q は常に一定となります。

$$\oiint_S \boldsymbol{j}\cdot\boldsymbol{n}\,dS = 0$$ ← 閉曲面内部の電荷量が変化しない場合

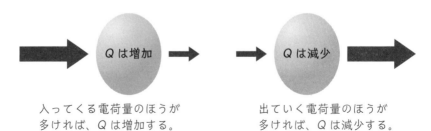

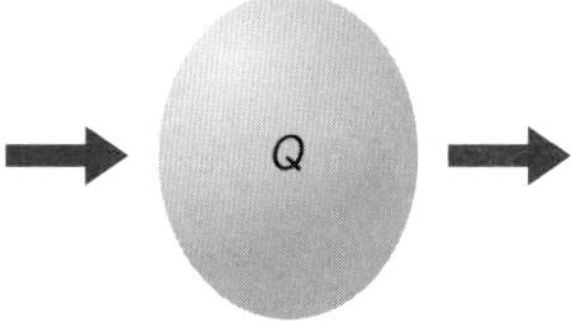

入っていく電荷量と出ていく電荷量が等しければ、Q の変化量はゼロになる。

定常電流では時間によって電荷量が変化しないので、必ずこの式が成り立ちます。

定常電流における電荷の保存則：$\oiint_S \boldsymbol{j}\cdot\boldsymbol{n}\,dS = 0$

入っていく電荷量と
出ていく電荷量が同じ

まとめ　電荷の保存則：$\oiint_S \boldsymbol{j}\cdot\boldsymbol{n}\,dS = -\frac{d}{dt}\iiint_V \rho\,dV$

- 定常電流では、入ってくる電流と出ていく電流が等しいので、

$$\oiint_S \boldsymbol{j}\cdot\boldsymbol{n}\,dS = 0$$

となる。

03 オームの法則

この節の概要

▶ 中学の理科で習うオームの法則がどのようにして成り立つのかについて説明します。

オームの法則

図のように、電源と抵抗をつないだ電気回路を考えます。電源は、抵抗の両端に電位差（電圧）をつくるので、抵抗の中を電流が流れます。

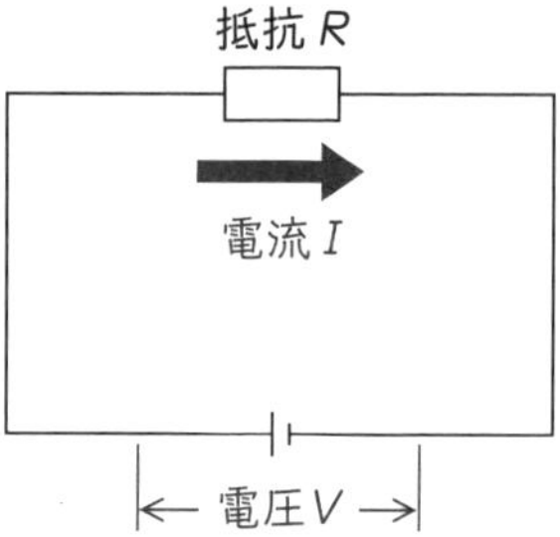

このとき、電圧 V と電流 I、抵抗 R の関係は、次のような式で表すことができました。中学の理科で習うオームの法則です。

オームの法則：$V = RI$

オームの法則がどうして成り立つのかを考えてみましょう。図のように、長さ L、断面積 S の導体を考えます。

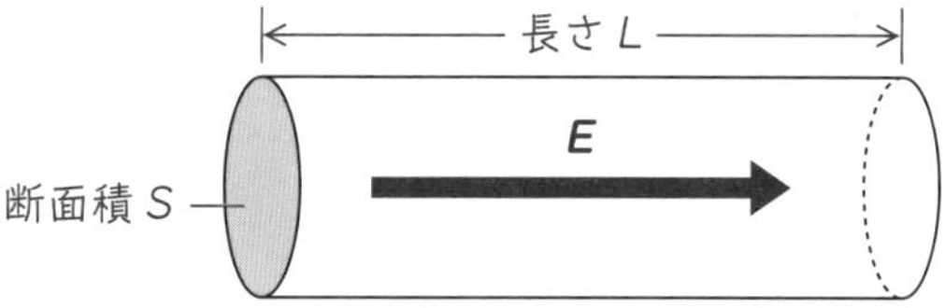

この導体の両端に電位差 V を与えると、図の方向に電場 $\boldsymbol{E}$ が生じ、導体内の自由電子にクーロン力が働きます。自由電子の電荷を e とすれ

ば、電子 1 個にかかるクーロン力は $\boldsymbol{F} = q\boldsymbol{E}$（45 ページ）より、

$$F = eE$$ ←自由電子に働くクーロン力

です（以下では、簡単のため、スカラー量で考えます）。このクーロン力にさからって、電子を距離 L だけ運ぶのに必要な仕事量が、電子 1 個分の静電ポテンシャルになります（76 ページ）。

$$U = F \times L = eEL$$ ←電子1個分がもつ静電ポテンシャル

電位とは 1C 当たりの静電ポテンシャルですから、上の式を e で割ると、

$$V = \frac{eEL}{e} = EL \quad \Rightarrow \quad E = \frac{V}{L}$$

を得ます。

導体中の自由電子には、常に $\boldsymbol{F} = e\boldsymbol{E}$ のクーロン力が加えられています。しかし、定常電流では電荷の速度は一定なので、加速度は生じません。加速度が生じないということは、**速度を一定に保つために、クーロン力とつり合う逆向きの力が働いていなければなりません**（落下する物体が、重力とつり合う空気抵抗によって等速落下運動になるの同じ原理です）。

この逆向きの力は、電子の速度 v に比例するので kv とします（k は比例定数）。この力はクーロン力とつり合うので、

$$eE = kv \quad \Rightarrow \quad v = \frac{e}{k}E = \frac{e}{k}\frac{V}{L}$$

と表せます。この式を 112 ページの電流の式 $I = envS$ に代入すると、

$$I = envS = en\frac{e}{k}\frac{V}{L}S \quad \Rightarrow \quad V = \frac{k}{ne^2} \times \frac{L}{S} \times I$$

となります。ここで、

$$R = \frac{k}{ne^2}\frac{L}{S}$$

と置けば $V = RI$ となり、オームの法則が成り立ちます。

抵抗率と抵抗

ところで、電子の移動を妨害するクーロン力と逆向きの力は、どのように生じるのでしょうか？　88ページでみたように、導体の中には自由電子だけでなく原子核もぎっしり詰まっています。この原子核は自由電子のように移動しないので、自由電子としょっちゅう衝突します。自由電子は無数にあるので、この現象を全体としてみると、電子が一定の速度で移動しているようにみえるのです。

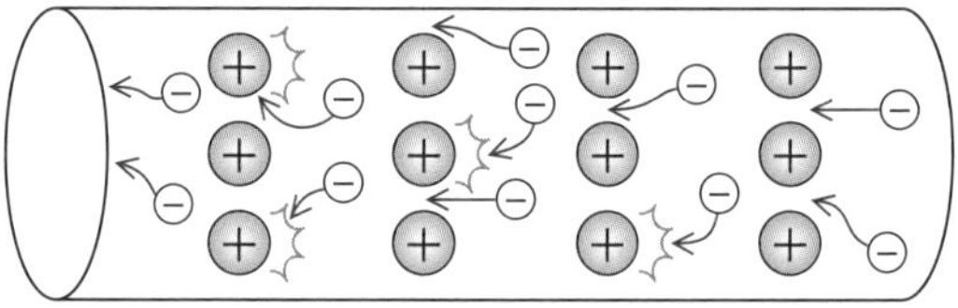

そこで、前項で得た抵抗$R=\dfrac{k}{ne^2}\dfrac{L}{S}$をみると、比例定数$k$は原子核による電子の移動しにくさを表すと考えることができます。また、nは単位体積当たりの自由電子の個数で、こちらは多いほど移動する電荷量が増えるので、抵抗は小さくなると考えらえます。

kやnは、いずれも物質の種類によって決まる特性なので、まとめて$\rho=\dfrac{k}{ne^2}$と置きましょう。すると抵抗Rは

$$R=\rho\frac{L}{S}$$ ← 抵抗は導体の長さに比例し、断面積に反比例する

と簡潔に表せます。上の式は高校の物理で習う式で、ρは**抵抗率**といいます（電荷密度のρと紛らわしいので注意）。

この式は、**導体の抵抗Rは抵抗率ρと導体の長さLに比例し、導体の断面積Sに反比例する**ことを示します。抵抗が導体の長さLに比例するのは、導体が長いほど電子の移動をじゃまする障害も増えるからです。一方、抵抗が導体の断面積Sに反比例するのは、断面積が広いほうが電子の通り道が広くなり、電子が移動しやすくなるからです。

電流が通る道が長いほど抵抗は
大きい。

電流の通り道が広いほど抵抗は
小さい。

参考

電気を伝える電線はなるべく抵抗が小さいほうがいいので、抵抗率の小さい金属が使われています。抵抗率の小さい金属には銀、銅、金、アルミニウムがあります。このうち、銀や金は高価なので大量に使えないため、電線には主に銅やアルミが使われています。

オームの法則と電流密度

中学・高校で習ったオームの法則 $V = RI$ は、ある断面積と長さをもつ導体を前提としています。この法則が、局所的にはどのような関係になるかを考えてみましょう。

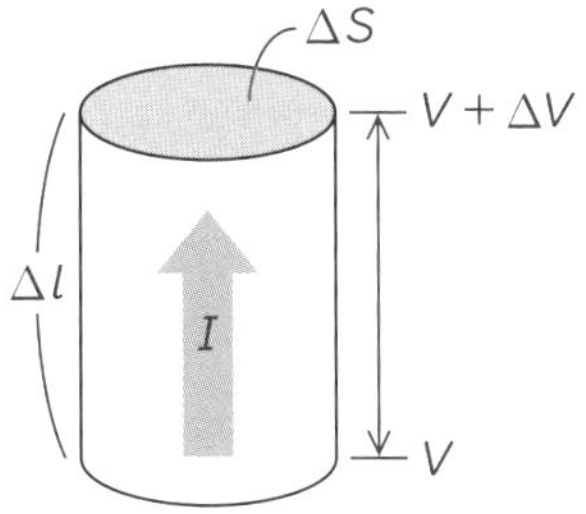

右図のような、微小な長さ Δl、断面積 ΔS の導体を考え、導体の両端の電位差を ΔV とします。

電位差 ΔV は、1C の電荷をクーロン力にさからって Δl だけ運ぶ仕事量に等しいので、ΔV によって生じる電場を E とすると、

$$\Delta V = E\Delta l$$

となります。また、電流は電流密度 $\boldsymbol{j}$ を使えば、

$$I = |\boldsymbol{j}|\Delta S$$

と表せます。さらに導体の抵抗は

$$R = \rho\frac{\Delta l}{\Delta S}$$

なので、これらをオームの法則の式 $\Delta V = RI$ に代入すると、

$$E\cancel{\Delta l} = \rho \frac{\cancel{\Delta l}}{\cancel{\Delta S}} |\boldsymbol{j}| \cancel{\Delta S} \quad \Rightarrow \quad |\boldsymbol{j}| = \frac{1}{\rho} E$$

を得ます。電流密度 $\boldsymbol{j}$ と電場 $\boldsymbol{E}$ は方向が同じなので、$\sigma = \dfrac{1}{\rho}$ と置いてベクトル表記にすると、

$$\boldsymbol{j} = \sigma \boldsymbol{E}$$

となります。

これが、導体の局所的に成り立つオームの法則です。σ は抵抗率 ρ の逆数なので「電流の流れやすさ」を表し、**電気伝導度**といいます。

まとめ

- 定常電流は、導体に抵抗 $R = \rho \dfrac{L}{S}$ があるからこそ実現する。もし導体に抵抗がなければ、自由電子は無限に加速するので、電流は無限に増大してしまう。
- オームの法則 $V = RI$ は、局所的には $\boldsymbol{j} = \sigma \boldsymbol{E}$ と表すことができる。σ は抵抗率 ρ の逆数で、電気伝導度という。

04 電流と磁場

この節の概要

▶ 電荷が周囲の空間に電場をつくるように、電流は周囲の空間に磁場をつくります。

磁場と磁力線

磁石にはN極とS極があり、同じ極同士は反発し、異なる極同士は引き合います。この現象は、2つの電荷が反発したり引き合ったりするのとよく似ています。

同じ極どうしには反発する力が働く

異なる極どうしには引き合う力が働く

電荷は周囲に**電場**をつくって、そのなかに置いた電荷に力を働かせます。これと同じように、磁石も周囲に**磁場**（磁界ともいう）をつくります。磁場のなかに磁石を置くと、N極は磁場と同じ向きの力を受け、S極は磁場と反対向きの力を受けます。図のように、方位磁石のN極が指しているのが、磁場の方向です。

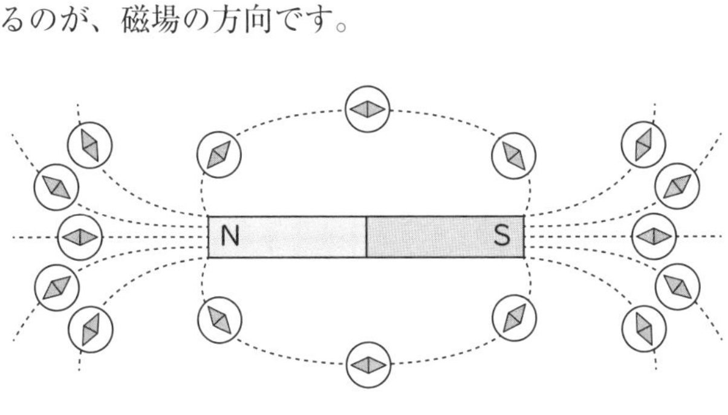

第3章では、電場を視覚的に表す方法として、**電気力線**を描きました

(56ページ)。磁場でも同じように、**磁力線**を使って視覚的に表すことができます。磁力線はN極から出てS極に入ります。また、**磁力線の密度は磁場の大きさに比例**します。

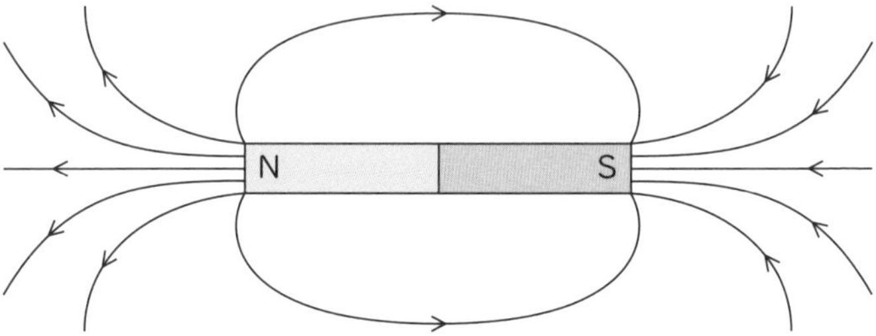

ここで、複数の磁力線をたばねた「**磁束**」というものを考えると、磁束の密度も磁力線と同様に、磁場の大きさに比例するはずです。そこで、**大きさが磁束の密度、方向が磁場の向き**となるベクトル量によって、任意の位置の磁場を表すことします。このベクトル量を**磁束密度**といいます。

電流は磁場をつくる

デンマークの物理学者エルステッドは、ある実験をしているとき、導線に電流を流すと近くにある方位磁石の磁針が振れることに気づきました。「**電流は磁場をつくる**」ことがわかったのです。

電流がどのような磁場をつくるかは、電流の周囲に方位磁石を置いてみればわかります。不思議なことに、電流がつくる磁場は、電流の周りをぐるぐる回る「**渦**」になっていました。

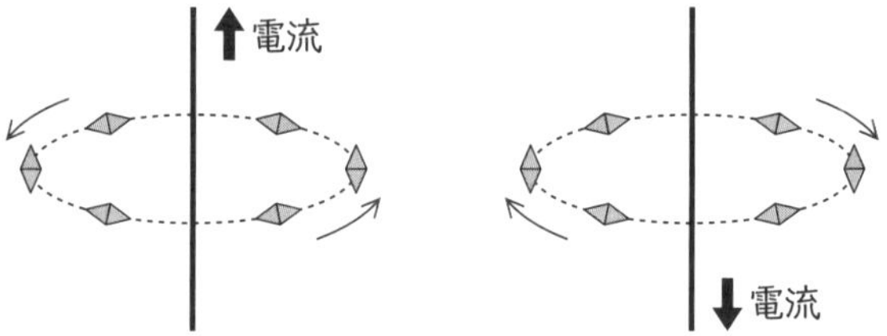

「渦」は方向も決まっていて、電流が下から上に流れるときは反時計

回り、電流が上から下に流れるときは時計回りになります。**右手の親指を立てて「いいね！」の形にすると、電流が親指の方向、ほかの指が磁場の方向になる**ので、これを右手の法則といいます。

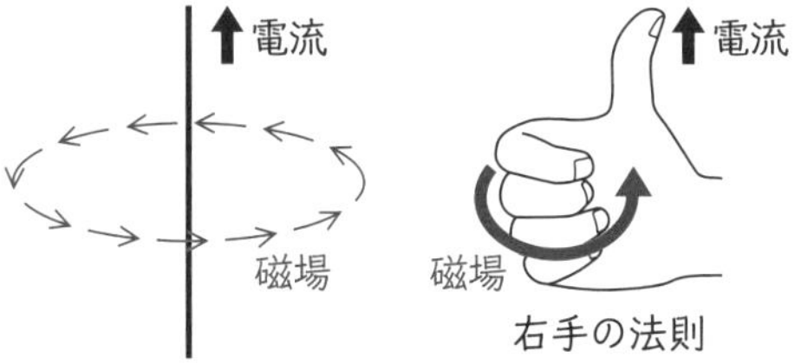

参考

右手の法則は、日本では「右ねじの法則」としても知られています。右ねじは「の」の字（時計回り）にまわすとねじが締まりますが、このときのねじの回転とすすむ方向が、磁場の回転と電流の方向になります。

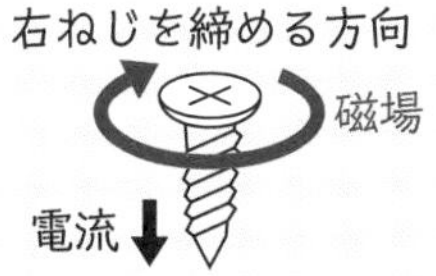

直線電流の間に働く力

電流によって磁場が生じるなら、図のように2本のまっすぐな金属線を平行に置いて電流を流すとどんなことが起こるでしょうか？　この実験を行ったのが、フランスのアンペールという物理学者です。アンペールは実験の結果、**電流が同じ方向のときは引き合う力（引力）、電流の方向が異なるときは反発する力（斥力）が生じる**ことを発見しました。

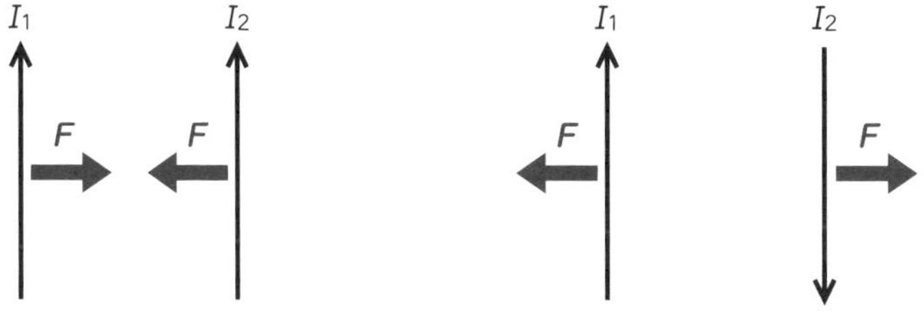

2本の電流I_1、I_2が同じ方向のときは互いに引き合う力が生じる（引力）

2本の電流I_1、I_2が反対方向のときは互いに反発する力が生じる（斥力）

アンペールは、この力の大きさが、2本の電流の積に比例し、距離に反比例することも突き止めました。式で書くと次のようになります（当面の間、力Fはスカラー量で考えます）。

$$F = k\frac{I_1 I_2}{r}$$ ←2本の電流の積に比例し、距離に反比例する

じつは、電流の大きさは、このときの実験によって次のように定義されたものです。

電流の定義：真空中に、無限に長い2本の直線電流を1m離して平行に流したとき、電流に働く力が1m当たり2×10^{-7}Nとなるときの電流の大きさを1A（アンペア）とする。

この定義を先ほどの式に当てはめると、$r = 1$〔m〕、$F = 2 \times 10^{-7}$〔N/m〕のとき、I_1とI_2が1〔A〕となるので、

$$2 \times 10^{-7} = k\frac{1 \times 1}{1} \quad \Rightarrow \quad k = 2 \times 10^{-7}$$

のように比例定数kが定まります。

次に、クーロンの法則のところで「真空中の誘電率」というものを考えたように、磁場についても「**真空の透磁率**（とうじりつ）」というものを考えます。真空の透磁率は記号でμ_0（ミューゼロ）と書き、

$$\mu_0 = 2\pi k = 4\pi \times 10^{-7}$$

と置きます。すると、比例定数$k = \dfrac{\mu_0}{2\pi}$ですから、

$$F = \frac{\mu_0}{2\pi}\frac{I_1 I_2}{r}$$

を得ます。これが、2本の直線電流の間に働く1m当たりの力の大きさになります。

磁束密度

図のように、2本の直線電流I_1、I_2が、同じ向きに流れているものとします。

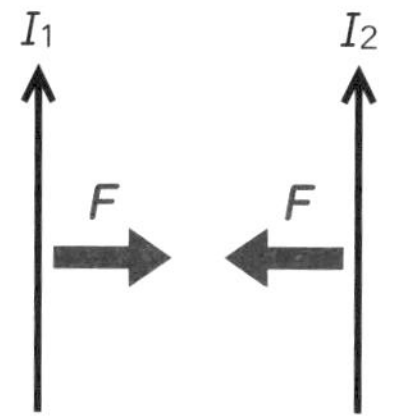

2本の電流には互いに引き合う力Fが生じます。I_2に働く力Fの大きさは、

$$F = \frac{\mu_0}{2\pi}\frac{I_1 I_2}{r}$$

のように表すことができました。この式を、次のように変形します。

$$F = I_2\left(\frac{\mu_0 I_1}{2\pi r}\right)$$

この式は、I_2に働く力Fが、電流I_2にカッコの中身を掛け算することで得られることを表します。では、このカッコの中身は何でしょうか？　これこそが、電流I_1がつくる磁場の大きさです。つまり、

①電流I_1によって、周囲の空間に磁場が生じる。

②電流I_2がこの磁場のなかを通り、I_2に磁場が作用して力Fが働く。

のような仕組みで、電流I_2に力が働くことを表しているわけです。ちょうど、電荷によって周囲の空間に電場が生じ、その電場がもう1つの電荷に作用して力が働くのと同じです。このような力を**近接力**と呼ぶのでしたね（43ページ）。

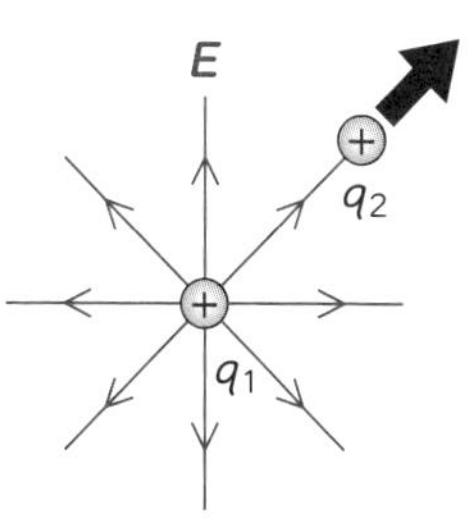

電荷q_1が周囲に電場$\boldsymbol{E}$をつくり、電場$\boldsymbol{E}$がq_2に影響を及ぼして力が働く。

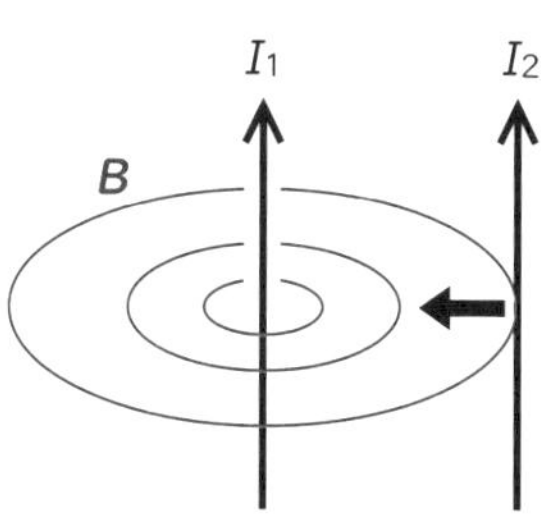

電流I_1が周囲に磁場$\boldsymbol{B}$をつくり、磁場$\boldsymbol{B}$がI_2に影響を及ぼして力が働く。

電場は記号 E で表しましたが、磁場の大きさは記号 B で表し、**磁束密度**（じそく みつど）といいます。

直線電流の磁束密度：$B = \dfrac{\mu_0 I_1}{2\pi r}$

磁束密度には、テスラ〔T〕という独立した単位がついています。1A の電流に、1m 当たり 1N の力を与える磁場の大きさが、1T となります。

フレミングの左手の法則

上の式は磁場の大きさを表しますが、そもそも磁場はベクトル量ですから、方向についても考える必要があります。そこで、電流 I_1 がつくる磁場が、電流 I_2 の通る場所でどのような向きになるかをみてみましょう。

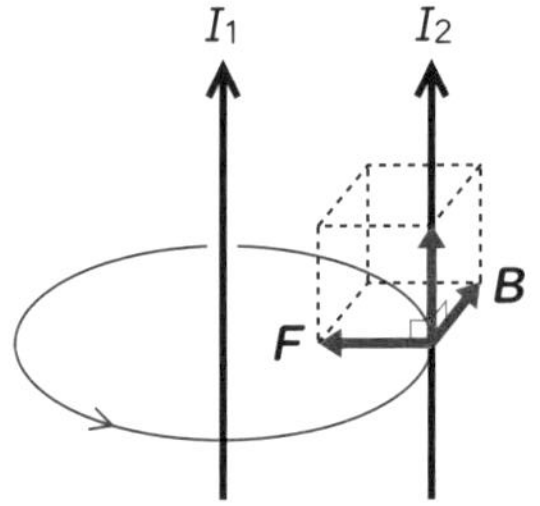

上の図のように、電流 I_1 がつくる磁場は「渦」になっているので、電流 I_2 が通る位置では力 F と直角になり、紙面の手前から奥の方向を向きます。電流 I_2、磁場 B、力 F のベクトルが、ちょうど立方体の 3 辺をつくります。

左手の親指と人差し指でピストルの形をつくり、中指を人差し指と直角になるように曲げると、電流 I_2 が中指の方向、磁束密度 B が人差し指の方向、力 F が親指の方向になります。これが有名なフレミングの左手の法則です。

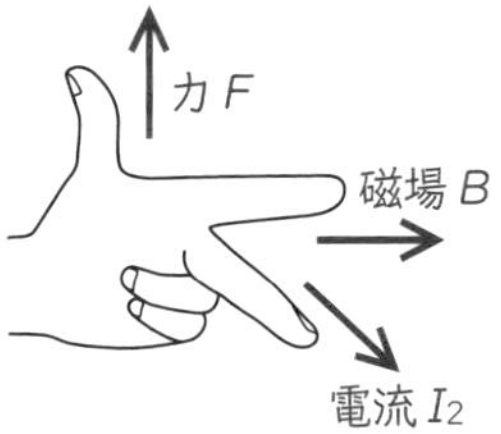

フレミングの左手の法則は覚えなくてもよい

前ページの図では、磁場 B と電流 I_2 が直角に交わりますが、そうでない場合はどうなるでしょうか？

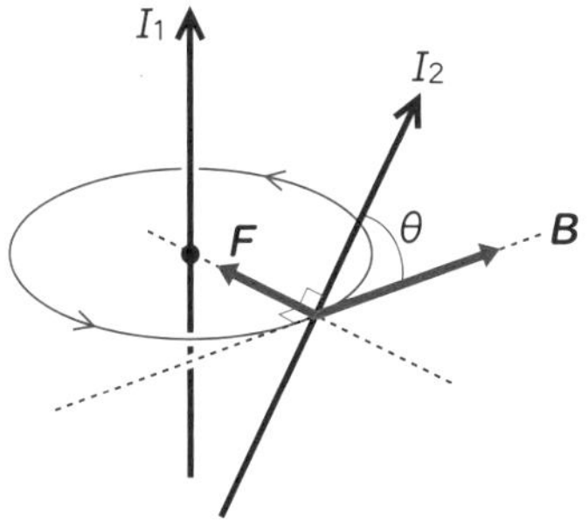

図のように、磁場 B と電流 I_2 とが角度 θ で交わる場合の力 F は、磁場 B と電流 I_2 の直角に交わる成分の積となります。すなわち、

$$F = (I_2 \sin\theta)B = I_2 B \sin\theta$$

この大きさは、ちょうど電流 I_2 のベクトル $\boldsymbol{I}_2$ と磁場 $\boldsymbol{B}$ のベクトルの**外積**の大きさと一致します。また、力 $\boldsymbol{F}$ の方向も、$\boldsymbol{I}_2$ と $\boldsymbol{B}$ の外積の方向と一致します。したがって、

$$\boldsymbol{F} = \boldsymbol{I}_2 \times \boldsymbol{B}$$

外積 $\boldsymbol{I}_2 \times \boldsymbol{B}$ の方向は「右ねじをベクトル $\boldsymbol{I}_2$ からベクトル $\boldsymbol{B}$ の方向に回したとき、ねじのすすむ方向」でした（19ページ）。このルールを覚えておけば、フレミングの左手の法則はとくに覚える必要はありませんね。

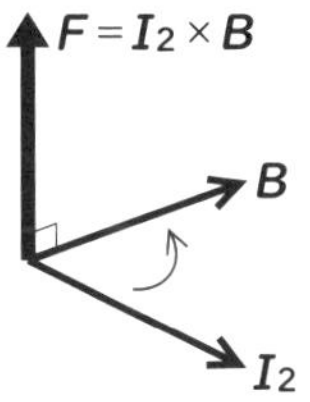

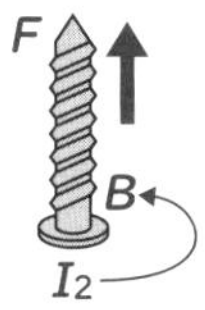

例題　図のように、磁束密度 $B = 0.5$〔T〕の一様な磁場のなかに、直線上の導体を磁場に対して30°の角度に置き、これに $I = 80$〔A〕

の直流電流を流した。このとき、導体の単位長さ当たりに働く力 F〔N/m〕の大きさを求めよ。

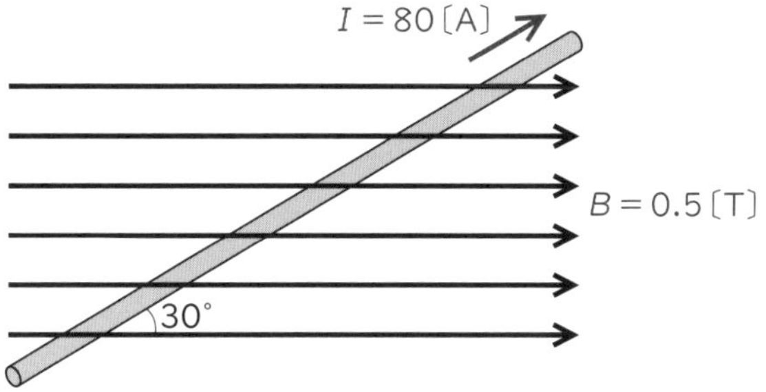

解 導体に働く力は $\boldsymbol{I} \times \boldsymbol{B}$ で求められます。ここで、$\boldsymbol{I} \times \boldsymbol{B}$ の大きさは $F = |\boldsymbol{I}||\boldsymbol{B}|\sin\theta$ で求められるので、

$$F = 80 \times 0.5 \times \sin 30^\circ = 80 \times 0.5 \times \frac{1}{2} = 20\text{〔N/m〕} \quad \cdots\text{（答）}$$

となります。なお F の方向は、$\boldsymbol{I}$ から $\boldsymbol{B}$ への回転が時計回りなので、上の図で手前から奥に向かう方向です。

モーターの原理

図のように、x 方向を向いた一様な磁場 $\boldsymbol{B}$ のなかに、縦の長さ a、横の長さ b の長方形の回路 ABCD を置き、電流 I を流します。このとき、回路にどのような力が働くかを考えてみましょう。

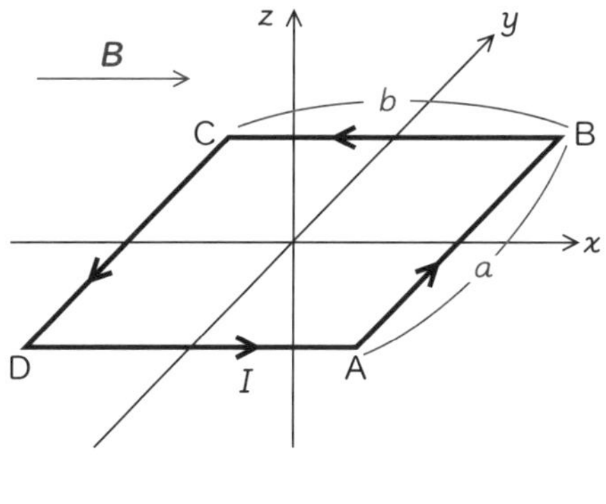

回路の辺ABには、単位長さ当たり $\boldsymbol{I}_{AB} \times \boldsymbol{B}$ の力が働きます。辺ABの長さは a なので、辺ABに働く力 $\boldsymbol{F}_{AB}$ は

$$\boldsymbol{F}_{AB} = a\boldsymbol{I}_{AB} \times \boldsymbol{B}$$

となります。回路のほかの三辺に働く力も同様に、

$$\boldsymbol{F}_{BC} = b\boldsymbol{I}_{BC} \times \boldsymbol{B}$$
$$\boldsymbol{F}_{CD} = a\boldsymbol{I}_{CD} \times \boldsymbol{B}$$
$$\boldsymbol{F}_{DA} = b\boldsymbol{I}_{DA} \times \boldsymbol{B}$$

と書けます。

ここで、回路の辺ABと辺CDに流れる電流は磁場 $\boldsymbol{B}$ と直角に交わりますが、方向が逆です。z 方向の単位ベクトルを $\boldsymbol{e}_z$ とすると、$\boldsymbol{F}_{AB}$ は $-\boldsymbol{e}_z$、$\boldsymbol{F}_{CD}$ は $\boldsymbol{e}_z$ 方向になります。

$$\boldsymbol{F}_{AB} = a\boldsymbol{I}_{AB} \times \boldsymbol{B}$$
$$= -aIB\boldsymbol{e}_z \quad \leftarrow \text{下向きの力}$$
$$\boldsymbol{F}_{CD} = a\boldsymbol{I}_{CD} \times \boldsymbol{B}$$
$$= aIB\boldsymbol{e}_z \quad \leftarrow \text{上向きの力}$$

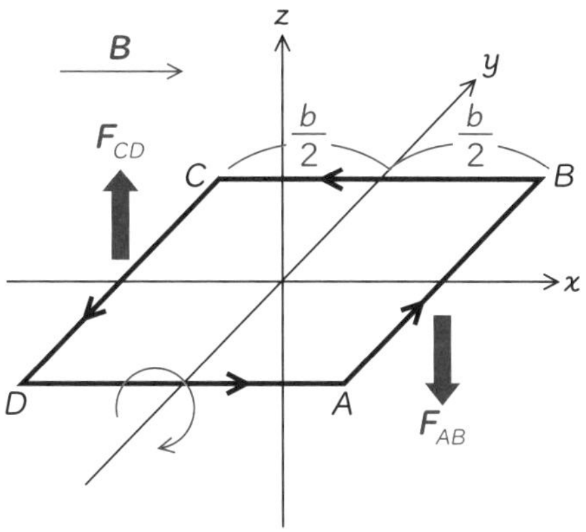

一方、辺BCは磁場 $\boldsymbol{B}$ と平行なので、外積 $\boldsymbol{I}_{BC} \times \boldsymbol{B}$ はゼロになります。そのため、辺BCには力は働きません。辺DAも同様です。

$$\boldsymbol{F}_{BC} = \boldsymbol{F}_{DA} = 0$$

辺ABに下向きの力、辺CDに上向きの力が働くので、回路は y 軸を中心に回転します。これが、直流モーターの原理です。

物体を回転させる力の量をトルク（力のモーメント）といいます。トルクの大きさは、中心から力の作用点までの距離×力で求めることができます（単位はニュートンメートル〔N・m〕）。回路ABCDのトルクは、

$$
\begin{aligned}
N &= \frac{b}{2} \times |\boldsymbol{F}_{AB}| + \frac{b}{2} \times |\boldsymbol{F}_{CD}| \\
&= \frac{b}{2} \times aIB + \frac{b}{2} \times aIB \\
&= abIB = SIB
\end{aligned}
$$

のように、コイルの面積 S ×電流 I ×磁束密度 B で表せます。

磁束密度 B と磁場 H

ところで、磁場を「磁場」といわずに「磁束密度」と呼ぶのはちょっと紛らわしいですね。じつは、磁束密度とはべつに「磁場」という物理量もちゃんとあり、こちらは記号 $\boldsymbol{H}$ で表します（単位はウェーバ〔Wb〕）。磁束密度 $\boldsymbol{B}$ と磁場 $\boldsymbol{H}$ には、次のような関係があります。

$$\boldsymbol{B} = \mu_0 \boldsymbol{H}$$

磁束密度 $\boldsymbol{B}$ の大きさが「磁束」の密度であるのに対し、磁場 $\boldsymbol{H}$ の大きさは「磁力線」の密度になります。磁力線を複数たばねたものが磁束でしたね（124 ページ）。上の式から、磁力線を $\frac{1}{\mu_0}$（＝約 79.6 万）本たばねると磁束になります。

このように、磁束密度 $\boldsymbol{B}$ と磁場 $\boldsymbol{H}$ は比例関係にあり、どちらも磁場を表す物理量であることに変わりありません。

本書では、原則として磁束密度を使って磁場を表します。そのため「磁場 $\boldsymbol{B}$」という表現もときどき使いますが、「磁束密度 $\boldsymbol{B}$ で表した磁場」という意味だと考えてください。

まとめ

- **直線電流 I_1 がつくる磁束密度：$B = \dfrac{\mu_0 I_1}{2\pi r}$**
- **磁場 B の中を通る電流 $\boldsymbol{I}$ には、$\boldsymbol{F} = \boldsymbol{I} \times \boldsymbol{B}$ の力が働く。**

05 ローレンツ力

この節の概要

▶ 磁場を流れる電流の 1 点に働く力をローレンツ力といいます。電荷をもつ粒子にローレンツ力が働くと、粒子はどんな動きをするでしょうか。

電流素片に働く力

前節では、磁場 $\boldsymbol{B}$ を通る電流 I に働く力を、$\boldsymbol{I}$ というベクトルを使って

$$\boldsymbol{F} = \boldsymbol{I} \times \boldsymbol{B}$$

のように表しました。この式の $\boldsymbol{F}$ は、電流 I の 1m 当たりに働く力を表しています。そこで図のように、直線電流 I に微小な長さのベクトル $d\boldsymbol{l}$ をとれば、電流 I の長さ $|d\boldsymbol{l}|$ に働く力は

$$d\boldsymbol{F} = Id\boldsymbol{l} \times \boldsymbol{B}$$

と書けます。この式の「$Id\boldsymbol{l}$」を、「電流のカケラ」という意味で、電流素片（でんりゅうそへん）といいます。

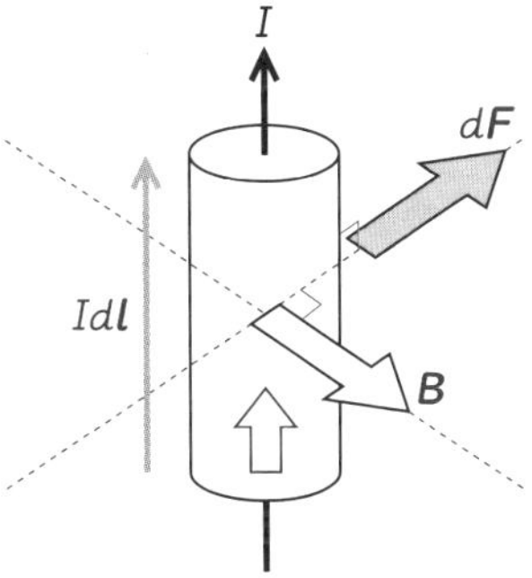
I
dF
Idl
B

Idl の I はスカラー量、dl はベクトル量です。Idl はベクトル量 dl の I 倍なので、電流素片はベクトル量になります。

ローレンツ力

ここで、電流素片 $Id\boldsymbol{l}$ の体積を考えてみましょう。電流 I は、ある断面を1秒間に通過する電荷量です。この断面の面積を dS としましょう。電流素片の長さはベクトル $d\boldsymbol{l}$ の長さですから、電流素片 $Id\boldsymbol{l}$ の体積は $dS|d\boldsymbol{l}|$ と書けます。

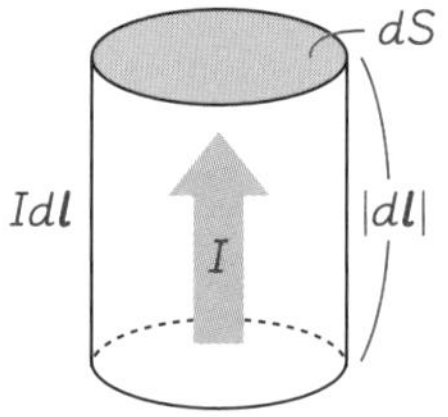

電流素片に働く力 $d\boldsymbol{F}$ は、電流素片全体に対して働きます。したがって、$d\boldsymbol{F}$ を電流素片の体積で割れば、単位体積当たりの力が求められます。この力を $\boldsymbol{f}$ とすると、

$$\boldsymbol{f} = \frac{d\boldsymbol{F}}{dS|d\boldsymbol{l}|} = \frac{Id\boldsymbol{l} \times \boldsymbol{B}}{dS|d\boldsymbol{l}|} = \boxed{\frac{I}{dS}\frac{d\boldsymbol{l}}{|d\boldsymbol{l}|}} \times \boldsymbol{B}$$

となります。上の式の□で囲んだ部分のうち、$\frac{I}{dS}$ は、電流を断面積で割ったものなので、電流密度の大きさを表します。また、$\frac{d\boldsymbol{l}}{|d\boldsymbol{l}|}$ は、ベクトル $d\boldsymbol{l}$ の方向（電流の向き）を表す単位ベクトルですから、電流密度の方向を表します。したがって□で囲んだ部分全体は電流密度のベクトル $\boldsymbol{j}$ を表し、

$$\boldsymbol{f} = \boldsymbol{j} \times \boldsymbol{B}$$

と書けます。

電流素片 $Id\boldsymbol{l}$ には体積がありますが、電流密度 $\boldsymbol{j}$ は体積がないので、$\boldsymbol{f}$ は磁場 $\boldsymbol{B}$ のなかに置いた電流の1点に働く力を表しています。この力を**ローレンツ力**といいます。

電流密度は電荷密度 ρ と電荷の速度 $\boldsymbol{v}$ の積なので（112ページ）、$\boldsymbol{j} = \rho\boldsymbol{v}$ より、ローレンツ力は次のように書くことができます。

ローレンツ力：$\boldsymbol{f} = \rho\boldsymbol{v} \times \boldsymbol{B}$

> **参考**
> ローレンツ力は、厳密にいうとクーロン力と併せて考えます。電荷密度ρに電場$\boldsymbol{E}$を掛けるとクーロン力$\rho\boldsymbol{E}$が働くので、$\rho\boldsymbol{v} \times \boldsymbol{B}$と合成すると、ローレンツ力は$\rho(\boldsymbol{E} + \boldsymbol{v} \times \boldsymbol{B})$となります。本書では、$\boldsymbol{E} = \boldsymbol{0}$の場合のローレンツ力のみを考えます。

ちなみに、高校の物理で習うローレンツ力は、

$$f = qv\sin\theta B$$

のような公式で計算します。公式の右辺$qv\sin\theta B$のうち、電荷qは電荷密度ρに相当します。また、$v\sin\theta B$は、外積$\boldsymbol{v} \times \boldsymbol{B}$の大きさを表しています（18ページ）。ローレンツ力$\boldsymbol{f}$の方向についてはこの公式ではわからないので、別途図で考える必要があります。

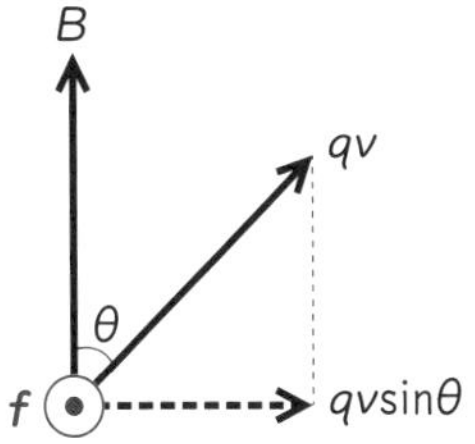

⊙は奥から手前に向かうベクトルを表す。

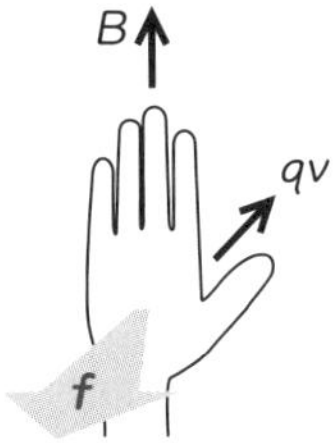

右手を図のように開いて、親指を電流、残りの指を磁場$\boldsymbol{B}$の方向に合わせたとき、手のひらから出る力が$\boldsymbol{f}$。

一方、$\boldsymbol{f} = \rho\boldsymbol{v} \times \boldsymbol{B}$はベクトル量なので、大きさと同時に方向も表しています。

荷電粒子の運動

電子や陽子のように、電荷をもった粒子を荷電粒子（かでんりゅうし）といいます。磁場を受ける荷電粒子の運動の例として、サイクロトロン運動をみてみましょう。

次ページの図のように、平面上に一様な磁場$\boldsymbol{B}$が存在するものとします。この平面上に電荷q、質量mの荷電粒子を置き、図の方向に速度vを与えます。荷電粒子の動きはどのようになるでしょうか。

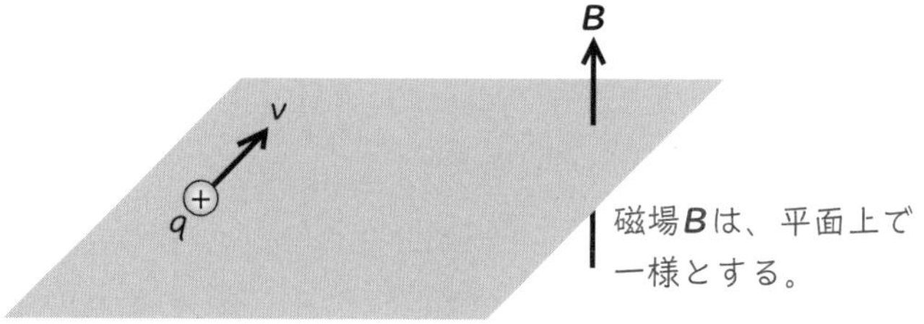

荷電粒子 q には、磁場 $\boldsymbol{B}$ と速度 $\boldsymbol{v}$ によって、$\boldsymbol{f} = q\boldsymbol{v} \times \boldsymbol{B}$ のローレンツ力が働きます。真上から見ると、図のように速度 v が上方向、ローレンツ力は右方向になるので、荷電粒子は右にカーブします。

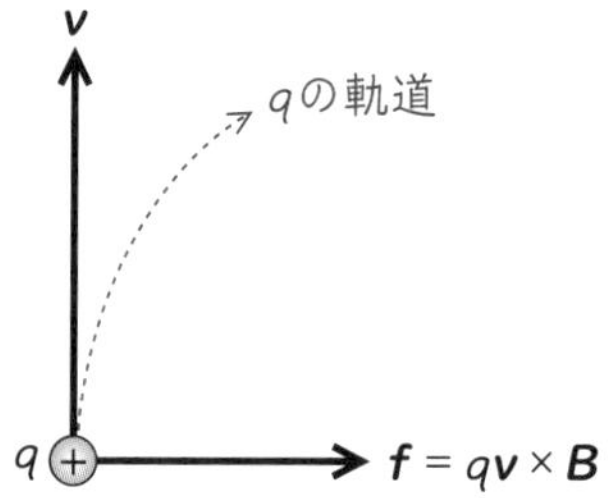

ローレンツ力は常に速度 $\boldsymbol{v}$ に対して直角なので、仕事量はゼロです。そのため速度 $\boldsymbol{v}$ は変化せず、荷電粒子の運動は等速になります。速度 $\boldsymbol{v}$ が変化しないので、ローレンツ力 $q\boldsymbol{v} \times \boldsymbol{B}$ も変化しません。そのため荷電粒子の軌道は常に一定のカーブを描くことになり、次のような円を描きます。

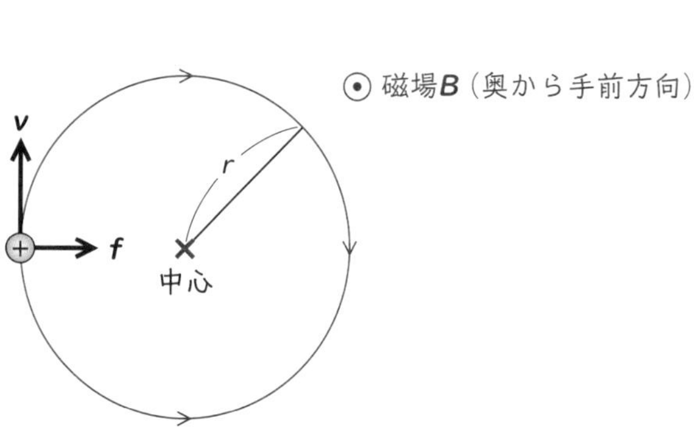

以上のように、荷電粒子の運動は等速円運動になります。荷電粒子に

見えない糸をつけてぐるぐる回しているイメージですが、ローレンツ力がその糸の役割をしているわけですね。

この円運動の半径と周期を求めてみましょう。質量 m の物体を、速度 v、半径 r で回転させると、円の外側に向かって $m\frac{v^2}{r}$ の遠心力がかかります。この遠心力が、ローレンツ力 $\boldsymbol{f} = q\boldsymbol{v} \times \boldsymbol{B}$ につりあうので、次のような式が成り立ちます。

$$qvB = m\frac{v^2}{r}$$

以上から、円運動の半径 r は

$$r = \frac{mv}{qB}$$

となります。また、円運動の周期 T と角速度 ω はそれぞれ次のようになります。

$$T = \frac{2\pi r}{v} = \frac{2\pi m}{qB}$$ ←周期（1 周するのにかかる時間）

$$\omega = \frac{2\pi}{T} = \frac{qB}{m}$$ ←角速度（1 秒当たりの回転角）

まとめ

- ローレンツ力：$\boldsymbol{f} = \rho\boldsymbol{v} \times \boldsymbol{B}$
- 荷電粒子の等速円運動の半径：$r = \frac{mv}{qB}$

コラム　サイクロトロン

一様な磁場を発生させる磁石を、図のようにすき間を空けて２つ配置します。磁石と磁石のすき間には交流電圧をかけておきます。中心付近から荷電粒子を速度 v で放つと、粒子は円の軌道を描きます。すき間を通るたびに、電圧によって加速されるので、円運動の半径は次第に大きくなっていきます。

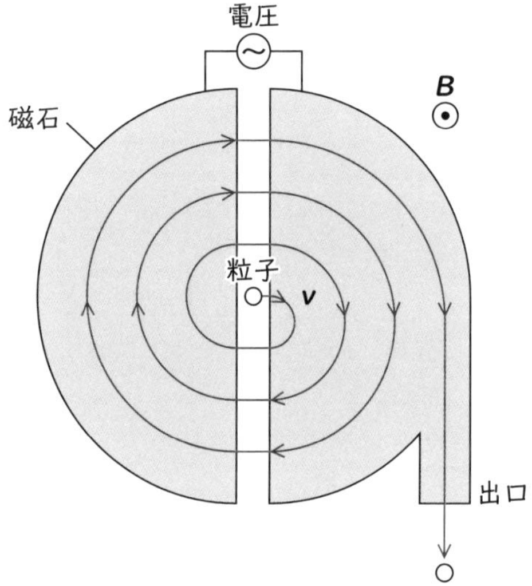

加速された粒子は最終的に磁石から飛び出し、粒子線となります。これを他の粒子と衝突させて、物質の性質を調べたり、放射性物質の生成などに利用します。この装置をサイクロトロンといいます。

06 ビオ＝サバールの法則

この節の概要

▶ 電荷がつくる電場をクーロンの法則で求めたように、電流がつくる磁場はビオ＝サバールの法則で求めることができます。

ビオ＝サバールの法則

電流が磁場をつくることはエルステッド（124ページ）によって発見されましたが、その後フランスのビオとサバールは、電流がつくる磁場の大きさを精密に測定し、数式によって表しました。これが、ビオ＝サバールの法則です。

まず、図のような電流 I を考えます。電流 I は直線でなくてもかまいませんが、大きさは一定とします。次にこの電流から、微小な長さ dl だけ切り出した Idl を考えます。このような電流のカケラを、電流素片というのでしたね。

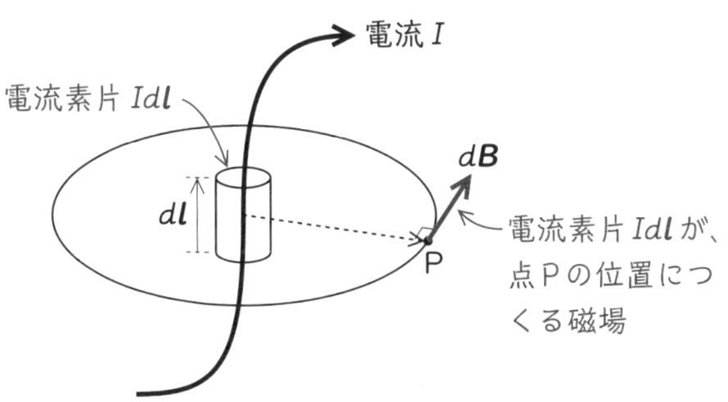

1個の電流素片 Idl が、点Pの位置につくる磁場を $d\boldsymbol{B}$ とします。実験の結果、この $d\boldsymbol{B}$ は次のような数式で表せることが確かめられました。これが、ビオ＝サバールの法則です。

ビオ＝サバールの法則：$d\boldsymbol{B} = \dfrac{\mu_0}{4\pi}\dfrac{Idl \times \boldsymbol{R}}{|\boldsymbol{R}|^3}$

$\dfrac{\mu_0}{4\pi}$は比例定数です。ベクトル $\boldsymbol{R}$ は、Idl から点Pに至るベクトルです。$d\boldsymbol{B}$ の方向は、Idl と $\boldsymbol{R}$ の外積の方向なので、次の図のように Idl に対しても $\boldsymbol{R}$ に対しても直角になります。分母に $\boldsymbol{R}$ の3乗がありますが、分子に $\boldsymbol{R}$ があるので、$d\boldsymbol{B}$ は $\boldsymbol{R}$ の2乗に反比例します。すなわち、$d\boldsymbol{B}$ は電流素片からの距離の2乗に反比例します。

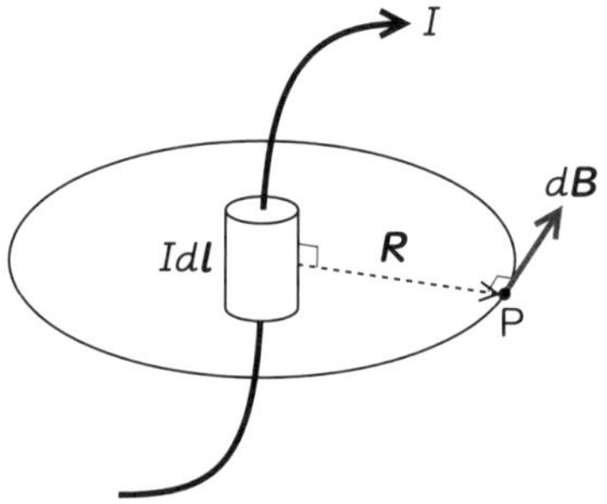

$d\boldsymbol{B}$ は、1個の電流素片 Idl がつくる磁場であることに注意してください。点Pに生じる磁場 $\boldsymbol{B}$ は、電流 I 全体を無数の電流素片に分割し、それぞれが点Pにつくる $d\boldsymbol{B}$ を足し合わせたものになります。

そこで、原点Oから点Pへのベクトルを $\boldsymbol{r}$ とし、原点から Idl へのベクトルを $\boldsymbol{r}'$ とします。すると、Idl から点Pへのベクトル $\boldsymbol{R}$ は $\boldsymbol{R} = \boldsymbol{r} - \boldsymbol{r}'$ と表せます。

$$d\boldsymbol{B} = \frac{\mu_0}{4\pi}\frac{Idl \times (\boldsymbol{r} - \boldsymbol{r}')}{|\boldsymbol{r} - \boldsymbol{r}'|^3}$$

↑ $\boldsymbol{R}$を$\boldsymbol{r}-\boldsymbol{r}'$に書き換える

点Pにおける磁場 $\boldsymbol{B}(\boldsymbol{r})$ は、上の式を電流 I の経路 C' に沿って線積分すれば求められます。

$$\boldsymbol{B}(\boldsymbol{r}) = \int_{C'} d\boldsymbol{B} = \frac{\mu_0}{4\pi}\int_{C'}\frac{Idl \times (\boldsymbol{r} - \boldsymbol{r}')}{|\boldsymbol{r} - \boldsymbol{r}'|^3}$$

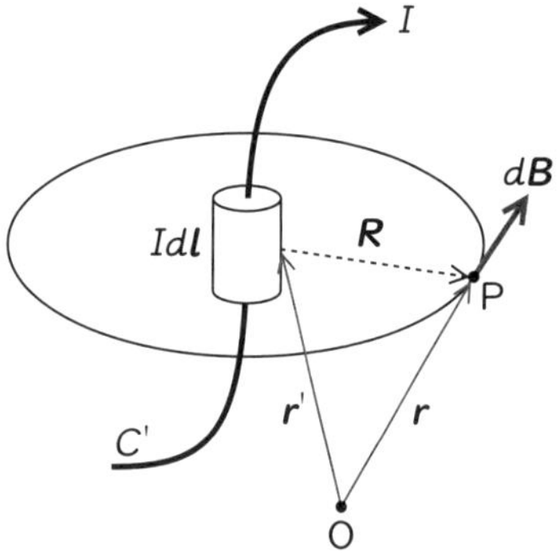

このままでもよいのですが、もう少し細かく考えてみましょう。電流素片 $I\boldsymbol{dl}$ は、ある断面を流れる長さ dl の電流です。この断面の面積を dS とすると、電流 I は電流密度 $\boldsymbol{j}$ と断面積 dS の積 $\boldsymbol{j}dS$ で表せるので、$I\boldsymbol{dl} = \boldsymbol{j}dSdl$ となります。

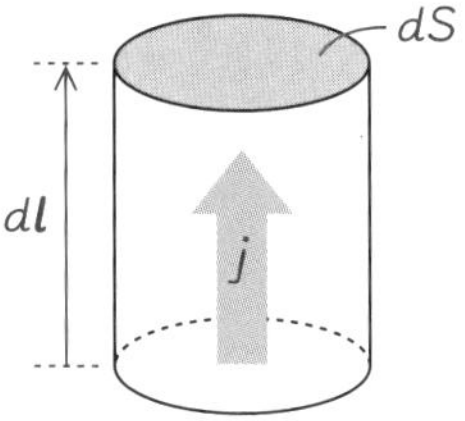
dS
dl
j

$dSdl$ は断面積×長さですから、電流素片 $I\boldsymbol{dl}$ の体積を表します。この体積を dV とすると、$I\boldsymbol{dl} = \boldsymbol{j}dV$ より、次のような体積積分の式になります。

$$\boldsymbol{B}(\boldsymbol{r}) = \frac{\mu_0}{4\pi} \iiint_V \frac{\boldsymbol{j} \times (\boldsymbol{r} - \boldsymbol{r}')}{|\boldsymbol{r} - \boldsymbol{r}'|^3} dV$$

上の式は、$\boldsymbol{j} = \rho\boldsymbol{v}$（112 ページ）より、次のように表せます。これが、分布電荷 ρ の運動がつくる磁場 $\boldsymbol{B}$ の式になります。

$$\boldsymbol{B}(\boldsymbol{r}) = \frac{\mu_0}{4\pi} \iiint_V \frac{\rho\boldsymbol{v} \times (\boldsymbol{r} - \boldsymbol{r}')}{|\boldsymbol{r} - \boldsymbol{r}'|^3} dV$$

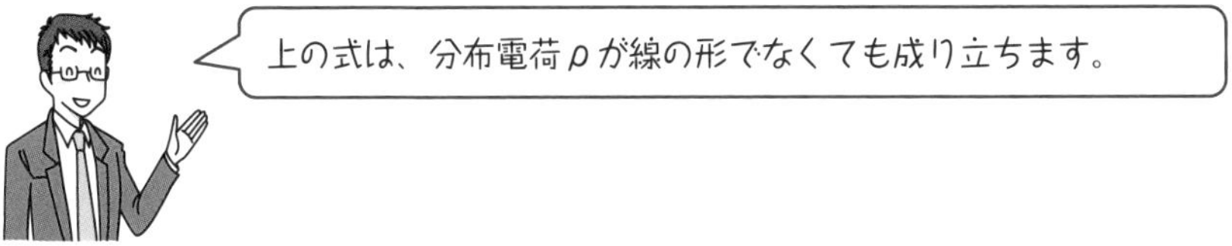
上の式は、分布電荷 ρ が線の形でなくても成り立ちます。

ところで、この式とよく似た式をどこかで見た覚えはありませんか？

そう、本書では 48 ページで、電場 $\boldsymbol{E}$ を次のような式で表しました。

$$\boldsymbol{E}(\boldsymbol{r}) = \frac{1}{4\pi\epsilon_0} \iiint_V \frac{\rho(\boldsymbol{r} - \boldsymbol{r}')}{|\boldsymbol{r} - \boldsymbol{r}'|^3} dV$$

この式は、分布電荷 ρ がつくる電場 $\boldsymbol{E}$ を表す式でした。静止した電荷 ρ が電場 $\boldsymbol{E}$ をつくり、動いている電荷 $\rho\boldsymbol{v}$ が磁場 $\boldsymbol{B}$ をつくることが、2 つの式の比較から確認できます。また、一方の式は外積を含んでいることから、電場 $\boldsymbol{E}$ と磁場 $\boldsymbol{B}$ の方向の違いも確認できます。

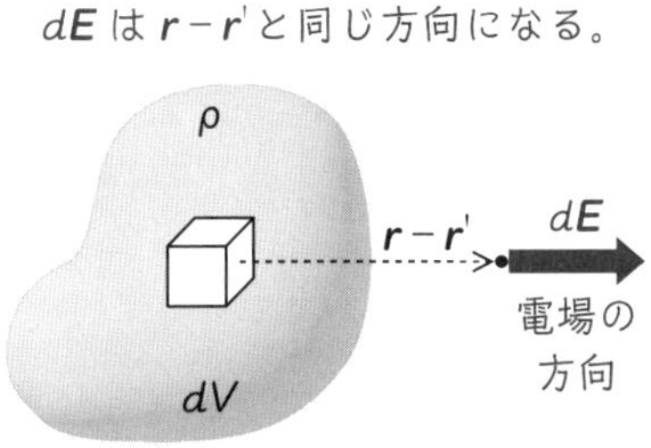

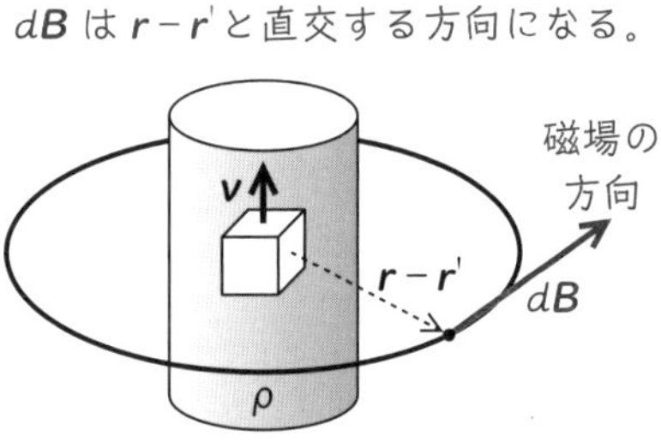

円形コイルの中心の磁場

図のように、半径 r の円形コイルに、電流 I が流れているものとします。高校物理では、このコイルの中心にできる磁場を、

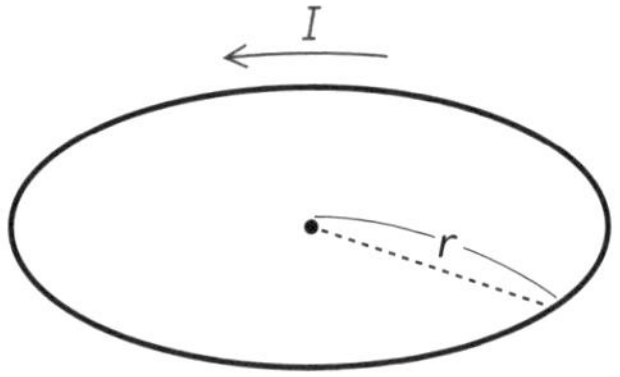

$$B = \frac{\mu_0 I}{2r}$$ ←円形コイルの中心の磁場

と習います。ビオ＝サバールの法則を使って、この式を導出してみましょう。

円形コイルから微小な円弧 $d\boldsymbol{l}$ を切り出し、この部分の電流が中心につくる磁場を $d\boldsymbol{B}$ とします。すると、ビオ＝サバールの法則より、

$$d\boldsymbol{B} = \frac{\mu_0}{4\pi}\frac{I d\boldsymbol{l} \times \boldsymbol{r}}{|\boldsymbol{r}|^3}$$

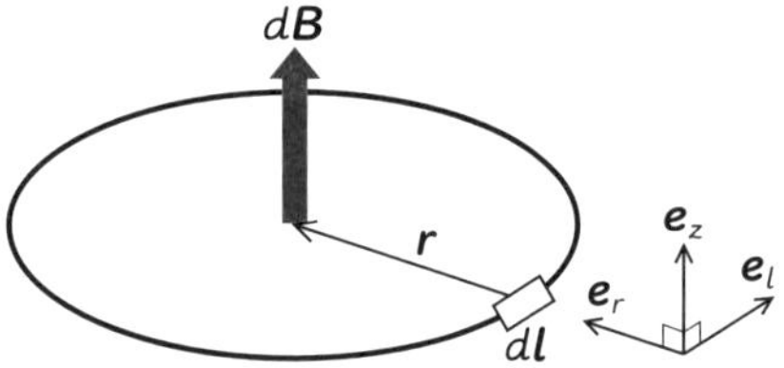

となります。円周方向の単位ベクトル $\boldsymbol{e}_l$、半径方向の単位ベクトル $\boldsymbol{e}_r$、z 軸方向の単位ベクトル $\boldsymbol{e}_z$ とすると、$d\boldsymbol{l} = dl\boldsymbol{e}_l$、$\dfrac{\boldsymbol{r}}{|\boldsymbol{r}|} = \boldsymbol{e}_r$ より、

$$dB = \frac{\mu_0 I}{4\pi r^2}(dl\boldsymbol{e}_l \times \boldsymbol{e}_r) = \frac{\mu_0 I}{4\pi r^2}dl\boldsymbol{e}_z$$ ←$\boldsymbol{e}_l \times \boldsymbol{e}_r = \boldsymbol{e}_z$

これを円周全体にわたって積分したものが、中心の磁場 $\boldsymbol{B}$ となります。

$$\boldsymbol{B} = \oint d\boldsymbol{B} = \oint \frac{\mu_0 I}{4\pi r^2}dl\boldsymbol{e}_z = \frac{\mu_0 I\boldsymbol{e}_z}{4\pi r^2}\oint dl$$

ここで、周回積分 $\oint dl$ は円周の長さそのものなので、

$$\oint dl = 2\pi r$$

よって、

$$\boldsymbol{B} = \frac{\mu_0 I \boldsymbol{e}_z}{4\pi r^2} 2\pi r = \frac{\mu_0 I}{2r} \boldsymbol{e}_z$$

となります。

直線電流のつくる磁場

128ページでは、直線電流がつくる磁場を次のような式で表しました。

$$B = \frac{\mu_0 I}{2\pi r}$$ ←直線電流がつくる磁場

この式はアンペールの実験から得られたものでしたが、ビオ＝サバールの法則から導出することもできます。

下図のように、z 軸上を下から上に流れる無限に長い直線電流を考えます。この電流が、原点Oから距離 r の点Pにつくる磁場を求めてみましょう。

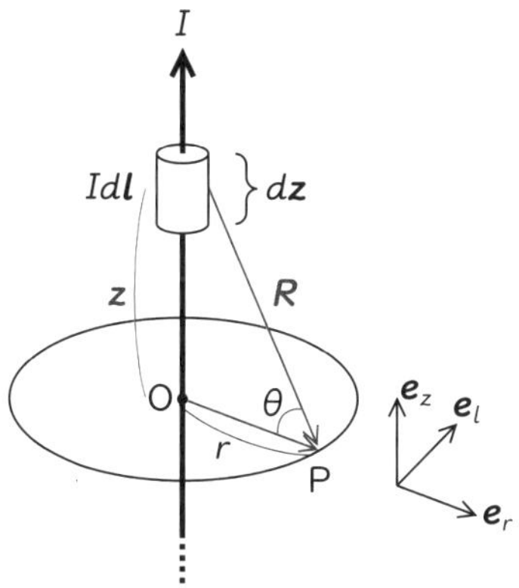

点Pにできる磁場 $\boldsymbol{B}(\boldsymbol{r})$ は、ビオ＝サバールの法則より、

$$B = \frac{\mu_0}{4\pi}\int_{-\infty}^{\infty}\frac{Id\boldsymbol{l}\times\boldsymbol{R}}{|\boldsymbol{R}|^3}$$

で求めることができます。ここで、半径方向の単位ベクトルを $\boldsymbol{e}_r$、円周方向の単位ベクトルを $\boldsymbol{e}_l$、z 軸方向の単位ベクトルを $\boldsymbol{e}_z$ とすると、上の式のベクトル $\boldsymbol{R}$ と $d\boldsymbol{l}$ は、それぞれ

$$\boldsymbol{R} = \boldsymbol{r} - \boldsymbol{z} = r\boldsymbol{e}_r - z\boldsymbol{e}_z$$
$$d\boldsymbol{l} = dz\boldsymbol{e}_z$$

と表せます。また、$\boldsymbol{R}$ の大きさは三平方の定理より

$$|\boldsymbol{R}| = \sqrt{r^2+z^2} \quad \leftarrow \text{三平方の定理より}$$

です。これらをビオ＝サバールの法則の式に当てはめると、次のようになります。

$$\boldsymbol{B} = \frac{\mu_0}{4\pi}\int_{-\infty}^{\infty}\frac{Idz\boldsymbol{e}_z\times(r\boldsymbol{e}_r - z\boldsymbol{e}_z)}{\left(\sqrt{r^2+z^2}\right)^3}$$

このうち、$dz\boldsymbol{e}_z\times(r\boldsymbol{e}_r - z\boldsymbol{e}_z)$ は、

$$dz\boldsymbol{e}_z\times(r\boldsymbol{e}_r - z\boldsymbol{e}_z) = rdz\underbrace{(\boldsymbol{e}_z\times\boldsymbol{e}_r)}_{=\boldsymbol{e}_l} - zdz\underbrace{(\boldsymbol{e}_z\times\boldsymbol{e}_z)}_{=0} = rdz\boldsymbol{e}_l$$

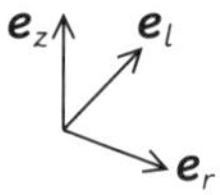

と書けます。よって、

$$\boldsymbol{B} = \frac{\mu_0}{4\pi}\int_{-\infty}^{\infty}\frac{Irdz\boldsymbol{e}_l}{(\sqrt{r^2+z^2})^3} = \frac{\mu_0 I}{4\pi}\boldsymbol{e}_l\int_{-\infty}^{\infty}\frac{r}{(\sqrt{r^2+z^2})^3}dz$$
$$= \frac{\mu_0 I}{4\pi}\boldsymbol{e}_l\int_{-\infty}^{\infty}\frac{1}{r^2}\frac{r^3}{(\sqrt{r^2+z^2})^3}dz \quad \leftarrow \text{分母と分子に}r^2\text{を掛ける}$$

この積分を行うには、高校数学で習う置換積分のテクニックを使います。$z = r\tan\theta$ と置き、両辺を θ で微分すると、

$$\frac{dz}{d\theta} = \frac{r}{\cos^2\theta} \quad \Rightarrow \quad dz = \frac{r}{\cos^2\theta}d\theta$$

微分公式：$(\tan\theta)' = \dfrac{1}{\cos^2\theta}$

となります。また、$\dfrac{r}{\sqrt{r^2+z^2}}$ は直角三角形の $\dfrac{\text{底辺}}{\text{斜辺}}$ なので $\cos\theta$ と書けます。よって、

積分範囲

z	$-\infty$	→	∞
θ	$-\frac{\pi}{2}$	→	$\frac{\pi}{2}$

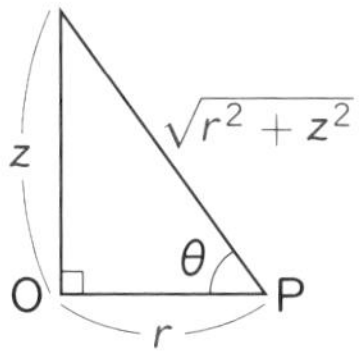

$$\boldsymbol{B}=\frac{\mu_0 I}{4\pi}\boldsymbol{e}_l\int_{-\frac{\pi}{2}}^{\frac{\pi}{2}}\frac{1}{r^2}\underbrace{\frac{r^3}{\left(\sqrt{r^2+z^2}\right)^3}}_{\cos^3\theta}\overbrace{\frac{r}{\cos^2\theta}d\theta}^{dz\text{を置き換え}}$$

$$=\frac{\mu_0 I}{4\pi}\boldsymbol{e}_l\int_{-\frac{\pi}{2}}^{\frac{\pi}{2}}\frac{r\cos^3\theta}{r^2\cos^2\theta}d\theta$$

$$=\frac{\mu_0 I}{4\pi r}\boldsymbol{e}_l\int_{-\frac{\pi}{2}}^{\frac{\pi}{2}}\cos\theta d\theta$$ ←単純な積分になった！

$$=\frac{\mu_0 I}{4\pi r}\boldsymbol{e}_l\Big[\sin\theta\Big]_{-\frac{\pi}{2}}^{\frac{\pi}{2}}=\frac{\mu_0 I}{4\pi r}\boldsymbol{e}_l\left(\underbrace{\sin\frac{\pi}{2}}_{1}-\underbrace{\sin\left(-\frac{\pi}{2}\right)}_{-1}\right)$$

$$=\frac{\mu_0 I}{2\pi r}\boldsymbol{e}_l$$

この結果は、アンペールの実験結果の式とぴったり一致します。

ところで、前にも同じような積分計算をしたことがあったのを覚えているでしょうか。そう、49ページの例題で、直線上に分布する電荷による電場 $\boldsymbol{E}$ を、やはり置換積分を使って求めましたね。しかしその後で、計算をもっと簡単に行う方法についても紹介しました（65ページ）。磁場の計算においても、同じように計算を簡単にする方法はないのでしょうか？　次の節ではその方法について考えます。

まとめ

ビオ＝サバールの法則： $\boldsymbol{B}(\boldsymbol{r})=\dfrac{\mu_0}{4\pi}\displaystyle\iiint_V\frac{\rho\boldsymbol{v}\times(\boldsymbol{r}-\boldsymbol{r}')}{|\boldsymbol{r}-\boldsymbol{r}'|^3}dV$

円形コイルの中心に生じる磁場： $\boldsymbol{B}=\dfrac{\mu_0 I}{2r}\boldsymbol{e}_z$

直線電流のつくる磁場： $\boldsymbol{B}=\dfrac{\mu_0 I}{2\pi r}\boldsymbol{e}_l$

07 磁束密度に関するガウスの法則

（じそくみつど）

この節の概要

▶ガウスの法則は、電場についてばかりでなく、磁場についても成り立ちます。しかし、電場と磁場とではその内容に違いがあります。

ガウスの法則は磁場でも成り立つか

分布電荷 ρ がつくる電場 $\boldsymbol{E}$ は、クーロンの法則を使って求めることができました（48ページ）。

しかし、クーロンの法則を使った電場の計算には、けっこう面倒な積分計算が必要でした。電場に**対称性**がある場合には、もっと簡単な計算で電場を求める方法もありましたね。それが、**ガウスの法則**を使う方法です（65ページ）。

前節では、磁場 $\boldsymbol{B}$ を求めるビオ＝サバールの法則を紹介しましたが、この法則を使って磁場を求める場合にも、けっこう面倒な積分計算が必要な場合があります。電場の世界におけるガウスの法則に当たるような便利な法則は、磁場の世界にはないでしょうか？

	一般的だけど、計算するのがたいへん	対称性がある場合は計算が簡単になる
電場 $\boldsymbol{E}$ の世界	クーロンの法則 $\boldsymbol{E}=\dfrac{1}{4\pi\epsilon_0}\iiint_V \dfrac{\rho(\boldsymbol{r}')(\boldsymbol{r}-\boldsymbol{r}')dV}{\lvert\boldsymbol{r}-\boldsymbol{r}'\rvert^3}$	ガウスの法則 $\oint\!\!\oint_S \boldsymbol{E}\cdot\boldsymbol{n}dS=\dfrac{1}{\epsilon_0}\iiint_V \rho dV$
磁場 $\boldsymbol{B}$ の世界	ビオ＝サバールの法則 $\boldsymbol{B}=\dfrac{\mu_0}{4\pi}\iiint_V \dfrac{\rho\boldsymbol{v}\times(\boldsymbol{r}-\boldsymbol{r}')}{\lvert\boldsymbol{r}-\boldsymbol{r}'\rvert^3}dV$	?

ここで、電場 $\boldsymbol{E}$ の世界のガウスの法則がどんな意味をもっていたかを思い出してみましょう。電場 $\boldsymbol{E}$ の世界のガウスの法則は、「**ある閉曲面 S から出る電気力線の本数は、閉曲面の中にある電荷から出る電気力線の本数に等しい**」というものでした。まあ、割と当たり前のことを言っているような気がしますよね。

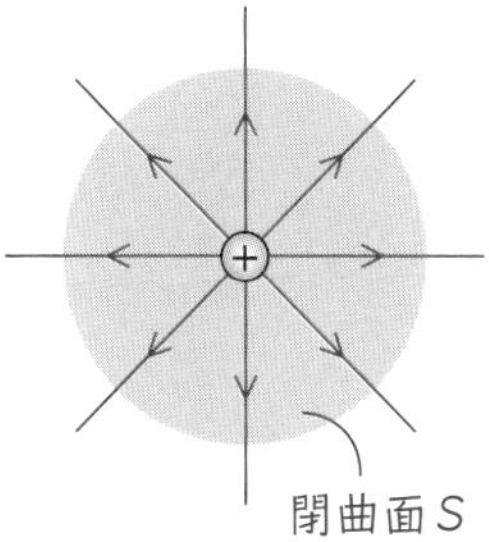

この法則が、磁場の場合にも成り立つかどうかをみてみましょう。磁場の世界で電気力線に当たるのは磁力線ですが、磁場 $\boldsymbol{B}$ は磁束密度を使って表すので、磁束線で考えます。

電流がつくる磁場は、電流を囲むようにぐるっと回転するので、磁束線は次のようになります。

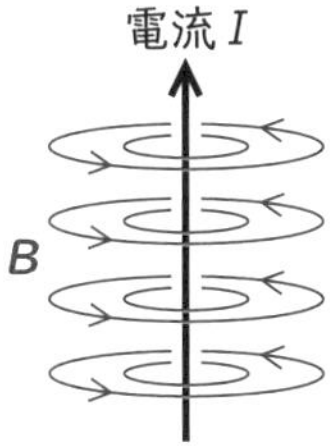

これらを適当な閉曲面で囲み、出ていく磁束線と入ってくる磁束線を数えます。するとなんと驚いたことに、閉曲面をどんなふうにとってみても、入ってくる磁束線と出ていく磁束線は差し引きゼロになってしまいます。

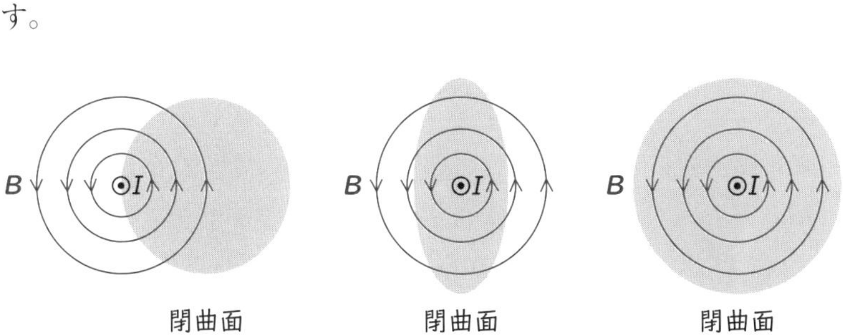

真上から見た図。閉曲面をどうとっても、入ってくる磁束線と出ていく磁束線は差し引きゼロになる。

第4章 電流がつくる磁場

このことは、磁束密度に関しては、次のような法則が成り立つことを意味します。

$$\underbrace{\oiint_S \boldsymbol{B} \cdot \boldsymbol{n} dS}_{\text{閉曲面}S\text{から出る磁束線の本数}} = 0$$

この式を「**磁束密度に関するガウスの法則**」といいます。

> 磁束密度に関するガウスの法則：$\oiint_S \boldsymbol{B} \cdot \boldsymbol{n} dS = 0$

磁場には「湧き出し」がない

磁束密度に関するガウスの法則が何を意味するのかを、電場に関するガウスの法則と比較しながら考えてみましょう。

$$\oiint_S \boldsymbol{E} \cdot \boldsymbol{n} dS = \frac{1}{\epsilon_0} \iiint_V \rho dV \qquad \oiint_S \boldsymbol{B} \cdot \boldsymbol{n} dS = 0$$

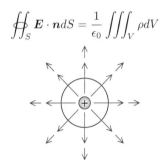

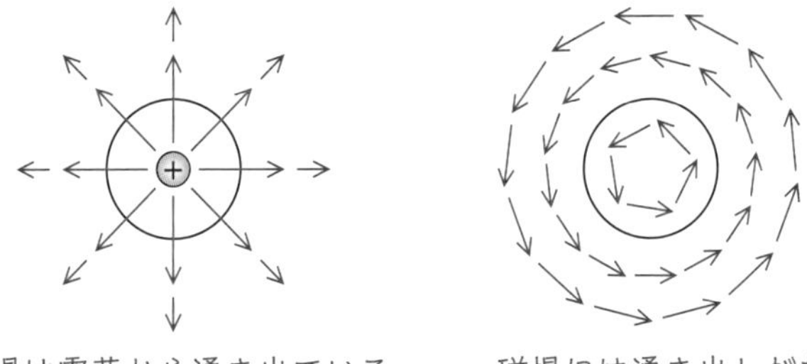

電場は電荷から湧き出ている　　磁場には湧き出しがない

電場に関するガウスの法則は、閉曲面のなかの電荷の総量がプラスなら、閉曲面を出ていく電気力線の本数もかならずプラスになることを示します。つまり、「**電場は電荷から湧き出している**」ことを表します。

一方、磁束密度に関するガウスの法則は、閉曲面を出ていく磁束線の本数は、入ってくる磁束線と差し引きゼロになることを示します。これは、磁場には電場のような「**湧き出し（発散）**」がないことを意味します。

磁場には湧き出し（発散）がない。

電場の場合、湧き出しの源となっているのは電荷です。一方、磁場の場合はそもそも湧き出しがないのですから、源となる「磁荷（じか）」のようなものも存在しません。

「湧き出し」はないが「渦」はある

磁束密度に関するガウスの法則は右辺が常にゼロなので、積分計算を楽にしたいという、この節の最初の目的には使えません。しかし、「じゃあ、磁場を楽に計算する方法はないのか」と考えるのは早計です。

ここで思い出していただきたいのが、電場に関する次のような法則です。

$$\oint_C \boldsymbol{E} \cdot d\boldsymbol{s} = 0$$

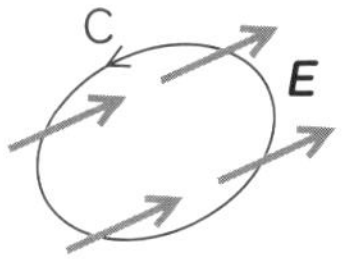

この式は、「**電場$\boldsymbol{E}$を経路Cに沿って周回積分した結果はゼロになる**」ことを示します。なぜゼロになるかというと、電場には「渦」が存在しないからです。これを「**静電場の渦なしの法則**」というのでした（83ページ）。

一方、磁場の場合は「湧き出し」はありませんが「渦」は存在します。したがって、周回積分の結果はかならずしもゼロにはなりません。このことを示したのが、次節で説明するアンペアの法則です。

	湧き出し（発散）	渦（回転）
電場 $\boldsymbol{E}$	あり	なし
磁場 $\boldsymbol{B}$	なし	あり

磁場の場合は、ガウスの法則ではなくアンペアの法則を利用することで、磁場の計算を楽に行うことができます。くわしくは次節で説明しましょう。

まとめ

- **磁束密度に関するガウスの法則**：$\oiint_S \boldsymbol{B} \cdot \boldsymbol{n} dS = 0$
- **磁場には「湧き出し」はないが「渦」はある。**

08 アンペアの法則

この節の概要

▶ 磁束密度に関するガウスの法則は、磁場の計算を簡単にするには使えませんでした。その代わりに使えるのがアンペアの法則です。

アンペアの法則とは

図のように、電流 I が下から上に向かって流れているとしましょう。この電流の周囲には、電流をぐるっと取り巻くように磁場ができます。

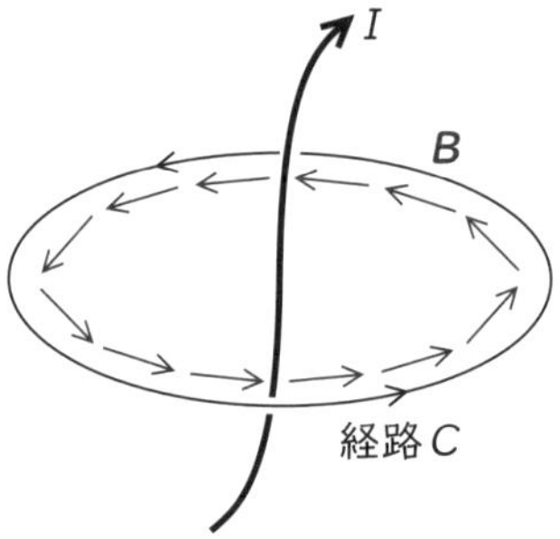

この電流を取り囲むように一周する経路 C を考え、この経路に沿ってちょびっとずつすすみながら、《**その位置の磁場の進行方向成分**》×《**すすんだ距離**》を足し合わせていきます。要は、磁場 $\boldsymbol{B}$ を経路 C に沿って周回積分します。

$$\underbrace{\oint_C}_{} \underbrace{B\cos\theta}_{\text{磁場}B\text{の進行方向成分}} \times \underbrace{dl}_{\text{すすんだ距離}} = \underbrace{\oint_C \boldsymbol{B}\cdot d\boldsymbol{l}}_{\text{周回積分}}$$

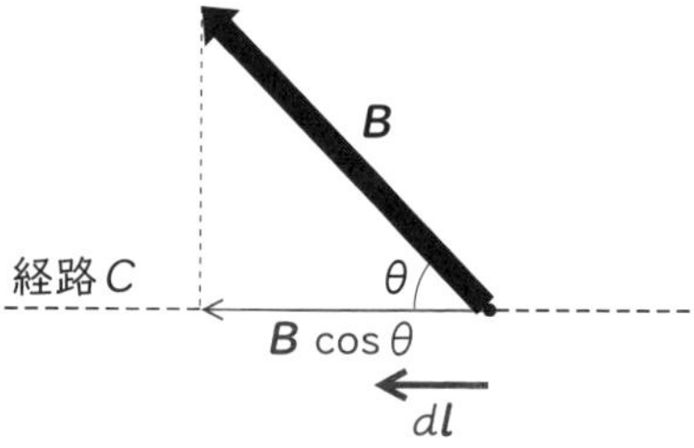

アンペアの法則は、この周回積分の値が、**電流 I に μ_0 を掛けた値に等しくなる**という法則です。式で表すと次のようになります。

$$\text{アンペアの法則：} \oint_C \boldsymbol{B} \cdot d\boldsymbol{l} = \mu_0 I$$

参考
アンペアの法則は、アンペアの周回積分の法則、アンペールの法則などともいいます。

例：直線電流がつくる磁場

簡単な例を使って、アンペアの法則が成り立つことを確認しましょう。143ページでは、無限に長い直線電流 I がつくる磁場 $\boldsymbol{B}$ が、ビオ＝サバールの法則より、

$$B = \frac{\mu_0 I}{2\pi r}$$

のように求められることを示しました。この直線電流を中心とする半径 r の円周を経路 C とし、磁場 $\boldsymbol{B}$ を周回積分することを考えます。

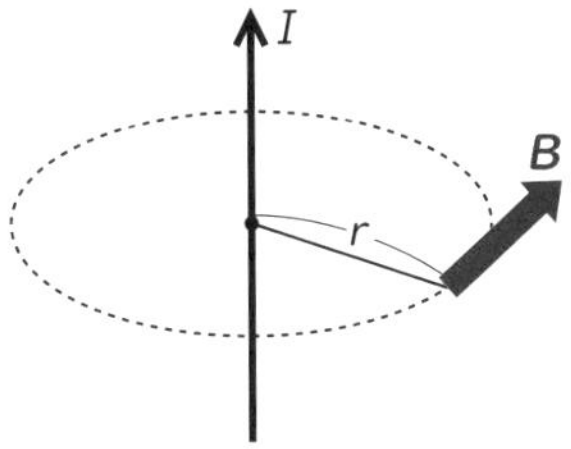

すると、磁場 $\boldsymbol{B}$ の大きさは円周上のどの地点でも等しく、また、その方向は常に半径 r と垂直で、$d\boldsymbol{l}$ と同じ方向です。したがって、この周回積分は積分計算をするまでもなく、

$$\oint_C \boldsymbol{B} \cdot d\boldsymbol{l} = B \times \underbrace{2\pi r}_{\text{円周の長さ}}$$

で求められます。ビオ＝サバールの法則より $B = \dfrac{\mu_0 I}{2\pi r}$ ですから、

$$= \frac{\mu_0 I}{2\pi r} \times 2\pi r = \mu_0 I$$

となり、アンペアの法則が成り立つことが確認できます。

例：電流を囲まない経路の場合

次に、図のような扇形の経路を考えてみましょう。経路上には、電流 I

による磁場$\boldsymbol{B}$はありますが、電流は経路の内側を通っていないことに注意してください。

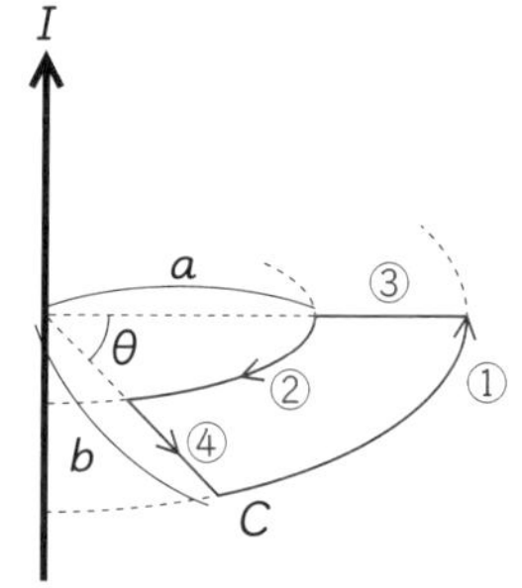

この経路に沿って、磁場$\boldsymbol{B}$を周回積分します。すると、扇形の外周の円弧①は$\boldsymbol{B}$と$d\boldsymbol{l}$が同じ方向なので、$\boldsymbol{B}\cdot d\boldsymbol{l}$はプラスになります。一方、内周の円弧②は$\boldsymbol{B}$と$d\boldsymbol{l}$が反対方向になるので、$\boldsymbol{B}\cdot d\boldsymbol{l}$はマイナスです。また、両側の半径方向の経路③④では、$\boldsymbol{B}$と$d\boldsymbol{l}$が垂直となるので、$\boldsymbol{B}\cdot d\boldsymbol{l}$はゼロになります。

以上から、周回積分の値は積分計算をするまでもなく、

$$\oint_C \boldsymbol{B}\cdot d\boldsymbol{l} = \underbrace{B_1 \times 2\pi b \times \frac{\theta}{2\pi}}_{\text{外側の円弧}} - \underbrace{B_2 \times 2\pi a \times \frac{\theta}{2\pi}}_{\text{内側の円弧}}$$

$$= \frac{\mu_0 I}{2\pi b} \times b\theta - \frac{\mu_0 I}{2\pi a} \times a\theta$$

$$= \frac{\mu_0 I}{2\pi} \times \theta - \frac{\mu_0 I}{2\pi} \times \theta$$

$$= 0$$

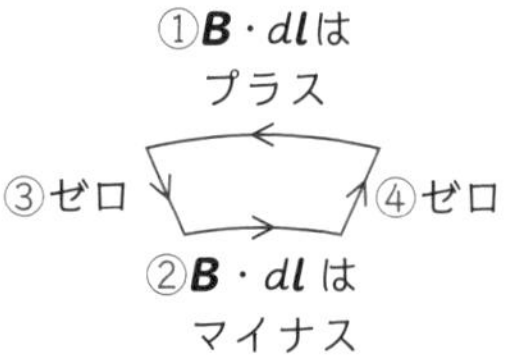

と求められます。このように、経路の内側に電流がなければ、周回積分の結果もゼロになります。この場合も、アンペアの法則がきちんと成り立っていることが確認できます。

アンペアの法則は、電流が直線でなくても、どんな電流でも成り立ちます。また、周回経路も、どのような形でもかまいません。

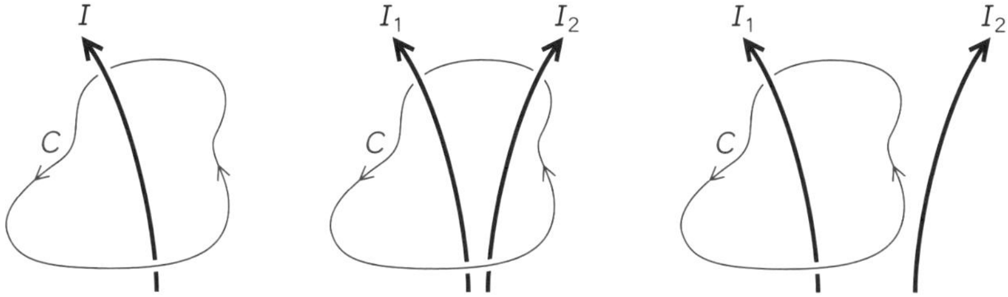

$$\oint_C \boldsymbol{B}\cdot d\boldsymbol{l}=\mu_0 I \qquad \oint_C \boldsymbol{B}\cdot d\boldsymbol{l}=\mu_0(I_1+I_2) \qquad \oint_C \boldsymbol{B}\cdot d\boldsymbol{l}=\mu_0 I_1$$

電流を電流密度 $\boldsymbol{j}$ で表せば、経路の内側の電流は、次のような面積分で表すことができます。これが、アンペアの法則（積分形）の最も一般的な式になります。

アンペアの法則： $\displaystyle \oint_C \boldsymbol{B}\cdot d\boldsymbol{l}=\mu_0 \iint_S \boldsymbol{j}\cdot\boldsymbol{n}dS$

経路Cの内側の電流の総量

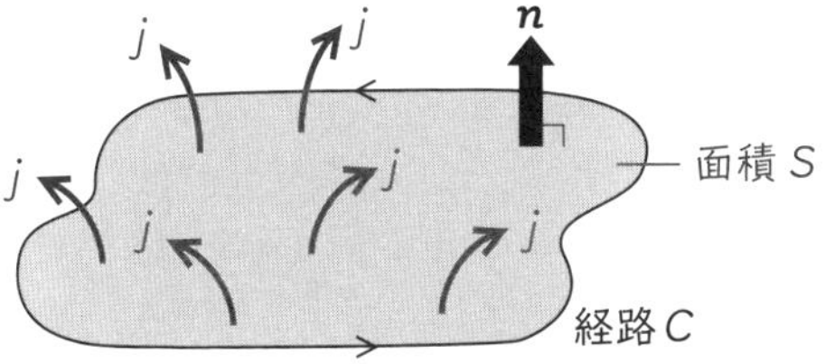

ソレノイドのつくる磁場

アンペアの法則を使うと、対称性のある磁場を簡単に求めることができる場合があります。例として、ソレノイドがつくる磁場について考えてみましょう。

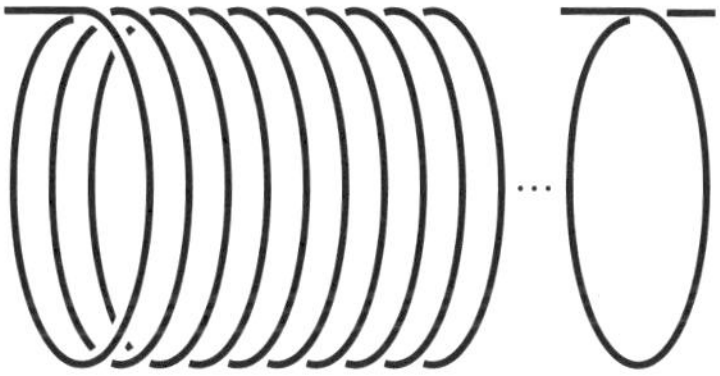

図のように、1本の導線をグルグル巻いて筒状にしたものを**ソレノイド**といいます。

ソレノイドは、ループ状の導線を何重にも重ねたものです。導線をループにすると、ループをくぐる磁場が発生します。それを重ねると、それぞれのループの磁場が重なり合って、次のような磁場をつくります。

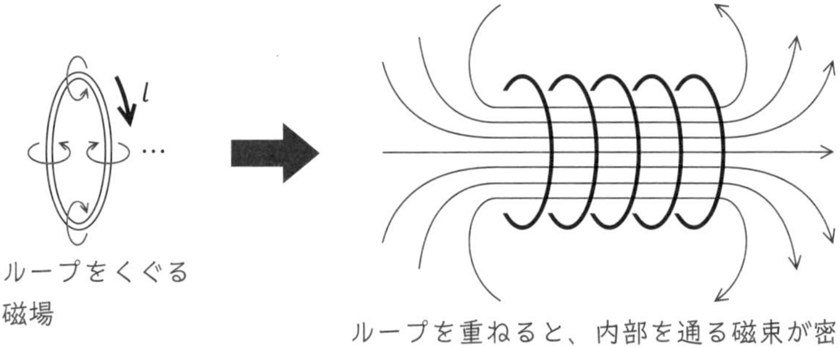

ループを重ねると、内部を通る磁束が密集し、外に出て広がる磁場になる

上のように、ソレノイドの内側では、筒状になった空間に同じ方向の磁場が密集しますが、ソレノイドの外側では磁場が大きく広がります。そのため、ソレノイドがじゅうぶんに長ければ、外側の磁場はゼロとみなすことができます。ここでは、ソレノイドの長さが無限に長いものとして、内部の磁場の大きさをアンペアの法則を使って求めてみましょう。

次の図は、ソレノイドの断面を表したものです。⊙と⊗は電流の方向を示し、⊙は奥から手前へ、⊗は手前から奥へ向かって電流が流れていることを表します。

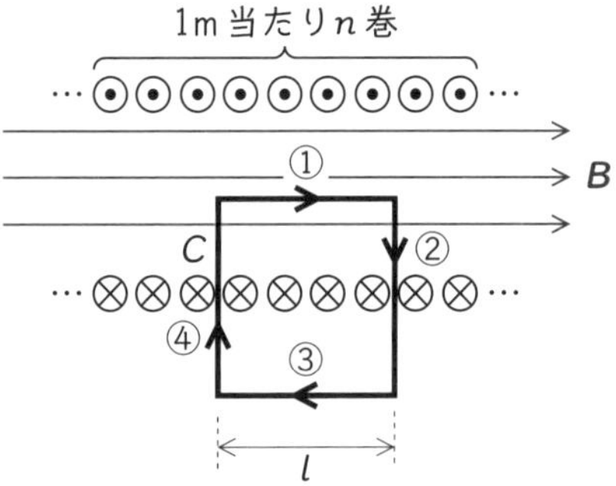

ソレノイドの巻数を、1m 当たり n とします。磁場 $\boldsymbol{B}$ は、このソレノイドの内側を、軸に沿って左から右へと流れます。このソレノイドに、図のような長方形の経路①②③④を考えます。この経路に沿って磁場 $\boldsymbol{B}$ を周回積分すると、どのようになるでしょうか。

まず、経路①は磁場 $\boldsymbol{B}$ と方向が同じですから、この経路に沿って線積分した値は、$\boldsymbol{B}$ ×経路の長さ l に等しくなります。次に、経路②と④は、磁場 $\boldsymbol{B}$ と方向が直角なので積分値はゼロです。最後に、経路③は、ソレノイドの外側に磁場がないのでやはりゼロになります。

以上から、磁場 $\boldsymbol{B}$ を経路①②③④に沿って周回積分した結果は、

$$\oint_C \boldsymbol{B} \cdot d\boldsymbol{l} = \text{経路①} + \text{経路②} + \text{経路③} + \text{経路④} = Bl$$

となります。アンペアの法則より、この値は経路の内側を通る電流に μ_0 を掛けたものに等しいはずです。

ソレノイドの巻数は 1m 当たり n なので、経路①②③④の内側には、電流が nl 回通ります。したがって、経路の内側を通る電流の総量は nlI と表せます。よってアンペアの法則より、次の式が成り立ちます。

$$Bl = \mu_0 nlI \quad \Rightarrow \quad B = \mu_0 nI$$

以上から、ソレノイドの内側の磁場の大きさは、$B = \mu_0 nI$ となることがわかりました。

ソレノイド内部の磁場：$B = \mu_0 nI$

この式はあとで重要になってきます。

ソレノイドの中心に鉄などの金属を入れると、金属の内部を磁束が通って、**電磁石**（でんじしゃく）となります。右手を「いいね！」の形にして、4 本の指をソレノイドの電流の方向にすると、親指が磁束の方向になります。

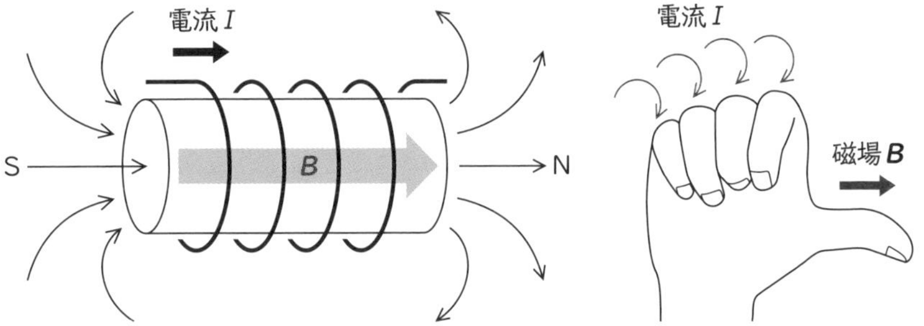

アンペアの法則が意味するもの

磁場をぐるっと周回積分した結果がゼロにならないのは、**磁場に「渦」がある**ことを表すのでした。アンペアの法則は、この渦をつくりだしている源が電流であることを示します。

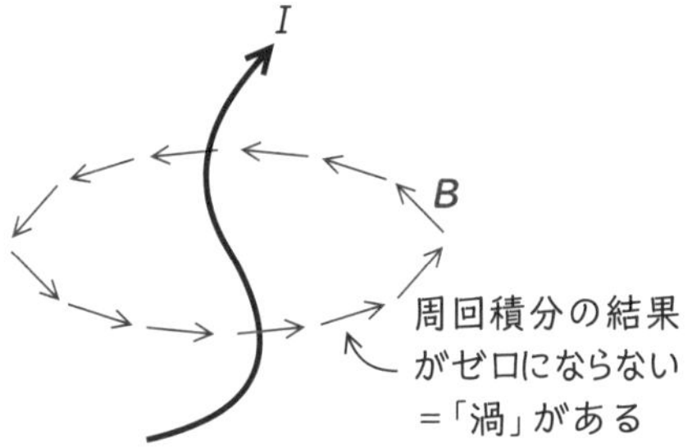

磁束密度に関するガウスの法則（148ページ）とアンペアの法則から、

「磁場には湧き出しがないが、渦はある」

ということがわかります。一方、静電場に関しては、ガウスの法則（63ページ）と静電場の渦なしの法則（83ページ）によって、

「電場には湧き出しがあるが、渦がない」

と言えます。こうしてみると、磁場と電場には不思議な対応関係がありますね。

ただしこれらの法則は、電場と磁場が変化せず、常に一定である場合

（静電場と静磁場）にのみ成り立ちます。電場や磁場が時間によって大きくなったり小さくなったりする場合には、電場が渦になったりする場合があるかもしれません。次章以降では、こうした現象についてみていきます。

まとめ

アンペアの法則：$\oint_C \boldsymbol{B}\cdot d\boldsymbol{l} = \mu_0 I = \mu_0 \iint_S \boldsymbol{j}\cdot\boldsymbol{n}dS$

ソレノイド内部の磁場：$B = \mu_0 nl$

コラム　地球は巨大な電磁石

方位磁石のＮ極が北、Ｓ極が南の方向を指すのは、地球全体が巨大な電磁石になっているからです。

地球の中心には、外核・内核と呼ばれる層があります。このうち外核には、鉄やニッケルなどがドロドロの液体になって対流しています。これが巨大なコイルとなって電流の渦をつくり、ソレノイドと同様の原理で、地球の中心を貫く磁場ができると考えられています。

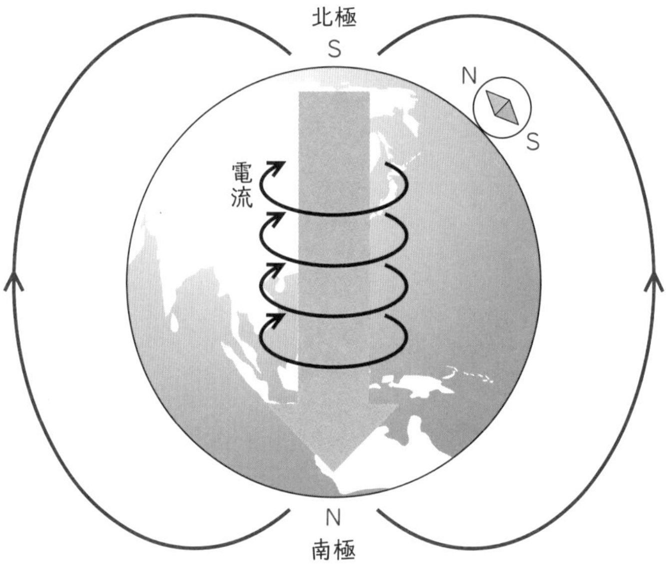

地球全体を磁石とすると、北極がＳで南極がＮになります（方位磁石のＮ極が北を指すのは、北極のＳと引き合うからです）。ちなみに、地球内部の対流の向きはたまに逆転することがあり、北極と南極のＳとＮはこれまで何度か入れ替わっています。最後に逆転が起こったのは約77万年前で、その証拠が千葉県市原市の地層に残っていることから、この地質年代はチバニアンと命名されています。

第5章

磁場がつくる電場と、電場がつくる磁場

01 ファラデーの電磁誘導の法則

この節の概要

▶ これまで、電荷がつくる電場Eの世界と、電流がつくる磁場Bの世界を別々にみてきました。ここから、2つの世界をつないで行き来できるようにします。

電磁誘導とは

前章では、「**電流が流れると、周囲に磁場ができる**」ことをみてきました。電流から磁場が生じるのであれば、その反対に、磁場から電流をつくることもできるのではないか。そう考えたのがファラデー（43ページ）です。ファラデーは試行錯誤の末、ついに

「時間的に変化する磁場によって起電力が生じる」

ことを発見しました。この現象を電磁誘導といいます。電場をつくるにはただの磁場ではダメで、「**時間的に変化する**」磁場が必要だったのです。

電磁誘導がどんな現象か、順を追って説明しましょう。図のような円形のコイルに磁石を近づけると、コイルのなかを通る「磁束」が増加します。

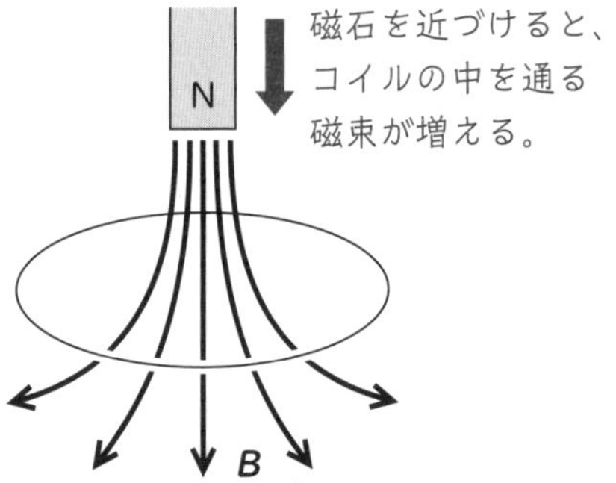

磁石を近づけると、
コイルの中を通る
磁束が増える。
N
B

すると不思議なことに、自然界はこの変化を抑えようとします。上図のように下向きの磁束が増える場合は、上向きの磁束をつくって増加を妨害するのです。この妨害磁束をつくるために、コイルに電流が流れます。この電流を**誘導電流**といいます。

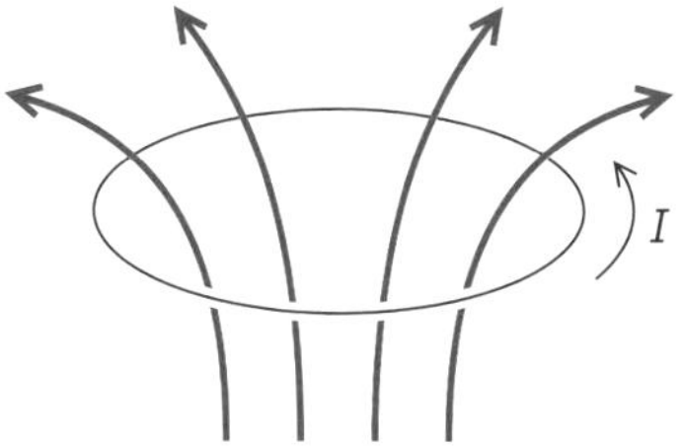
I

増加する磁束とは反対向きの磁束をつくり、増加を妨害する。そのためにコイルに誘導電流が流れる。

上方向の磁束をつくるために、コイルには反時計周りの方向に電流が流れます。

誘導電流を流すには、電荷を移動させるための電位差が必要です。この電位差を**起電力**といいます。目に見えない電池が出現し、コイルに電流を流すイメージです。

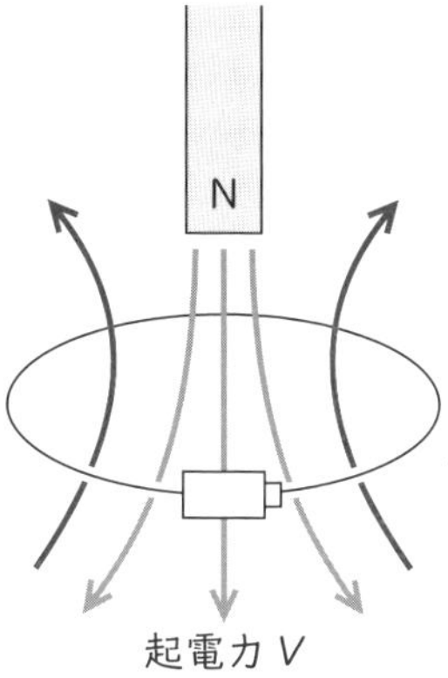
N
I
起電力 V

誘導電流を流すために、目に見えない電池＝起電力が出現する。

以上は、コイルのなかに磁石を近づけたときの電磁誘導でしたが、電磁誘導は磁石をコイルから遠ざけた場合にも生じます。磁石を遠ざけると、コイルのなかを通る磁束が減ります。すると今度は、磁束を減らすまいとして、コイルに誘導電流が流れます。

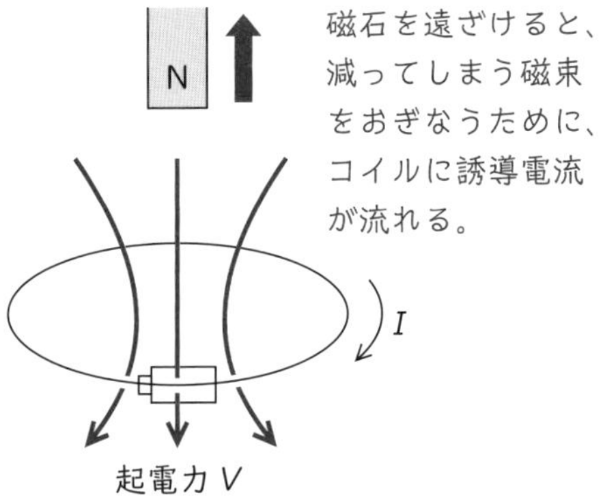
N
磁石を遠ざけると、
減ってしまう磁束
をおぎなうために、
コイルに誘導電流
が流れる。
I
起電力V

誘導電流の方向は、図のように磁石を近づけたときと反対の方向になります。この誘導電流を流すために、コイルに起電力が生じます。

電磁誘導では、このように磁石をコイルに近づけたり遠ざけたりして、目に見えない電池をつくり出します。水力発電や火力発電などは、この原理を応用して電気をつくっています。

ファラデーの電磁誘導の法則

ファラデーは、磁束の変化とそれによって生じる起電力の関係を、次のような数式で表しました。これをファラデーの**電磁誘導の法則**（でんじゆうどう）といいます。

ファラデーの電磁誘導の法則：$V = -\dfrac{d\Phi}{dt}$

式の右辺は、コイルのなかを通る**磁束の変化率**を表しています。時刻 t における磁束を $\Phi(t)$、その Δt 秒後の磁束を $\Phi(t+\Delta t)$ とすると、磁束の変化率は、

$$磁束の変化率 = \frac{\Phi(t+\Delta t) - \Phi(t)}{\Delta t}$$

ですね。上の式は、Δt をゼロに近づければ微分となるので、これ

を$\dfrac{d\Phi}{dt}$と書きます。

ただし、法則の右辺にはマイナス符号がついて、$-\dfrac{d\Phi}{dt}$となっていいることに注意しましょう。起電力は磁束の変化を妨害する方向に生じるので、「**磁束変化と逆方向ですよ**」という意味で、マイナス符号をつけます。

ところで、磁束とは、磁力線をたばにしたものでした（124ページ）。磁場の大きさは磁束密度で表しますが、磁束密度は「磁束」の密度ですから、磁束密度$\boldsymbol{B}$にコイルの面積を掛ければ、コイルのなかを通る磁束の本数が求められます。

磁束の本数 = 磁束の密度 × 面積
Φ　　　　B　　　　S

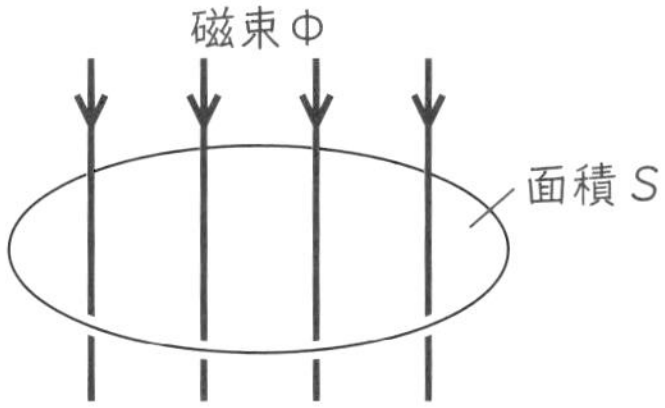

ただし、磁束は面を垂直につらぬくとは限りません。そこで、磁束密度$\boldsymbol{B}$と法線ベクトル$\boldsymbol{n}$との内積をとって、磁束密度$\boldsymbol{B}$の面に対する垂直成分を取り出します。また、通る場所によって$\boldsymbol{B}$が違う場合もあるので、コイル内を微小な面積dSに分け、各dSを通る磁束の本数を、$\boldsymbol{B}\cdot\boldsymbol{n}dS$で求めます。これを、コイル内の面積全体にわたって面積分したものが、コイルをつらぬく磁束の総本数になります。

$$\Phi = \iint_S \boldsymbol{B}\cdot\boldsymbol{n}dS \quad \leftarrow \text{コイルを貫く磁束の本数}$$

一方、起電力Vの大きさは、コイルに沿って、1Cの電荷を電場$\boldsymbol{E}$にさからいながら運ぶ仕事量に等しいので、次のような周回積分で表すことができます。

$$V = \oint_C \boldsymbol{E}\cdot d\boldsymbol{l} \quad \leftarrow \text{コイルを1周するので周回積分になる}$$

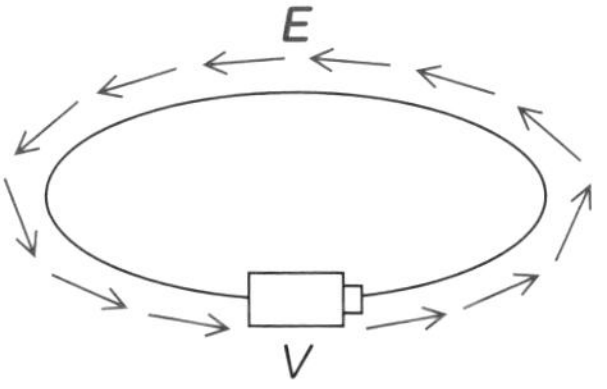

これらの式をファラデーの電磁誘導の法則に代入すると、次のようになります。

ファラデーの電磁誘導の法則（積分形）：

$$\oint_C \boldsymbol{E} \cdot d\boldsymbol{l} = -\frac{d}{dt}\iint_S \boldsymbol{B} \cdot \boldsymbol{n} dS$$

周回路に生じる誘導起電力 ／ 周回路の内側を通る磁束の時間変化

ファラデーの電磁誘導の法則が意味するもの

上のファラデーの電磁誘導の法則の意味を考えてみましょう。ここではとくに、2つのポイントに注目したいと思います。1つ目は、この法則が**「静電場の渦なしの法則」のバージョンアップ版**になっていることです。

静電場の渦なしの法則は、次のような式で表すことができました（83ページ）。

$$\oint_C \boldsymbol{E} \cdot d\boldsymbol{l} = 0$$ ← 静電場の渦なしの法則

左辺はファラデーの電磁誘導の法則とまったく同じですが、右辺がゼロになっています。これは、静電場の世界が、電場や磁場が時間によって変化しないことを前提にしているためです。磁場が変化しないので、$\frac{d\Phi}{dt}$の値もゼロになります。

静電場の渦なしの法則は、「**時間変化のない電場には渦がない**」ことを示しています。一方、磁束が時間変化すると、その周囲をぐるっと取り巻くように電場ができます。この電場を周回積分した値はゼロになりません。したがって、ファラデーの電磁誘導の法則は、

変化する磁束は周囲に電場の渦をつくる

ことを表します。

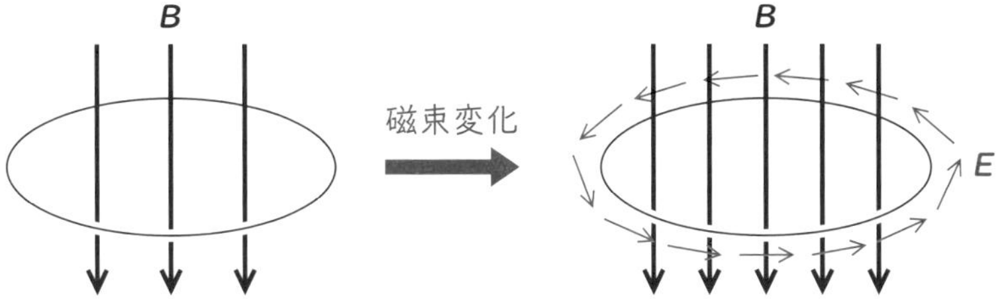

ファラデーの電磁誘導の法則の2つ目のポイントは、この法則が電場 $\boldsymbol{E}$ と磁場 $\boldsymbol{B}$ の関係を表していることです。

本書でこれまでにみてきた法則は、クーロンの法則にしろ、ガウスの法則、ビオ＝サバールの法則、アンペアの法則にしろ、電場 $\boldsymbol{E}$ か磁場 $\boldsymbol{B}$ のどちらか一方だけに関するものでした。ファラデーの電磁誘導の法則は左辺に電場 $\boldsymbol{E}$、右辺に磁場 $\boldsymbol{B}$ があり、両者の対応関係を表しています。

$$\oint_C \boldsymbol{E}\cdot d\boldsymbol{l} = -\frac{d}{dt}\iint_S \boldsymbol{B}\cdot \boldsymbol{n}dS$$

磁場*B*から電場*E*が生じる

これまで別々だった電場 $\boldsymbol{E}$ と磁場 $\boldsymbol{B}$ の世界に、ようやく往き来できる扉が開けたのです。

磁束を切る導体に生じる起電力

ところで「変化する磁束」をつくる方法は、磁石を動かすだけとは限りません。磁束を一定にして、コイルのほうを動かしても、コイルの面積が変化するので、コイルのなかを通る磁束が変化します。

このことを、次のような例題を使って考えてみましょう。

例題 図のようなコの字型の導線ABCDの上に、導線PQを辺BCと平行に置く。辺BCの長さは l〔m〕とする。

平面ABCDと垂直に、

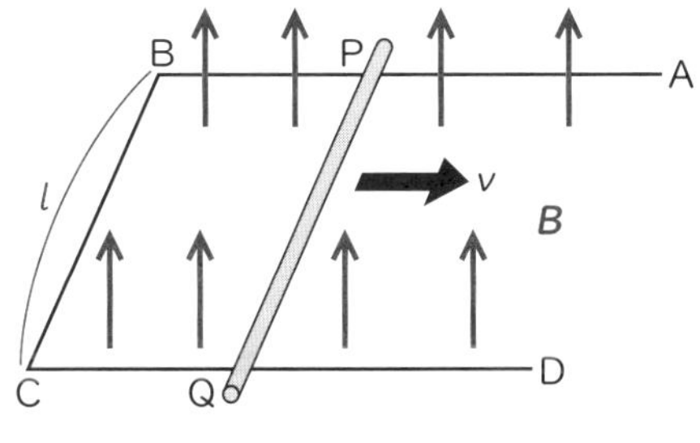

一様な磁場 $\boldsymbol{B}$ がかかっているものとする。導線 PQ を一定の速さ v〔m/s〕で動かしたとき、導線 PQ に生じる起電力 V を求めよ。

この問題は、高校の物理でおなじみのものです。そこでまず、高校物理の参考書に書いてある方法で解いてみましょう。

解1 導線PQを速度 v で動かすと、導線 PQ は Δt 秒後に $v\Delta t$〔m〕だけ右に移動します。この結果、閉回路 PBCQ の面積は $lv\Delta t$〔m^2〕だけ増加することになります。

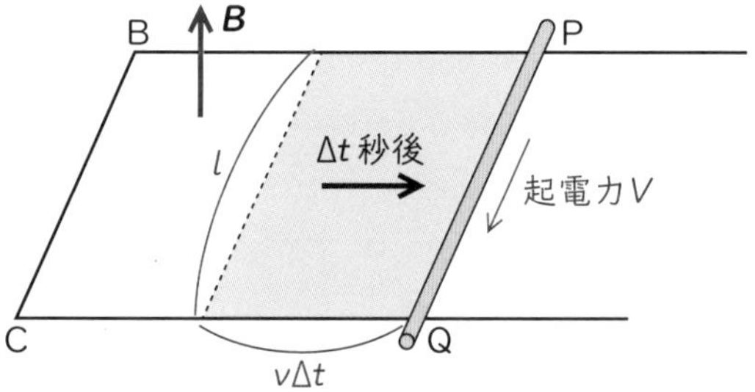

すると、閉回路の中をつらぬく磁束(磁束密度×面積)は、$Blv\Delta t$ だけ増加します。よって導線 PQ に生じる起電力 V は、ファラデーの電磁誘導の法則より、

$$V = -\frac{d\Phi}{dt} = -\frac{Blv\Delta t}{\Delta t} = -Blv \quad \cdots \text{(答)}$$

となります。マイナス符号は、起電力 V が磁束の増加を妨げる方向（=下から上に向かう磁束に対し、上から下へ向かう磁束をつくる方向）に生じることを表すもので、この場合は P → Q の方向になります。

次に、この例題で生じている現象を少し違う観点から眺めてみましょう。

解2 導線 PQ が磁場 $\boldsymbol{B}$ のなかを速度 $\boldsymbol{v}$ で動くと、導線 PQ 内部にある自由電子 e に $\boldsymbol{F} = -e\boldsymbol{v} \times \boldsymbol{B}$ のローレンツ力 (135 ページ) が

働き、電子をPの方向に引っ張ります。

電子が右方向に動くので、電流の方向は左向きになる。

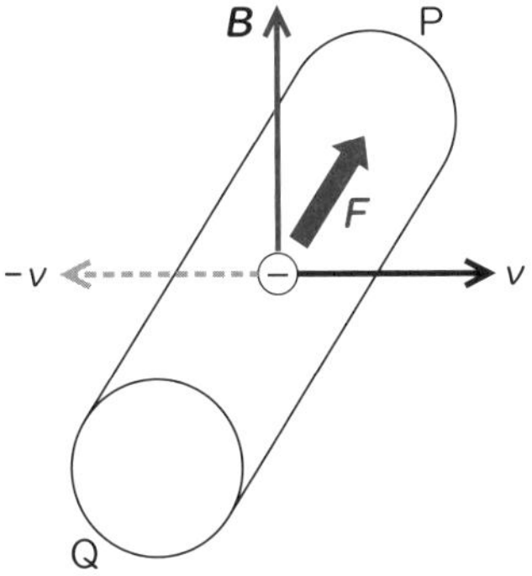

自由電子が移動した結果、導体は点P側がマイナス、点Q側がプラスに帯電します。これにより、今度はPQ間に電場が生じ、自由電子を$\boldsymbol{F} = -e\boldsymbol{E}$のクーロン力でQの方向に引っ張ります。

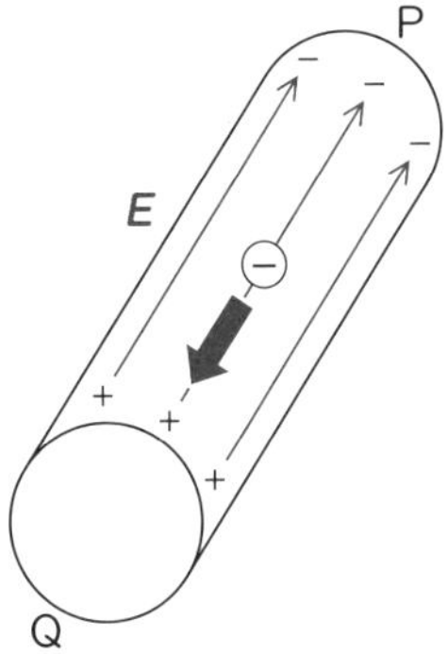

電場によるクーロン力は、だんだん大きくなり、やがてローレンツ力とつり合います。このときの電場は

$$\underbrace{e\boldsymbol{E}}_{\text{クーロン力}} = \underbrace{-e\boldsymbol{v} \times \boldsymbol{B}}_{\text{ローレンツ力}} \quad \Rightarrow \quad \boldsymbol{E} = -\boldsymbol{v} \times \boldsymbol{B}$$

となります。電場$\boldsymbol{E}$の方向は、$-\boldsymbol{v}$と$\boldsymbol{B}$の外積なので、QからPに向かう方向になります。

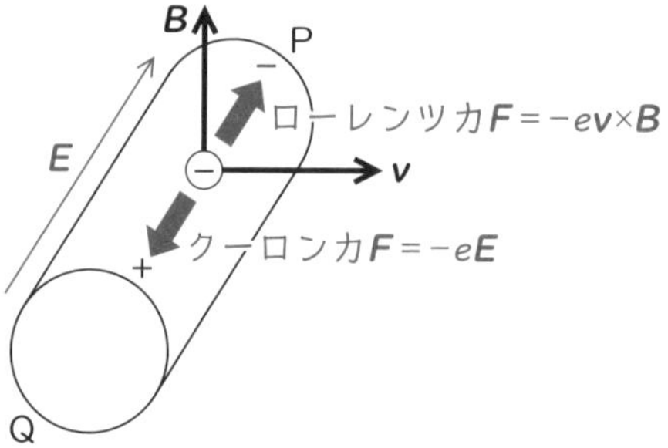

起電力 V は、＋ 1C の電荷を電場 $\boldsymbol{E}$ にさからって距離 l だけ運ぶ仕事量ですから、

$$V = -El = -|-\boldsymbol{v} \times \boldsymbol{B}|l = -(vB\underbrace{\sin\theta}_{=1})l = -Blv \quad \cdots（答）$$

となります。この結果はもちろん、解 1 の答と一致します。

ここで、ファラデーの電磁誘導の式をもう一度みてみましょう。

$$\oint_C \boldsymbol{E} \cdot d\boldsymbol{l} = -\frac{d}{dt}\iint_S \boldsymbol{B} \cdot \boldsymbol{n} dS$$

例題の解 1 は、起電力 V を磁場の変化量から求めました。これは上の式の右辺から起電力を求めたものといえます。

一方、解 2 のアプローチは、導線に生じる電場 $\boldsymbol{E}$ から起電力 V を求めるものです。これは上の式でいうと左辺の計算に当たります（積分は省略して、電場 $\boldsymbol{E}$ に長さ l を掛けています）。

ファラデーの電磁誘導の法則は、上の式の左辺と右辺が等しいというものですから、両方の答が一致したということは、この法則が成り立つことの証明でもあるわけです。

まとめ

- ファラデーの電磁誘導の法則によって、電場 $\boldsymbol{E}$ の世界と磁場 $\boldsymbol{B}$ の世界にはじめて通路ができた。
- ファラデーの電磁誘導の法則：$\oint_C \boldsymbol{E} \cdot d\boldsymbol{l} = -\frac{d}{dt}\iint_S \boldsymbol{B} \cdot \boldsymbol{n} dS$

02 インダクタンス

この節の概要

▶ 電気回路によくある、電線をグルグル巻きにした部品をコイルといいます。コイルの性質について説明します。

第5章 磁場がつくる電場と、電場がつくる磁場

コイルの性質

朝、布団の中で「このままずっと布団にもぐっていたい」と思うことはありませんか？　物体にもこれと同じように（？）、**現在の状態（静止または運動）をずっと続けようとする性質**があります。

このような物体の性質を**慣性**（かんせい）といいます。たとえば、自動車で急ブレーキをかけると乗っている人がガクンと前のめりになるのは、止まろうとする自動車に対し、乗っている人はそのまま進み続けようとする慣性が働くからです。

車で急ブレーキをかけると乗っている人は慣性によって前のめりになる。

慣性

この「慣性」とよく似た性質が、電気回路で使われるコイルにもあります。コイルには、自分に流れている電流の増減に対し、その増減を妨げようとする性質があるのです。

コイルは、自分に流れている電流の変化を妨げようとする

この性質が働くメカニズムをみてみましょう。図のように、コイルに電流 I を流すと、コイルの中を貫く磁場が発生します（154ページ）。

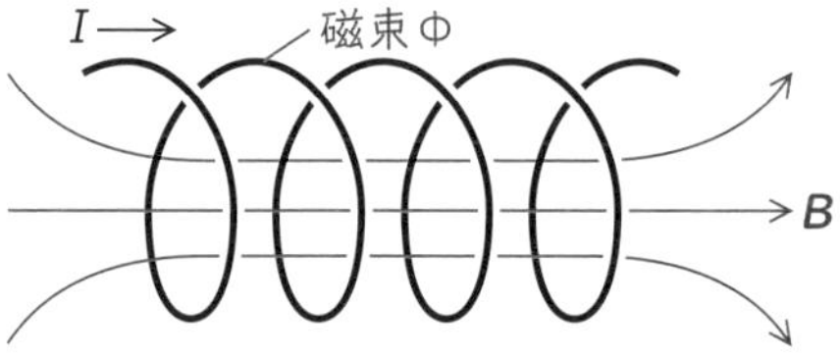
I
磁束Φ
B

電流 I を増やすと、それに比例して、コイルを通る磁束も増加します。すると、ファラデーの電磁誘導の法則によって、コイルに誘導起電力が生じます。この起電力は、磁束の増加を妨害するために、電流 I とは反対方向の誘導電流をコイルに流します。

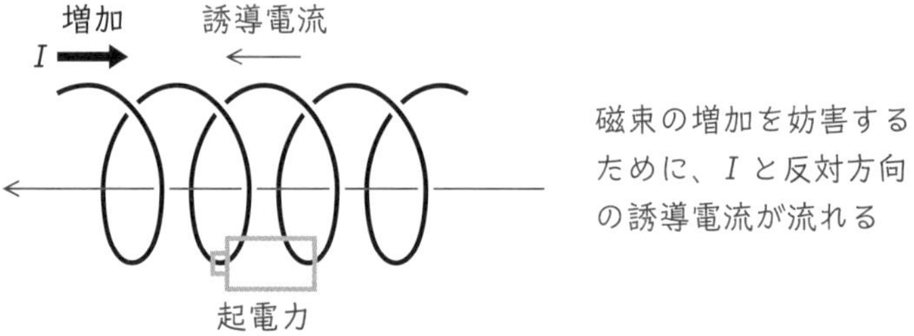
増加
I
誘導電流
磁束の増加を妨害するために、I と反対方向の誘導電流が流れる
起電力

逆に、電流 I を減らすと、コイルを通る磁束も減少します。誘導起電力は磁束の減少を妨害するために、電流 I と同じ方向の誘導電流をコイルに流します。

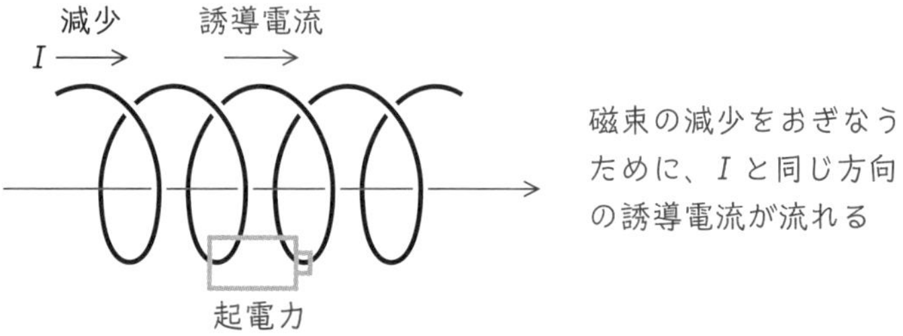
減少
I
誘導電流
磁束の減少をおぎなうために、I と同じ方向の誘導電流が流れる
起電力

このように、コイルに流れる電流を増減すると、その変化を妨げるような誘導起電力がコイルに生じます。この現象を**自己誘導**（じこゆうどう）といいます。

インダクタンスとは

コイルに電流 I を流したとき、コイルのひと巻きに生じる磁束を Φ とします。コイルの巻数を N とすると、コイル全体に生じる磁束は $N\Phi$ と書けます。

磁束 $N\Phi$ の大きさは、コイルに流す電流 I の大きさに比例するので、その比例定数を L と置けば、

$$N\Phi = LI$$

（L：比例定数、$N\Phi$：コイル全体に生じる磁束）

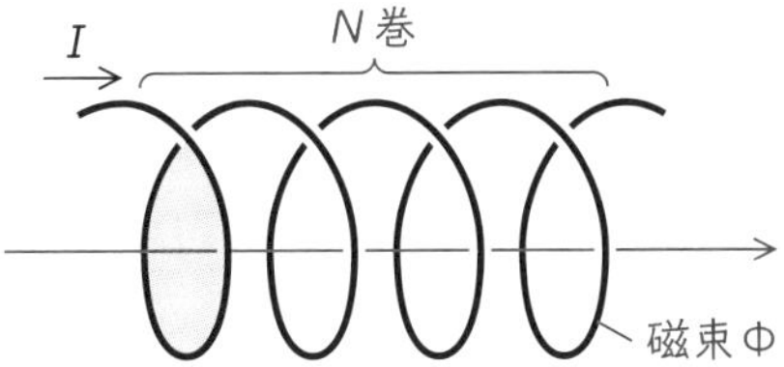

が成り立ちます。コイルに生じる誘導起電力 V は、ファラデーの電磁誘導の法則より、

$$V = -\frac{d}{dt}(N\Phi) = -\frac{d}{dt}(LI) = -L\frac{dI}{dt}$$

となります。この式から、電流の変化に対抗する起電力（逆起電力）は、電流 I の変化率が大きいほど、また、定数 L の値が大きいほど大きくなることがわかります。この定数 L を**自己**（じこ）**インダクタンス**といいます。

$$V = -L\frac{dI}{dt}$$

（V：コイルに生じる誘導起電力（逆起電力）、$\frac{dI}{dt}$：電流の変化率、L：自己インダクタンス）

自己インダクタンス L が小さい場合

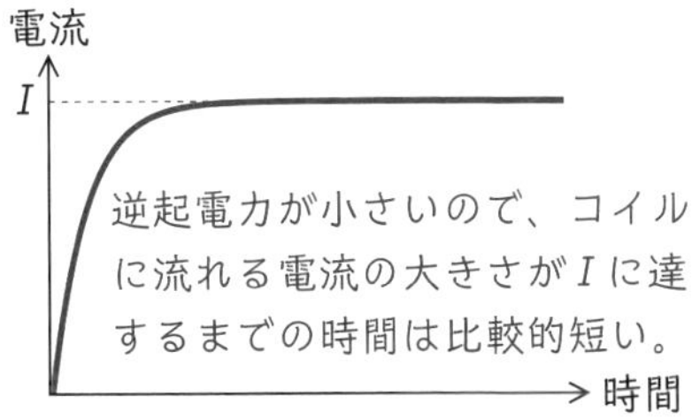

電流
I
逆起電力が小さいので、コイルに流れる電流の大きさがIに達するまでの時間は比較的短い。
時間

自己インダクタンス L が大きい場合

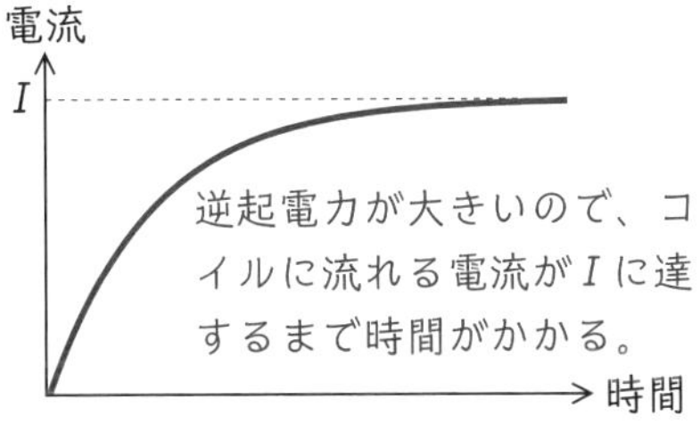

自己インダクタンスはコイルのもつ特性のひとつで、そのコイルの電流に対する慣性の大きさを表していると考えることができます。

コイルの自己インダクタンスを求める

図のようなコイルの自己インダクタンスを求めてみましょう。

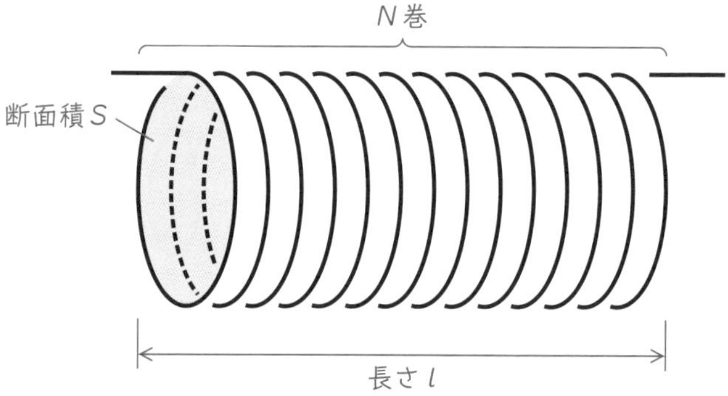

自己インダクタンスLは、コイルに生じる磁束と電流Iとの比例定数ですから、

$$N\Phi = LI$$

となることは前に説明しました。したがって、

$$L = \frac{N\Phi}{I} \quad \cdots ①$$

となります。コイルの1m当たりの巻数をn〔回/m〕、コイルの長さをl〔m〕とすると、コイルの巻数Nは、

$$N = (\text{1m 当たりの巻数 } n) \times (\text{コイルの長さ } l) \quad \cdots ②$$

また、コイル1巻きを貫く磁束Φは、磁束密度Bとコイルの断面積Sとの積で表せます。さらに、磁束$B = \mu_0 nI$（155ページ）より、

$$\Phi = (\text{磁束密度 } B) \times (\text{コイルの断面積 } S) = \mu_0 nIS \quad \cdots ③$$

となります。②③を式①に代入すると、自己インダクタンスは

$$L = \frac{nl\mu_0 nIS}{I} = \mu_0 n^2 Sl$$

で求めることができます。上の式のうち、n はコイルの巻数の密度です。また、Sl は断面積×長さなので、コイル内部の体積を表します。以上から、導線がぎっしり巻かれていて、内部の体積が大きいコイルほど、自己インダクタンスが大きくなることがわかります。

自己インダクタンス：
$L = \mu_0 n^2 Sl$

Sl ← コイルの体積
n^2 ← コイルの巻数の密度

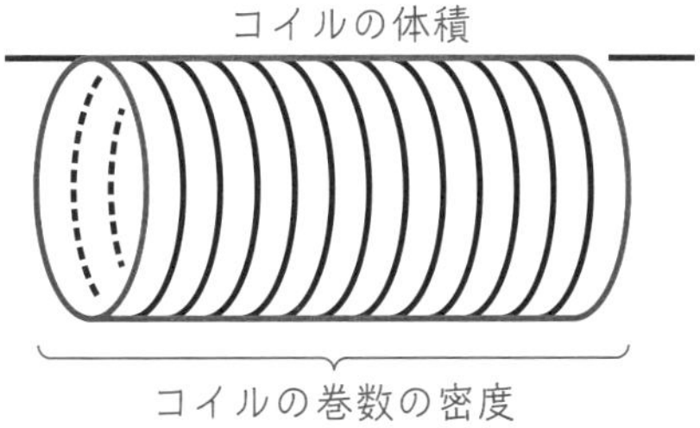

なお、自己インダクタンスにはヘンリー〔H〕という独自の単位がついています。

相互インダクタンス

図のように、コイル 1、コイル 2 を横に並べ、コイル 1 に電流 I_1 を流します。

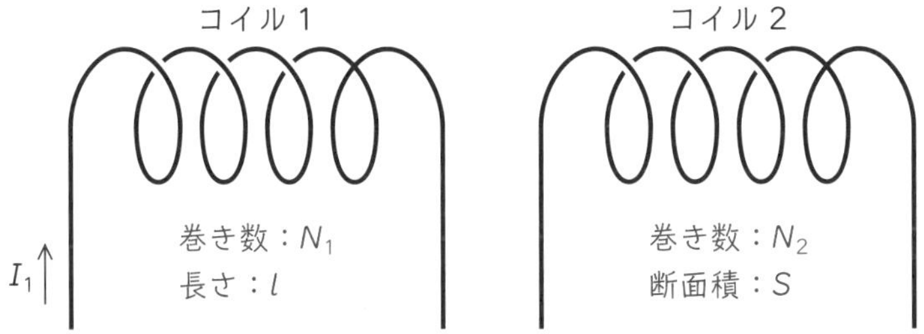

コイル 1 に電流 I_1 を流すと磁場 $\boldsymbol{B}$ が生じますが、この磁場 $\boldsymbol{B}$ はコイル 2 にも入ります。すると、コイル 2 の磁場が増加するので、ファラデーの電磁誘導の法則により、コイル 2 に誘導起電力が発生します。この現象を**相互誘導**(そうごゆうどう)といいます。

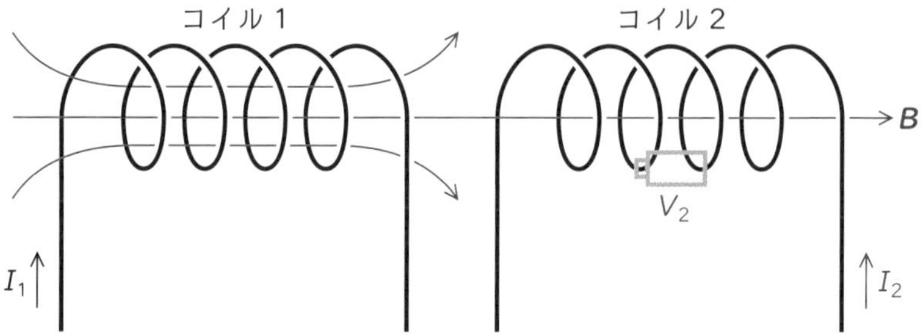

電流 I_1 によってコイル１に生じる磁束密度の大きさは、

$$B = \mu_0 n I_1$$

で求めることができました。上の式の n はコイル１の 1m 当たりの巻き数なので、$n = \dfrac{N_1}{l}$ です。したがって、

$$B = \mu_0 \frac{N_1}{l} I_1$$

このBによって、コイル２のひと巻き分に生じる磁束を Φ_{21} とすると、

$$\Phi_{21} = BS = \mu_0 \frac{N_1}{l} I_1 S$$ ←Sはコイル2の断面積

コイル２に生じる誘導起電力 V_2 は、ファラデーの電磁誘導の法則より、

$$V_2 = -\frac{d}{dt}(N_2 \Phi_{21}) = -\frac{d}{dt}\left(N_2 \mu_0 \frac{N_1}{l} I_1 S\right) = \frac{\mu_0 N_1 N_2 S}{l}\frac{dI_1}{dt}$$

と求められます。ここで、

$$M = \frac{\mu_0 N_1 N_2 S}{l}$$

と置けば、上の式は

$$V_2 = -M \frac{dI_1}{dt}$$ ←相互誘導によって生じる起電力

このMを**相互**（そうご）**インダクタンス**といいます。相互インダクタンスは、２つのコイルの巻数や体積、相対的な位置によって定まる係数です。

なお、図のような鉄心に２つのコイル１、２を巻き、コイル１に流す

電流を変化させると、コイル1には自己誘導によって起電力 e_1 が発生します。同時に、コイル1で発生した磁束が鉄心を介してコイル2に入り、コイル2に誘導起電力 e_2 が発生します。

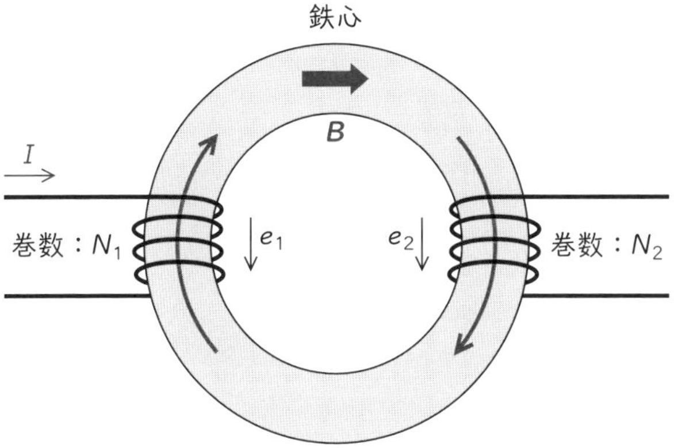

$e_1 : e_2 = N_1 : N_2$

e_1 と e_2 の比は、コイル1とコイル2の巻き数の比によって決まります。このしくみを利用すると、コイル1に加えた交流電圧を変化させて、コイル2から取り出すことができます。これが**変圧器**（へんあつき）の原理です。

まとめ

- コイルに流す電流を増減させると、電流の変化を妨げる方向に

  $$V = -L\frac{dI}{dt}$$

  の起電力が発生する。
- 自己インダクタンス L は、電流の変化を妨げる働きの大きさを表すそのコイル固有の値で、

  $$L = \mu_0 n^2 S l$$

  で求められる。

03 磁気エネルギー

この節の概要

▶ コンデンサが静電エネルギーを蓄えるように、コイルは磁気エネルギーを蓄えます。磁気エネルギーがどのように生じるかを説明します。

コイルに蓄えられるエネルギー

まだ電流が流れていないコイルに、電流 I を流すことを考えてみましょう。電流を流しはじめると、電流の増加を妨害しようとして、コイルに誘導起電力が生じます。電流を増やすには、この誘導起電力に対抗してコイルに電流を流さなければなりません。そのための仕事量を計算してみましょう。

現在コイルに流れている電流を i とします。電流を i から少しだけ増やそうとすると、コイルには

$$V = L\frac{di}{dt}$$

の起電力が電流と逆方向に生じます。この起電力にさからって、電流 i を dt 秒間流します。これは、idt〔C〕の電荷をコイルに押し込む仕事と考えることができます。そのために必要な仕事量は

$$dW = idtV = idtL\frac{di}{dt} = Lidi$$

となります。よって、電流を0から I まで増やすのに必要な仕事量は、次のような積分計算になります。

$$W = \int_0^I dW = \int_0^I Lidi = L\left[\frac{1}{2}i^2\right]_0^I = \frac{1}{2}LI^2$$

コイルに電流 I を流すのに仕事量 W を要するということは、同じだ

けのエネルギーがコイルに蓄えられるということです。このエネルギーを**磁気エネルギー**といいます。

磁気エネルギー：$U=\dfrac{1}{2}LI^2$

例：コイルを含む回路

コイルに蓄えられた磁気エネルギーの例として、次のような回路を考えてみましょう。

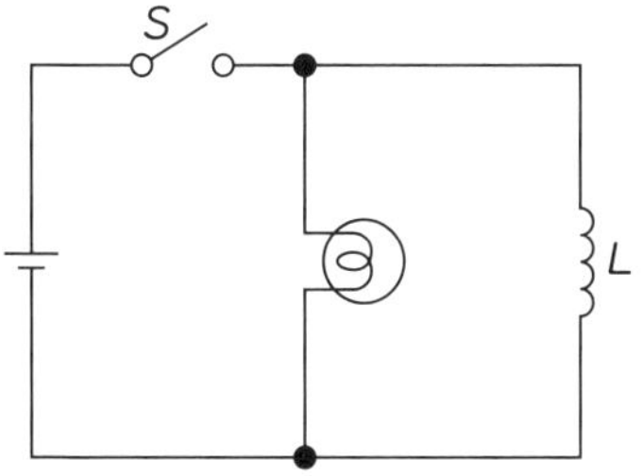

スイッチ S を閉じると豆電球が点灯します。また、スイッチ S を閉じた直後は、コイル L に逆起電力が作用するため、電流が流れにくくなります。しかしじゅうぶんな時間がたつとコイルに流れる電流は安定し、定常電流になります。

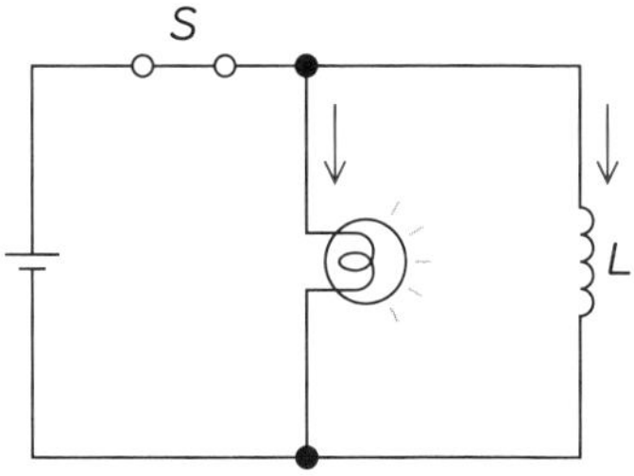

スイッチを閉じた直後はコイルの電流が流れにくくなるが、しばらくすると定常電流になる。

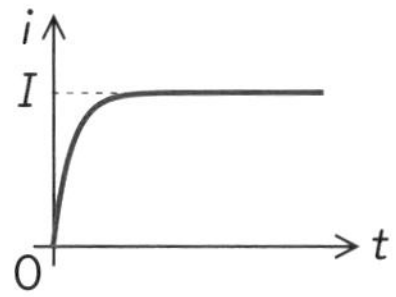

次に、この状態でスイッチ S を開くとどうなるでしょうか？　これまで流れていた電流が止まるので、今度は電流の減少を防ぐために、コイルに起電力が作用します。これにより、回路に誘導電流が流れ、しば

らくのあいだ豆電球が点灯します。

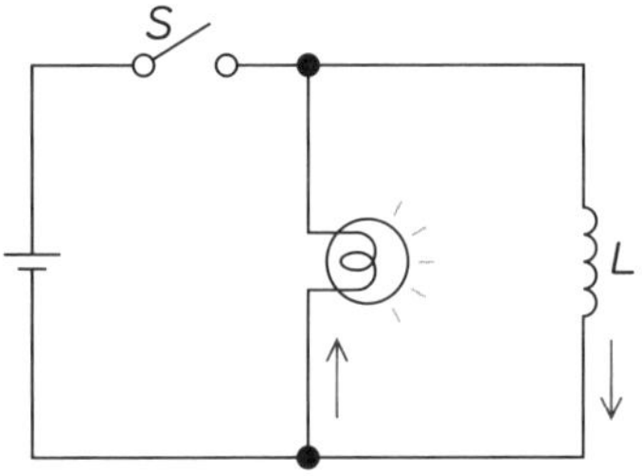

スイッチを開くと、コイルの電流の減少をおぎなう誘導電流が流れ豆電球がしばらくの間点灯する。

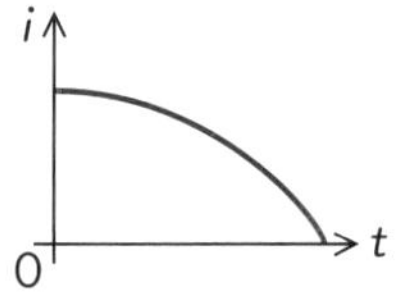

この現象は、コイルに蓄えられた磁気エネルギーが、スイッチ S を開いたことによって起電力となり、豆電球を点灯させたと考えることができます。

磁気エネルギー密度

磁気エネルギーは、コイルのどこに、どのような形で蓄えられるのでしょうか？　ここで、173ページで導出した自己インダクタンス

$$L = \mu_0 n^2 Sl$$

を、上の磁気エネルギーの式に代入し、次のように変形します。

$$U = \frac{1}{2}\mu_0 n^2 SlI^2 = \frac{1}{2\mu_0}\mu_0^2 n^2 I^2 Sl = \frac{B^2}{2\mu_0}Sl$$

上の式の「Sl」の部分は、コイルの断面積×長さなので、コイルの体積を表しています。上の式は、磁気エネルギーがコイル内部に磁場 $\boldsymbol{B}$ として蓄えられていることを示します。ちょうど、コンデンサが静電エネルギーを電場 $\boldsymbol{E}$ として蓄えるように（104ページ）、コイルは磁気エネルギーを磁場 $\boldsymbol{B}$ として蓄えるわけです。

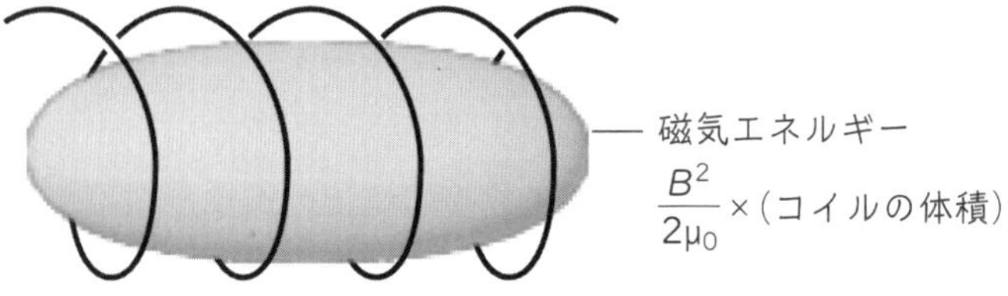

上の式の$U=\dfrac{B^2}{2\mu_0}Sl$を、コイルの体積Slで割ると、体積当たりの磁気エネルギー（**磁気エネルギー密度**）が求められます。これは空間に分布しているエネルギーであり、もはやコイルの形とは関係ありません。磁場$\boldsymbol{B}$が存在している空間には、単位体積当たり$\dfrac{B^2}{2\mu_0}$のエネルギーが蓄えられていることを表しています。

磁場が存在する空間には、単位体積当たり$\dfrac{B^2}{2\mu_0}$のエネルギーが分布している

一般に、体積V内の磁場$\boldsymbol{B}$に蓄えられている磁気エネルギーの総量は、体積Vを磁気エネルギー密度で体積積分すれば求めることができます。

$$U=\iiint_V \frac{B^2}{2\mu_0}dV$$

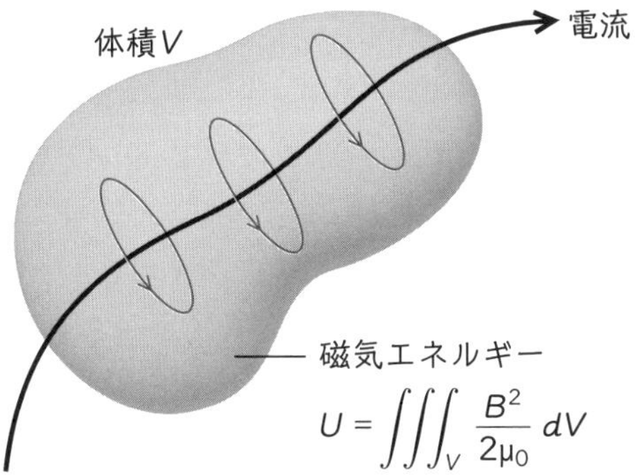

まとめ **コイルに蓄えられる磁気エネルギー**：$U=\dfrac{1}{2}LI^2$

磁場Bの磁気エネルギー密度：$u=\dfrac{B^2}{2\mu_0}$

04 電気振動回路（でんきしんどうかいろ）

この節の概要

▶ここでちょっと脇道にそれますが、コイルとコンデンサを使った回路について説明しておきます。

電気振動

図のように、コンデンサとコイルを接続した単純な回路について考えます。また、コンデンサには電荷が充電されているものとします。

この回路のスイッチ S を閉じるとどのような現象が起こるでしょうか。順を追ってみていきましょう。

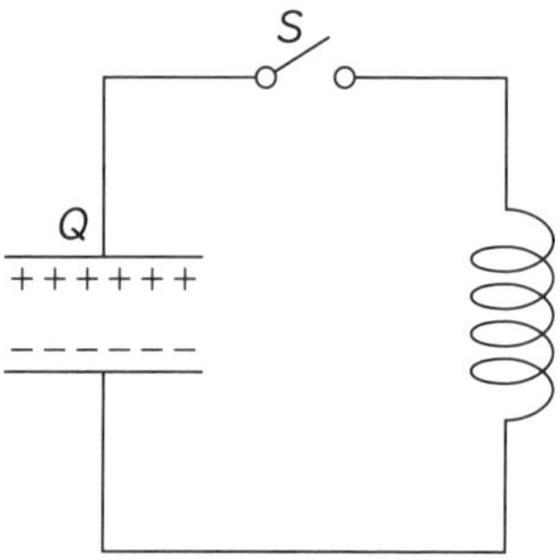

コンデンサには電荷Qが充電されている。

STEP 1 スイッチ S を閉じると、コンデンサに充電されていた電荷が移動し、コイルに電流 I が流れはじめます。すると、コイルには電流の増加を妨げる誘導起電力が生じます。電荷はこの誘導起電力にさからってどんどん押し込まれるので、コイルに磁気エネルギーが蓄えられていきます。

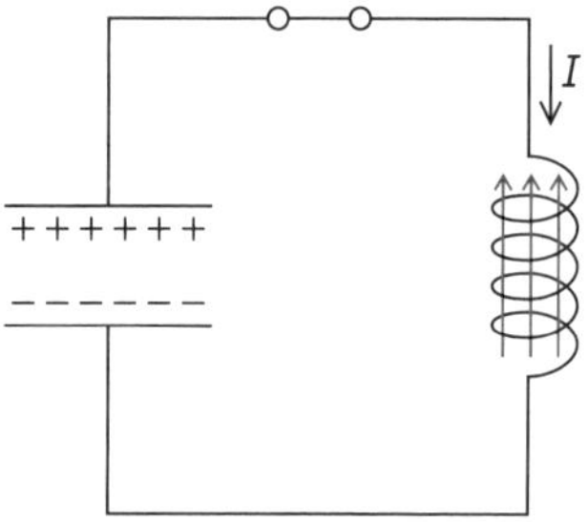

電流が流れはじめると、コイルに誘導起電力が生じ、磁気エネルギーがたまりはじめる。

STEP 2 やがて、コンデンサの電荷が全部放電されると、コイルに流れる電流が減りはじめます。しかし、コイルは電流の減少を妨げようとするので、蓄えられた磁気エネルギーを使って電流 I と同じ方向に電流を流し続けます。

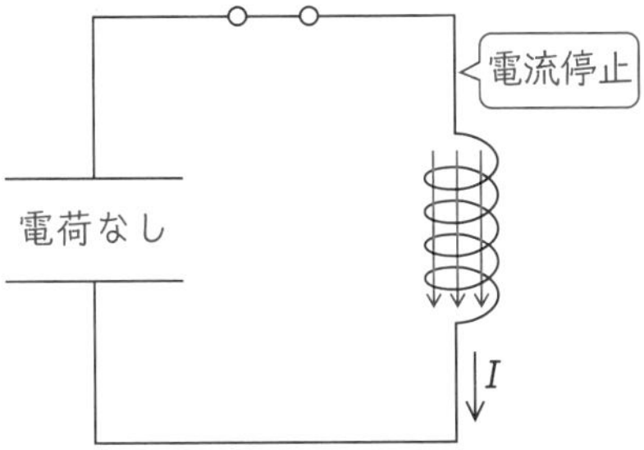

放電が終わると電流が止まるが、コイルには逆向きの誘導起電力が生じて電流が流れつづける。

STEP 3 コンデンサの極板には、正負の符号が反対の電荷が蓄えられていきます。コイルの磁気エネルギーが0になると電流はゼロになります。このとき、コンデンサの極板間の電場には静電エネルギーが蓄えられているので、今度は STEP 1 と逆方向に電流が流れはじめます。

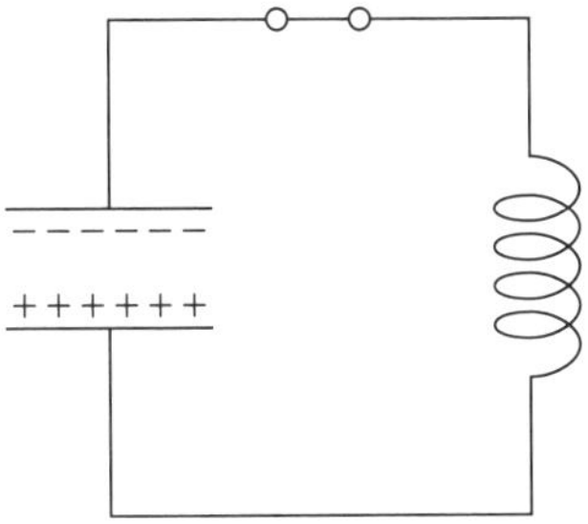

コンデンサには正負が反対の電荷が充電される。

このようにして、コンデンサの充電と放電が繰り返され、回路に流れる電流の向きが入れ替わります。この現象を**電気振動**（でんきしんどう）といい、この回路を**電気振動回路**（でんきしんどうかいろ）といいます。

電気振動の周波数

コイルに生じる誘導起電力は

$$V = -L\frac{dI}{dt} \quad \cdots①$$

で表せました(171ページ)。一方、コンデンサに蓄えられる電荷は $Q = CV$ (98ページ)より、

$$V = \frac{Q}{C} \quad \cdots ②$$

また電流 I は

$$I = \frac{dQ}{dt} \quad \cdots ③$$

と表せます（111 ページ）。式②③を式①に代入すると、

$$\frac{Q}{C} = -L\frac{d}{dt}\left(\frac{dQ}{dt}\right)$$

$$= -L\frac{d^2Q}{dt^2} \quad \Rightarrow \quad \boxed{\frac{d^2Q}{dt^2} + \frac{1}{LC}Q = 0} \quad \cdots ④$$

このような式で表される運動を**単振動**（たんしんどう）といいます。単振動は、伸び縮みするばねに代表される運動で、ばねにつけたおもりの上下運動が、コンデンサに蓄えられる電荷 Q の量の増減に対応します。

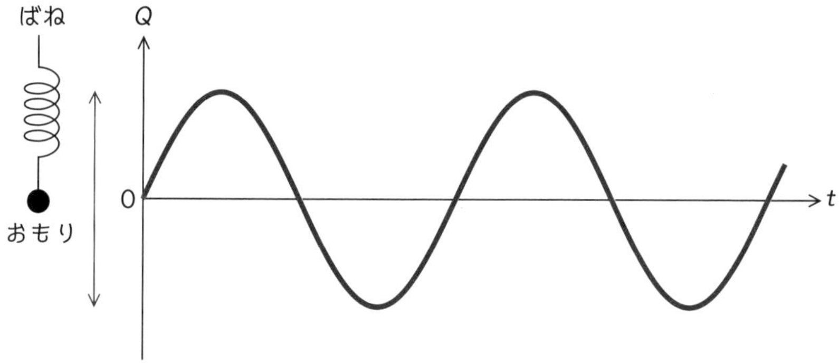

ここで、電荷 Q の増減を表す式を

$$Q = A\sin(\omega t + \theta)$$

と置きましょう。これを式④に代入すると、

$$\frac{d^2}{dt^2}\{A\sin(\omega t+\theta)\} + \frac{A}{LC}\sin(\omega t+\theta)=0$$

↓ 2回微分する

$$\Rightarrow \quad -\omega^2 A\sin(\omega t + \theta) + \frac{1}{LC}A\sin(\omega t + \theta) = 0$$

sin($ax+b$)の微分：a cos($ax+b$)
cos($ax+b$)の微分：$-a$ sin($ax+b$)

$$\Rightarrow \quad -\omega^2 + \frac{1}{LC} = 0$$
$$\Rightarrow \quad \omega = \pm\frac{1}{\sqrt{LC}}$$

を得ます。この ω は**角速度**で、1 秒間の回転角度を表しますから、これを 2π で割れば 1 秒間の振動数（**周波数**）が求められます。

電気振動回路の周波数：$f = \dfrac{1}{2\pi\sqrt{LC}}$

以上から、電気振動の周波数は、コイルの**インダクタンス** L とコンデンサの**静電容量** C によって決まることがわかります。

まとめ 電気振動回路は、周波数 $f = \dfrac{1}{2\pi\sqrt{LC}}$ で振動する。

第5章　磁場がつくる電場と、電場がつくる磁場

05 アンペア=マクスウェルの法則

この節の概要

▶ アンペア=マクスウェルの法則は、第４章で説明したアンペアの法則に「ちょい足し」したものです。この「ちょい足し」が決定的に重要です。

アンペアの法則の矛盾

第4章で説明したアンペアの法則は、

「磁場 $\boldsymbol{B}$ を周回路に沿って周回積分すると、その周回路の内側を通る電流に μ_0 を掛けた値に等しくなる」

というものでした。

数式で表すと次のようになります。

$$\oint_C \boldsymbol{B}\cdot d\boldsymbol{l} = \mu_0 \iint_S \boldsymbol{j}\cdot\boldsymbol{n}dS$$

周回路 C に沿って磁場 B を周回積分する　　周回路の内側を通る電流

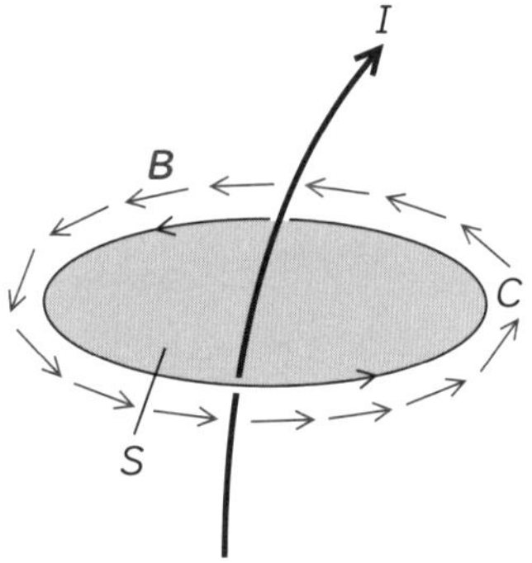

式の右辺は、μ_0 ×《**周回路 C の内側の面 S を通る電流密度 j の面積分**》で表しますが、面 S を通るのが電流 I なら、$\mu_0 I$ と簡潔に書くこともできました（151ページ）。

じつは、この法則は常に通用するというわけではないのです。というのも、この法則は**磁場 B や電流 I が常に変わらない**、ということを暗黙の前提としているからです。磁場や電流が時間によって変化するケースでは、アンペアの法則が成り立たない事態が生じます。

このことを、よくある簡単な例で説明しましょう。平行平板コンデン

サと抵抗に直流電源をつないだ、図のような回路を考えます。

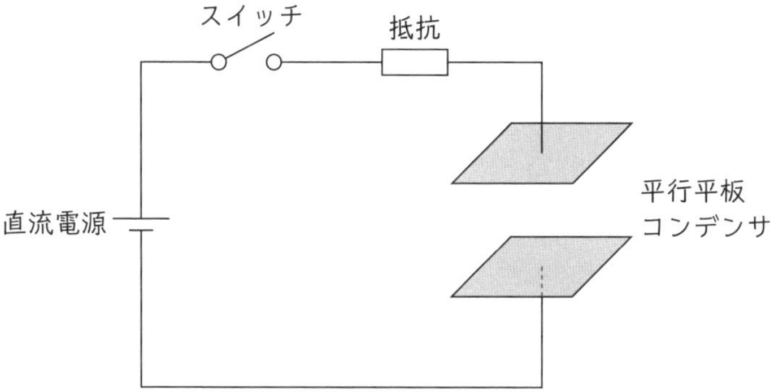

コンデンサは極板と極板の間が離れているため、この間に電流を流すことはできません。ただし、スイッチ S を閉じた直後はコンデンサに電荷が充電されるので、そのあいだは回路に電流が流れます。電流は極板に電荷がたまるにつれて減少していき、いっぱいになるとゼロになります。

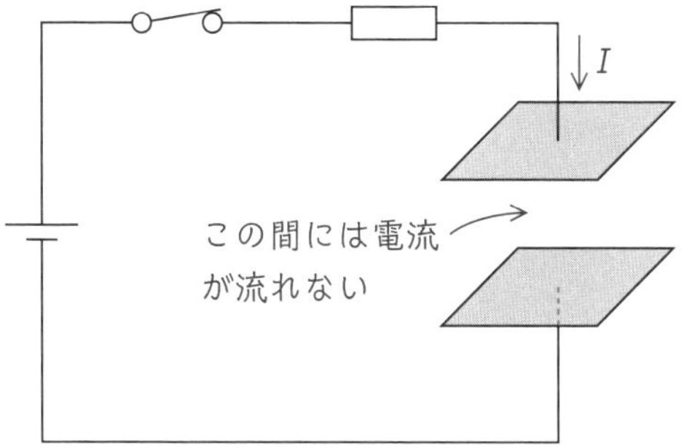

スイッチを閉じると、コンデンサに電荷がたまるまでの間だけ、回路に電流 I が流れる。

この回路に、アンペアの法則を適用してみましょう。次ページの図のように、導線を取り囲むように周回路 C をとり、その内側の面積を S_1 とします。

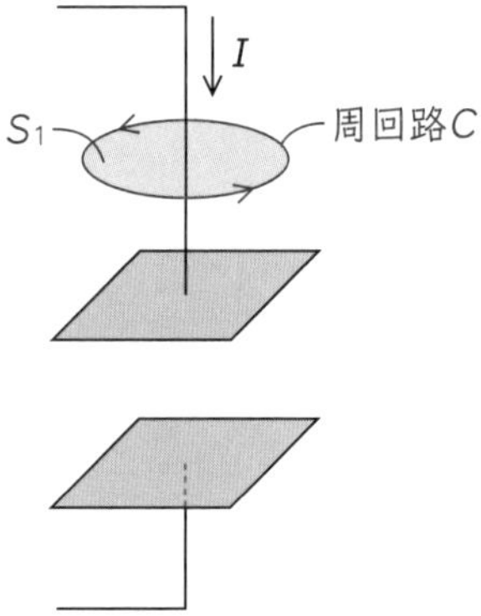

先ほど説明したとおり、スイッチを閉じた直後は回路に電流が流れるので、面 S_1 には電流 I が通ります。式で表すと次のようになります。

$$\oint_C \boldsymbol{B} \cdot d\boldsymbol{l} = \mu_0 \iint_{S_1} \boldsymbol{j} \cdot \boldsymbol{n} dS = \mu_0 I \quad \cdots ①$$

ここまではとくに問題ありませんね。ここからがすごいところです。周回路 C はそのままで、内側の面を図のように下に広げて、曲面 S_2 とするとどうなるでしょうか？

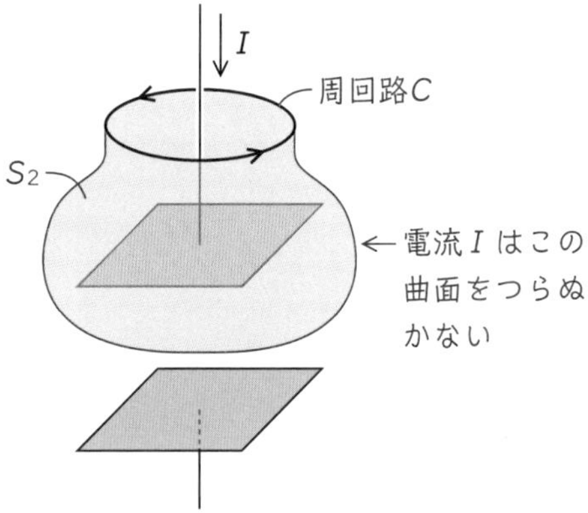

「そんなのあり？！」と思うかもしれませんが、「周回路の内側は平面でなければならない」などという決まりはありませんから、このようにとってもよいはずです。そして、曲面 S_2 はちょうどコンデンサの極板の間にあるので、面 S_2 を通る電流はゼロになります。

$$\oint_C \boldsymbol{B}\cdot d\boldsymbol{l} = \mu_0 \iint_{S_2} \boldsymbol{j}\cdot\boldsymbol{n}dS = 0 \quad \cdots②$$

式①と②は明らかに矛盾しています。食い違いの原因は「スイッチを閉じた直後だけ電流が流れる」ために起こります。スイッチを閉じた後十分な時間がたてば、回路に電流が流れなくなるので、式①の右辺もゼロとなり、アンペアの法則の世界に再び平和が戻ります。

しかし、「成り立つまでちょっと待つ必要がある法則」では、ある現象を完璧に説明しつくしているとは言えませんね。イギリスの物理学者**マクスウェル**は、この問題を解決するため、アンペアの法則に修正を加えました。このアンペアの法則の新バージョンを「**アンペア=マクスウェルの法則**」といいます。

変位電流

アンペアの法則の新バージョン「アンペア=マクスウェルの法則」は、次のような法則です。

$$\oint_C \boldsymbol{B}\cdot d\boldsymbol{l} = \mu_0 \iint_S \left(\boldsymbol{j} + \boxed{\epsilon_0 \frac{\partial \boldsymbol{E}}{\partial t}}\right)\cdot\boldsymbol{n}dS$$

旧バージョンのアンペアの法則と比べると、⬚で囲んだ部分が追加されていますね。このちょい足しがマクスウェルの功績です。このちょい足し部分を**変位電流**（へんいでんりゅう）といいます。

$$\boldsymbol{j}_d = \epsilon_0 \frac{\partial \boldsymbol{E}}{\partial t} \quad \leftarrow \text{変位電流}$$

電場$\boldsymbol{E}$の時間変化=変位電流

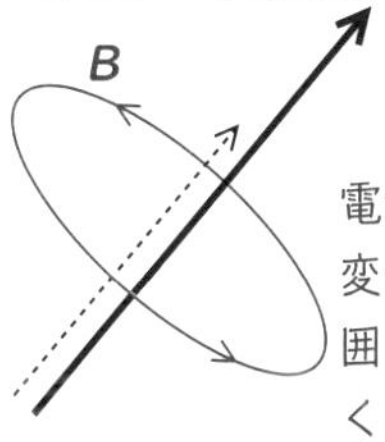

電流と同様に、変位電流も周囲に磁場をつくる。

変位電流は「電流」という名前がついていますが、本物の電流のように電荷の移動があるわけではありません。式からもわかるとおり、変位電流は電場$\boldsymbol{E}$の時間変化です。マクスウェルの発見は「**電場$\boldsymbol{E}$の変化は、電流と同じ働きをする**」ことでした。

アンペア=マクスウェルの法則の証明

先ほどのコンデンサ回路に、アンペア＝マクスウェルの法則を適用してみましょう。先ほどのように曲面S_2をとると、S_2をつらぬく電流は存在しませんが、極板間に生じる電場$\boldsymbol{E}$が、曲面S_2をつらぬいています。

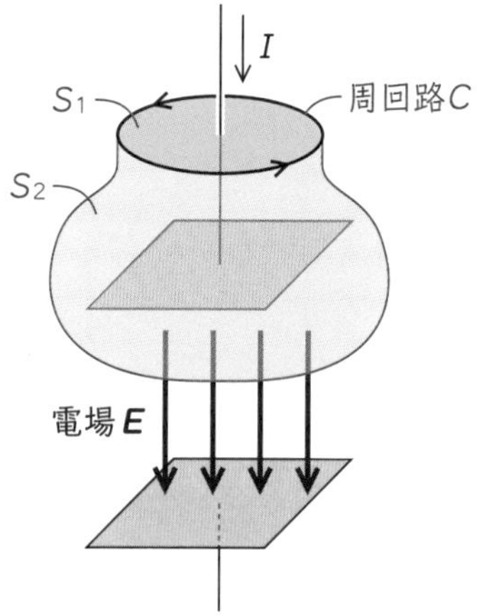

極板間の電場$\boldsymbol{E}$は、コンデンサに電荷がたまっていくにつれて増加していくので、アンペア＝マクスウェルの法則で次のように表せます。

極板間の電場の変化(変位電流)

$$\oint_C \boldsymbol{B}\cdot d\boldsymbol{l} = \mu_0 \iint_{S_2} \left(\boldsymbol{0} + \epsilon_0 \frac{\partial \boldsymbol{E}}{\partial t}\right)\cdot \boldsymbol{n} dS \quad \cdots ③$$

面S_2をつらぬく電流は存在しない

ここで、面S_1と面S_2を組み合わせた閉曲面$S_1 + S_2$を考えてみましょう。この閉曲面に対して、第2章で説明したガウスの法則（62ページ）を適用すると、次のようになります。

コンデンサにたまった電荷量

$$\oiint_{S_1+S_2} \boldsymbol{E}\cdot \boldsymbol{n} dS = \frac{Q}{\epsilon_0}$$

左辺の閉曲面$S_1 + S_2$の周回積分は、S_1の面積分とS_2の面積分の和

に分解できます。このうち、面 S_1 から出ていく電場は存在しないので、

$$\oiint_{S_1+S_2} \boldsymbol{E}\cdot\boldsymbol{n}dS = \underbrace{\iint_{S_1} \boldsymbol{E}\cdot\boldsymbol{n}dS}_{\text{ゼロ}} + \iint_{S_2} \boldsymbol{E}\cdot\boldsymbol{n}dS = \iint_{S_2} \boldsymbol{E}\cdot\boldsymbol{n}dS = \frac{Q}{\epsilon_0}$$

となります。両辺に ϵ_0 を掛け、時間 t で微分すると、

$$\frac{d}{dt}\epsilon_0 \iint_{S_2} \boldsymbol{E}\cdot\boldsymbol{n}dS = \frac{dQ}{dt}$$

となります。左辺の微分は電場 $\boldsymbol{E}$ の時間変化なので、定数 ϵ_0 といっしょに積分の内側に入れてしまいましょう。

$$\iint_{S_2} \epsilon_0 \frac{\partial \boldsymbol{E}}{\partial t}\cdot\boldsymbol{n}dS = \frac{dQ}{dt}$$

この式をアンペア＝マクスウェルの法則の式③に代入すると、

$$\oint_C \boldsymbol{B}\cdot d\boldsymbol{l} = \mu_0 \frac{dQ}{dt}$$

となります。$\dfrac{dQ}{dt}$ は、コンデンサにたまった電荷 Q の時間変化であり、回路に流れる電流 I と同じものです。したがって、

$$\oint_C \boldsymbol{B}\cdot d\boldsymbol{l} = \mu_0 I$$

この結果は、186 ページの式①と同様です。アンペア＝マクスウェルの法則は、電流が時間変化する場合でも矛盾なく成り立つことが確認できました。

アンペア＝マクスウェルの法則が意味するもの

アンペア＝マクスウェルの法則の意味を考えてみましょう。1つ目のポイントは、すでに説明したとおり、この法則が**「アンペアの法則」のバージョンアップ版**になっていることです。

2つ目のポイントは、この法則が、電場 $\boldsymbol{B}$ と磁場 $\boldsymbol{E}$ の関係を表していることです。

ファラデーの電磁誘導の法則は、「変化する磁場 $\boldsymbol{B}$ によって電場 $\boldsymbol{E}$

の渦ができる」ことを表していました (164 ページ)。一方、アンペア＝マクスウェルの法則は、「**変化する電場 $\boldsymbol{E}$ によって磁場 $\boldsymbol{B}$ の渦ができる**」ことを表しています。

磁場の渦　　　　　　　　　変化する電場

$$\oint_C \boldsymbol{B} \cdot d\boldsymbol{l} = \mu_0 \iint_S \left(\boldsymbol{j} + \epsilon_0 \frac{\partial \boldsymbol{E}}{\partial t} \right) \cdot \boldsymbol{n} dS$$

変化する電場が磁場の渦をつくる

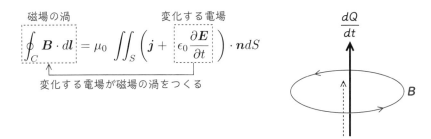

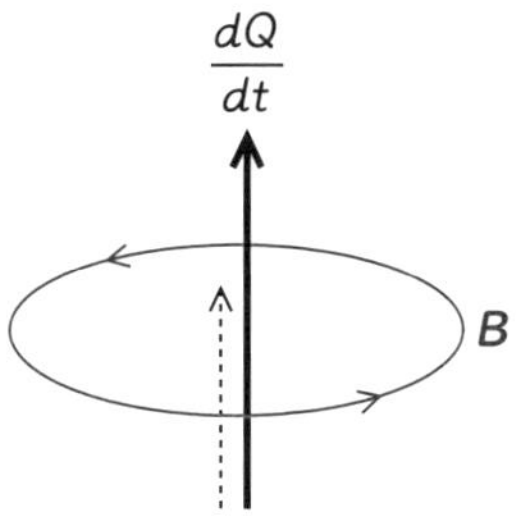

この法則を、ファラデーの電磁誘導の法則と組み合わせることで、電場 $\boldsymbol{E}$ から磁場 $\boldsymbol{B}$ へ、磁場 $\boldsymbol{B}$ から電場 $\boldsymbol{E}$ へと、双方向のやり取りができるようになります。

まとめ

- 電場 $\boldsymbol{E}$ の時間変化（変位電流）は、磁場 $\boldsymbol{B}$ の渦をつくる。
- アンペア＝マクスウェルの法則：

$$\oint_C \boldsymbol{B} \cdot d\boldsymbol{l} = \mu_0 \iint_S \left(\boldsymbol{j} + \epsilon_0 \frac{\partial \boldsymbol{E}}{\partial t} \right) \cdot \boldsymbol{n} dS$$

06 マクスウェルの方程式

この節の概要

▶ ようやくここまで来ました。「マクスウェル方程式」は電磁気学入門のひとつの到達点です。しかし、ここはまだゴールではありません。

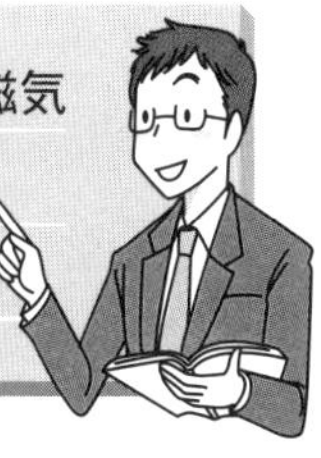

マクスウェルの方程式とは

イギリスの物理学者マクスウェルは、アンペアの法則にちょい足しをしただけでなく、「マクスウェルの方程式」を考案したことでも知られています。

マクスウェルの方程式は、電磁気の基本的な法則をたった4つの方程式に集約して表したものです。さっそく、その方程式を紹介しましょう。もっとも、本書をここまで読んだ人であれば、4つともすでに知っている数式です。

マクスウェルの方程式

① $$\oiint_S \boldsymbol{E}\cdot\boldsymbol{n}dS = \frac{1}{\epsilon_0}\iiint_V \rho dV$$ ←ガウスの法則

② $$\oiint_S \boldsymbol{B}\cdot\boldsymbol{n}dS = 0$$ ←磁束密度に関するガウスの法則

③ $$\oint_C \boldsymbol{E}\cdot d\boldsymbol{l} = -\frac{d}{dt}\iint_S \boldsymbol{B}\cdot\boldsymbol{n}dS$$ ←ファラデーの電磁誘導の法則

④ $$\oint_C \boldsymbol{B}\cdot d\boldsymbol{l} = \mu_0\iint_S \left(\boldsymbol{j}+\epsilon_0\frac{\partial \boldsymbol{E}}{\partial t}\right)\cdot\boldsymbol{n}dS$$ ←アンペア＝マクスウェルの法則

マクスウェルの方程式の対称性

　マクスウェルの方程式が示すのは、電場と磁場の世界がもつ不思議な対称性です。

　①ガウスの法則は「**電荷から電場が湧き出す**」ことを表すの対し、②磁束密度に関するガウスの法則は「**磁場には湧き出しがない**（電荷に相当する磁荷のようなものは存在しない）」ことを表しており、どちらも湧き出し（発散または収束）に関する法則です。

　一方、③ファラデーの電磁誘導の法則が「**磁場の変化が電場の渦をつくる**」ことを表すのに対し、④アンペア＝マクスウェルの法則は「**電流と電場の変化が磁場の渦をつくる**」ことを表しており、どちらも渦（回転）に関する法則になっています。

①ガウスの法則

$$\oiint_S \boldsymbol{E} \cdot \boldsymbol{n}dS = \frac{1}{\epsilon_0} \iiint_V \rho dV$$

電荷から電場 $\boldsymbol{E}$ が湧き出す

②磁束密度に関するガウスの法則

$$\oiint_S \boldsymbol{B} \cdot \boldsymbol{n}dS = 0$$

磁場には湧き出しが存在しない

湧き出し
時間変化
なし

電場 $\boldsymbol{E}$ ‖ ‖ 磁場 $\boldsymbol{B}$

③ファラデーの電磁誘導の法則

$$\oint_C \boldsymbol{E} \cdot d\boldsymbol{l} = -\frac{d}{dt} \iint_S \boldsymbol{B} \cdot \boldsymbol{n}dS$$

$$\frac{d\boldsymbol{B}}{dt}$$

磁場の変化が電場の渦をつくる

④アンペア＝マクスウェルの法則

$$\oint_C \boldsymbol{B} \cdot d\boldsymbol{l} = \mu_0 \iint_S \left(\boldsymbol{j} + \epsilon_0 \frac{\partial \boldsymbol{E}}{\partial t} \right) \cdot \boldsymbol{n}dS$$

$$\boldsymbol{j} + \frac{d\boldsymbol{E}}{dt}$$

電流と電場の変化が磁場の渦をつくる

渦
時間変化
あり

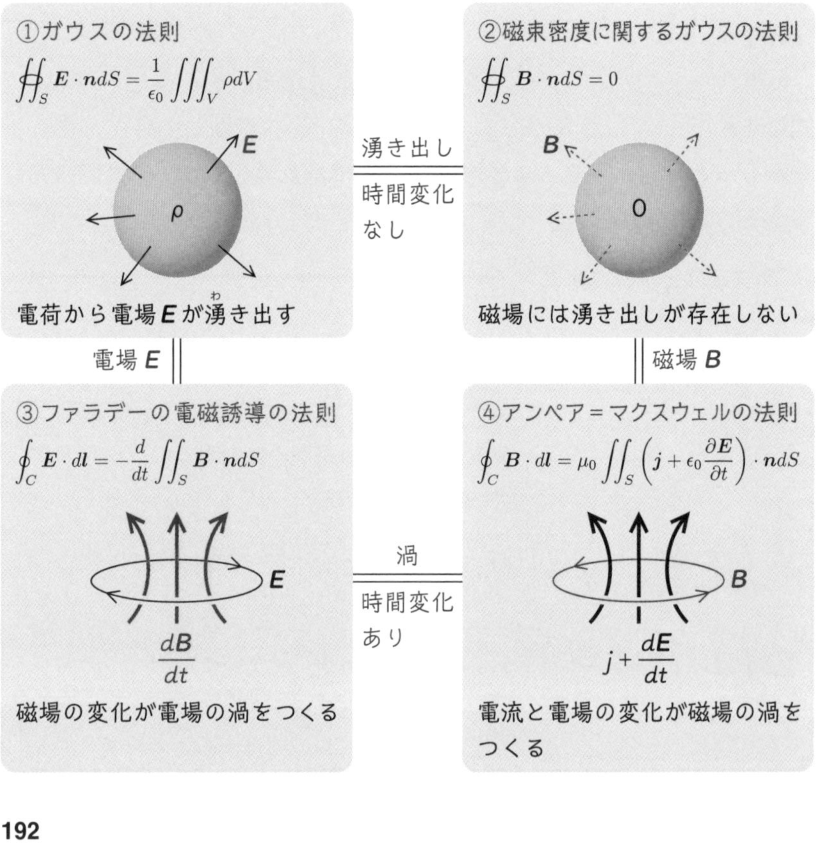

湧き出し（①②）と渦（③④）によるグループ分けのほかにも、電場（①③）と磁場（②④）によるグループ分けもできます。また、①と④にはそれぞれ電荷、電流という「源」があるのに対し、②と③には「源」となるものが存在しないという分類もできます。さらに、①と②は時間変化がなにも作用しないのに対し、③と④には、互いの時間変化が互いの渦をつくるという相互作用があります。

マクスウェル方程式にこのような対称性があるのは、単なる偶然でしょうか。それとも何か意味があるのでしょうか。

これまでの道のりを振り返る

ここで、本書でこれまでに説明してきたストーリーをおおざっぱに振り返ってみましょう。

ファラデーの電磁誘導の法則

$$\oint_C \boldsymbol{E}\cdot d\boldsymbol{l} = -\frac{d}{dt}\iint_S \boldsymbol{B}\cdot\boldsymbol{n}dS$$

$\boldsymbol{E}$の世界

クーロンの法則：

$$\boldsymbol{E} = \frac{1}{4\pi\epsilon_0}\iiint_V \frac{\rho(\boldsymbol{r}')(\boldsymbol{r}-\boldsymbol{r}')}{|\boldsymbol{r}-\boldsymbol{r}'|^3}dV$$

ガウスの法則：

$$\oiint_S \boldsymbol{E}\cdot\boldsymbol{n}dS = \frac{1}{\epsilon_0}\iiint_V \rho dV$$

クーロン力：$\boldsymbol{F} = q\boldsymbol{E}$

静電エネルギー：$U = \frac{1}{2}\epsilon_0|\boldsymbol{E}|^2$

$\boldsymbol{B}$の世界

ビオ・サバールの法則：

$$\boldsymbol{B} = \frac{\mu_0}{4\pi}\iiint_V \frac{\boldsymbol{j}(\boldsymbol{r}')\times(\boldsymbol{r}-\boldsymbol{r}')}{|\boldsymbol{r}-\boldsymbol{r}'|^3}dV$$

磁束密度に関するガウスの法則：

$$\oiint_S \boldsymbol{B}\cdot\boldsymbol{n}dS = 0$$

ローレンツ力：$\boldsymbol{F} = q\boldsymbol{v}\times\boldsymbol{B}$

磁気エネルギー：$U = \frac{1}{2\mu_0}|\boldsymbol{B}|^2$

アンペア＝マクスウェルの法則

$$\oint_C \boldsymbol{B}\cdot d\boldsymbol{l} = \mu_0\iint_S\left(\boldsymbol{j}+\epsilon_0\frac{\partial\boldsymbol{E}}{\partial t}\right)\cdot\boldsymbol{n}dS$$

私たちはまず、2つの電荷のあいだに働く力から出発して、離れた場所にある電荷に力が作用するのは「**電荷から電場$\boldsymbol{E}$が湧き出している**」

からだということをつきとめました。この電場 $\boldsymbol{E}$ をめぐる主な法則に、**クーロンの法則**と**ガウスの法則**、**静電場の渦なしの法則**があります。

次に、2つの電流のあいだに働く力から出発して、「**電流の周囲には磁場 $\boldsymbol{B}$ の渦が生じる**」ことを学びました。磁場 $\boldsymbol{B}$ をめぐる法則には、**ビオ＝サバールの法則**、**磁束密度に関するガウスの法則**、そして**アンペアの法則**があります。

当初、電場 $\boldsymbol{E}$ の世界と磁場 $\boldsymbol{B}$ の世界は、鏡のこちら側と向こう側のように、互いに往き来することはできませんでした。しかし本章で学んだ**ファラデーの電磁誘導の法則**と**アンペア＝マクスウェルの法則**によって、磁場 $\boldsymbol{B}$ が時間変化すると電場 $\boldsymbol{E}$ が生じること、また電場 $\boldsymbol{E}$ が時間変化すると磁場 $\boldsymbol{B}$ が生じることがわかりました。電場 $\boldsymbol{E}$ と磁場 $\boldsymbol{B}$ の世界は、時間変化によってつながっていたのです。

ゴールまであと１歩

マクスウェルの方程式は、以上のようなストーリーを4つの方程式に集約したものです。ですから、マスクウェルの方程式をひととおり理解すれば、電磁気学入門はひとまず峠を越えたといっていいでしょう。しかし、本書のゴールはもう少し先にあります。

この節で示したマクスウェルの方程式は、いずれも積分の式を使って表しているので、「**積分形**」と呼ばれます。マクスウェルの方程式には「積分形」以外に「**微分形**」があります。ただし「微分形」のマクスウェル方程式を理解するには、本書の第1章で説明した数学の知識だけではちょっと不足なんです。

そこで、先にすすむ前に、これまでの数学の知識に「**ちょい足し**」をして、必要な装備を整えましょう。そのうえで、マクスウェルの方程式の最終形態である「微分形」を導出します。さらに、微分形のマクスウェル方程式を使って、電磁波について説明します。

まとめ **私たちの戦いはこれからだ！**（注：最終回ではありません）

第 6 章

あと1歩すすむための数学の知識

01 発散(はっさん) div とはなにか

この節の概要

- ベクトル場における単位体積当たりの湧き出し（または吸い込み）量を、発散（div）といいます。
- 発散の意味と計算方法を理解しましょう。

湧き出しの量

図のように、ある空間の内部を水が流れているベクトル場を考えます。

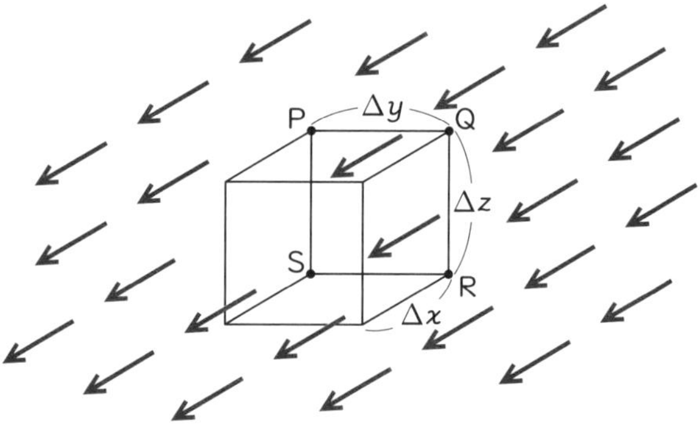

空間内の点 P = $(x,\ y,\ z)$ における単位面積当たりの流量をベクトル関数 $\boldsymbol{A}(x,\ y,\ z)$ で表し、その成分を、

$$\boldsymbol{A}(x,y,z) = (A_x(x,y,z),\ A_y(x,y,z),\ A_z(x,y,z))$$

とします。また、この点 P を頂点とする立方体を考え、立方体の縦・横・高さをそれぞれ Δx、Δy、Δz とします。

すると、この立方体の面 PQRS から入ってくる流量は、次のような式で書くことができます。

$$\underbrace{A_x(x,y,z)}_{\text{単位面積当たりの流量}}\ \underbrace{\Delta y\Delta z}_{\text{面PQRSの面積}} \quad \cdots ①$$

厳密にいうと、面 PQRS 上の各点の流量が一様に $A_x\ (x,\ y,\ z)$ であるとは限りませんが、Δy、Δz はごく微小な値なので、$A_x\ (x,\ y,\ z)$ で代表できるものとします。

一方、この立方体の面 TUVW から出ていく水の量は、次のように書けます。

$$A_x(x+\Delta x,y,z)\ \Delta y\Delta z \quad \cdots ②$$

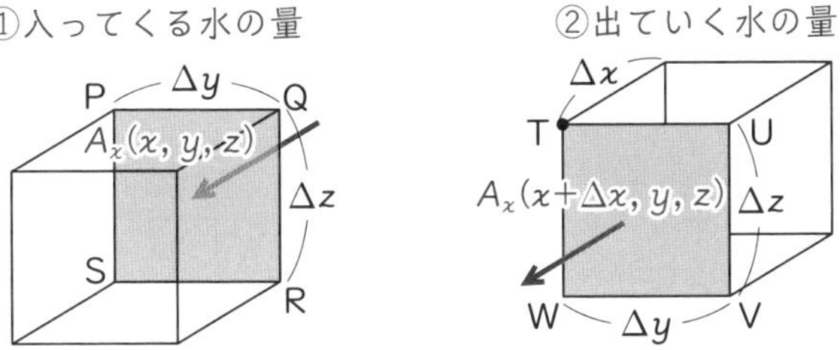

ただの水の流れなら、入ってくる水の量①と出ていく水の量②は同じなので、②－①はゼロになります。しかし、もしこの立方体の内部に、水の湧(わ)き出し口があったらどうでしょうか。その場合は、入ってくる水の量①より出ていく水の量②が多くなり、

$$\underbrace{A_x(x+\Delta x,y,z)\ \Delta y\Delta z}_{\text{出ていく量}} - \underbrace{A_x(x,y,z)\ \Delta y\Delta z}_{\text{入ってくる量}} \quad \cdots ③$$

は正の値になると考えられます（水の吸込み口があった場合は逆に負の値になります）。

以上は x 成分について考えましたが、y 成分、z 成分についても同様に湧き出し量を考えると、

$$A_y(x,y+\Delta y,z)\ \Delta x\Delta z - A_y(x,y,z)\ \Delta x\Delta z \quad \cdots ④$$

$$A_z(x,y,z+\Delta z)\ \Delta x\Delta y - A_z(x,y,z)\ \Delta x\Delta y \quad \cdots ⑤$$

④y成分の湧き出し

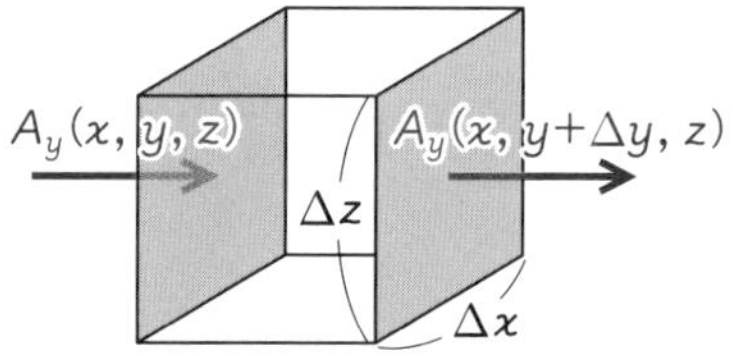

⑤z成分の湧き出し

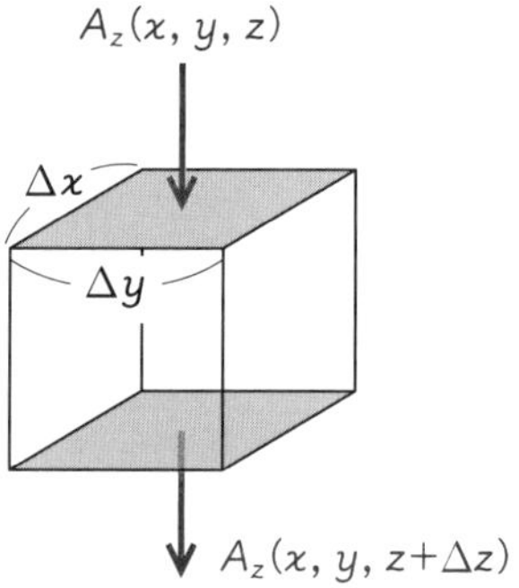

となります。立方体全体の水の湧き出し量は式③④⑤の合計なので、次のようになります。

$$
\begin{aligned}
&A_x(x+\Delta x, y, z)\ \Delta y\Delta z - A_x(x, y, z)\ \Delta y\Delta z \\
&+ A_y(x, y+\Delta y, z)\ \Delta x\Delta z - A_y(x, y, z)\ \Delta x\Delta z \\
&+ A_z(x, y, z+\Delta z)\ \Delta x\Delta y - A_z(x, y, z)\ \Delta x\Delta y
\end{aligned}
$$

この式を、次のように変形します。

$$
\begin{aligned}
&= \frac{A_x(x+\Delta x, y, z)\ \Delta y\Delta z - A_x(x,y, z)}{\Delta x}\Delta x\Delta y\Delta z \\
&\quad + \frac{A_y(x, y+\Delta y, z)\ \Delta x\Delta z - A_y(x, y, z)}{\Delta y}\Delta x\Delta y\Delta z \\
&\quad + \frac{A_z(x, y, z+\Delta z)\ \Delta x\Delta y - A_z(x, y, z)}{\Delta z}\Delta x\Delta y\Delta z
\end{aligned}
$$

Δx、Δy、Δzを限りなくゼロに近づけdx、dy、dzとすると、各項は偏微分で次のように書き直すことができます。

$$
\begin{aligned}
&= \frac{\partial A_x}{\partial x}dxdydz + \frac{\partial A_y}{\partial y}dxdydz + \frac{\partial A_z}{\partial z}dxdydz \\
&= \left(\frac{\partial A_x}{\partial x} + \frac{\partial A_y}{\partial y} + \frac{\partial A_z}{\partial z}\right)dxdydz
\end{aligned}
$$

$dxdydz$は立方体の体積を表すので、$\frac{\partial A_x}{\partial x} + \frac{\partial A_y}{\partial y} + \frac{\partial A_z}{\partial z}$は単位体積当たりの水の湧き出し量を表しています。この値をベクトル場$\boldsymbol{A}$の**発散**(はっさん)といい、div $\boldsymbol{A}$と書きます。

└ div は divergence の略です。

ベクトル場の発散 (div)：$\mathrm{div}\,\boldsymbol{A} = \dfrac{\partial A_x}{\partial x} + \dfrac{\partial A_y}{\partial y} + \dfrac{\partial A_z}{\partial z}$

発散 (div) は、ベクトル場が一様なベクトルの場合はゼロになりますが、場所によって徐々に大きさが増えるベクトル場では正の値、徐々に大きさが減るベクトル場では負の値になります。

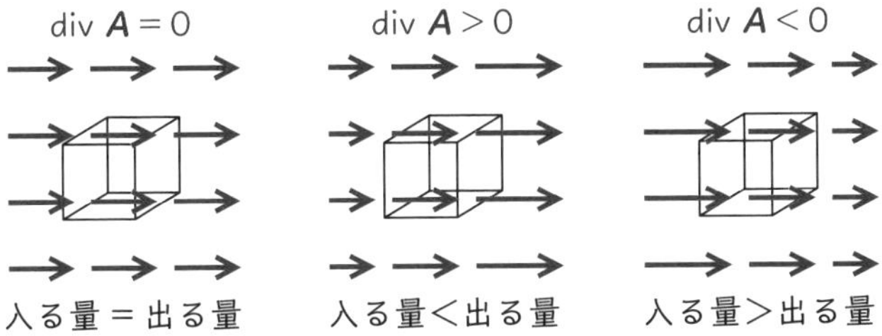

発散 (div) は、ベクトル場の単位体積当たりの湧き出し量を表す

ナブラ演算子

第 1 章では、スカラー場の微分として、勾配 (grad) について説明しました (32 ページ)。スカラー場 ϕ の勾配 grad ϕ を、∇ 記号を使って $\nabla\phi$ のように表すことがあります。この ∇ 記号をナブラ演算子といい、

$$\nabla = \left(\frac{\partial}{\partial x}, \frac{\partial}{\partial y}, \frac{\partial}{\partial z}\right)$$

と定義されます。この定義より、grad ϕ は

$$\mathrm{grad}\,\phi = \left(\frac{\partial \phi}{\partial x}, \frac{\partial \phi}{\partial y}, \frac{\partial \phi}{\partial z}\right) = \left(\frac{\partial}{\partial x}, \frac{\partial}{\partial y}, \frac{\partial}{\partial z}\right)\phi = \nabla\phi$$

と表せます。

$\mathrm{grad}\,\phi = \nabla\phi$

また、∇ 演算子とベクトル $\boldsymbol{A}$ との内積をとると、

$$\nabla \cdot \boldsymbol{A} = \left(\frac{\partial}{\partial x}, \frac{\partial}{\partial y}, \frac{\partial}{\partial z}\right) \cdot (A_x, A_y, A_z)$$
$$= \frac{\partial A_x}{\partial x} + \frac{\partial A_y}{\partial y} + \frac{\partial A_z}{\partial z}$$
$$= \mathrm{div}\ \boldsymbol{A}$$

となることから、ベクトル場 $\boldsymbol{A}$ の発散 div $\boldsymbol{A}$ は「$\nabla \cdot \boldsymbol{A}$」と表すことができます。

$$\mathrm{div}\ \boldsymbol{A} = \nabla \cdot \boldsymbol{A}$$

ナブラ演算子は少しとっつきにくいけど、計算にはこのほうが使いやすいので慣れておきましょう。

まとめ

ベクトル場の発散：div $\boldsymbol{A} = \nabla \cdot \boldsymbol{A} = \frac{\partial A_x}{\partial x} + \frac{\partial A_y}{\partial y} + \frac{\partial A_z}{\partial z}$

ナブラ演算子：$\nabla = \left(\frac{\partial}{\partial x}, \frac{\partial}{\partial y}, \frac{\partial}{\partial z}\right)$

02 回転 rot とはなにか

この節の概要

- 回転（rot）は、ベクトル場における「渦」の大きさと方向を表します。
- 回転の意味と計算方法を理解しましょう。

ベクトル場における「渦」

川の流れの中に木の葉を浮かべると、木の葉がくるくる回転しながら流れていくことがあります。木の葉の回転は、どのようにして生じるのでしょうか？

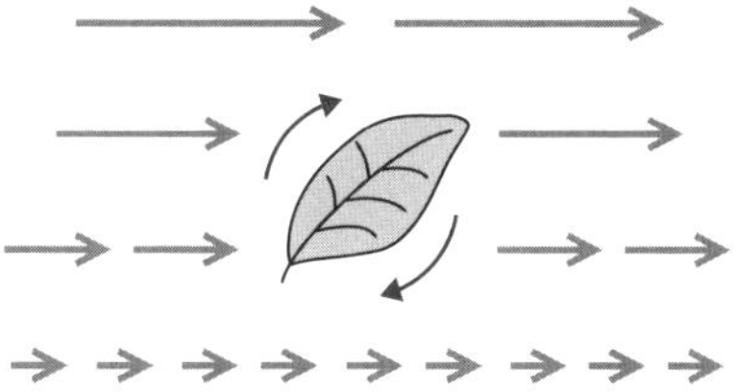

木の葉の回転は、図のように川の両側で流れの速度が異なる場合に生じます。ベクトル場において、このように回転を生じさせる流れを「渦（うず）」と定義します。「渦」は、ベクトル自体が回転していなくても生じることに注意してください。

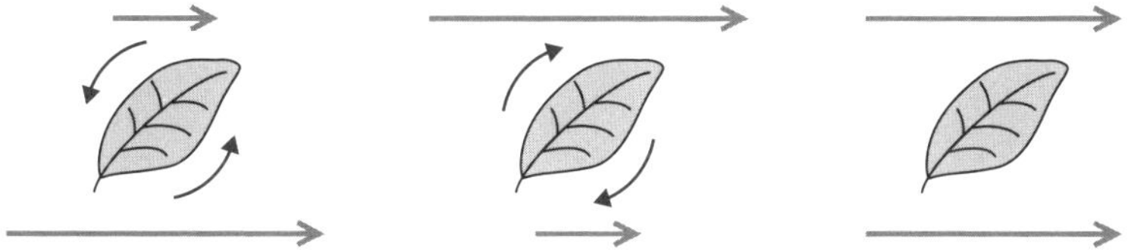

回転（rot）で「渦」の大きさを表す

ベクトル場の「渦」を数学的に表してみましょう。川の流れをベクトル場 $\boldsymbol{A}$ で表し、座標 $(x,\ y)$ におけるベクトルを、

$\boldsymbol{A}(x, y) = (A_x(x, y),\ A_y(x, y))$

で表します（木の葉は川の表面に浮かんでいるので、ここでは二次元のベクトルで考えます）。

この川の流れに図のように木の葉を横にして浮かべ、その両端P, Qの座標をそれぞれ（x, y),（$x + \Delta x$, y）とします。

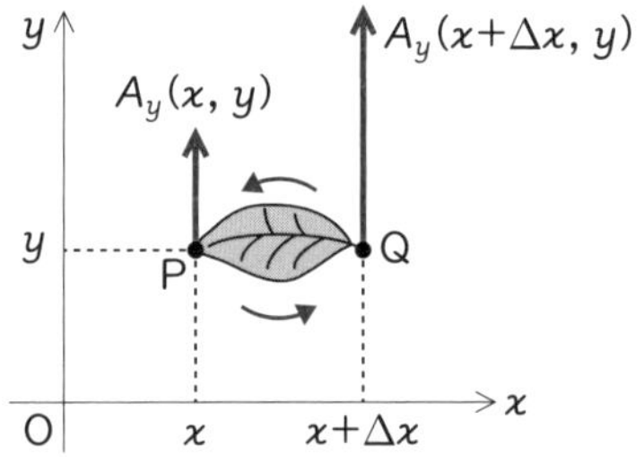

木の葉を回転させるのは、点P、Qにおける水流のy成分です。点Qにおける水流のy成分A_y（$x + \Delta x$, y）が、点Pにおける水流のy成分A_y（x, y）より大きければ、木の葉は反時計回りに回転します。また、木の葉の直径が大きいほど回転はゆっくりになるので、回転速度は次のように表せます。

$$\frac{A_y(x + \Delta x, y) - A_y(x, y)}{\Delta x}$$

Δxをゼロに近づけると、この式はxについての偏微分になります。

$$\lim_{\Delta x \to 0} \frac{A_y(x + \Delta x, y) - A_y(x, y)}{\Delta x} = \frac{\partial A_y}{\partial x} \quad \cdots ①$$

今度は、木の葉を次の図のように縦に浮かべ、両端R, Sの座標をそれぞれ（x, y),（x, $y + \Delta y$）とします。

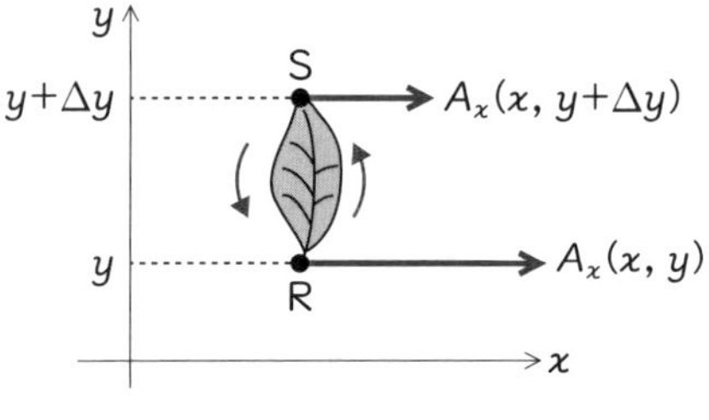

木の葉を回転させるのは、点R、Sにおける水流のx成分です。点Rにける水流のx成分$A_x(x, y)$が、点Sにおける水流のx成分$A_x(x, y+\Delta y)$より大きければ、木の葉は反時計回りに回転します。木の葉の直径が大きいほど回転はゆっくりになるので、回転速度は次のように表せます。

$$\frac{A_x(x,y)-A_x(x,y+\Delta y)}{\Delta y}=-\frac{A_x(x,y+\Delta y)-A_x(x,y)}{\Delta y}$$

Δyをゼロに近づけると、この式はyについての偏微分になります。

$$-\lim_{\Delta y\to 0}\frac{A_x(x,y+\Delta y)-A_x(x,y)}{\Delta y}=-\frac{\partial A_x}{\partial y}\quad\cdots②$$

木の葉の回転はx成分とy成分の合成ですから、回転の大きさは①と②の和で表すことができます。

$$\frac{\partial A_y}{\partial x}-\frac{\partial A_x}{\partial y}$$

この値が正なら反時計回り、負なら時計回りの「渦」になり、絶対値が大きいほど回転が速くなります。また、「渦」の回転する方向については、「右ねじの進む方向」と約束します。このようにすると、「渦」の向きと大きさをベクトル量として表すことができるようになります。

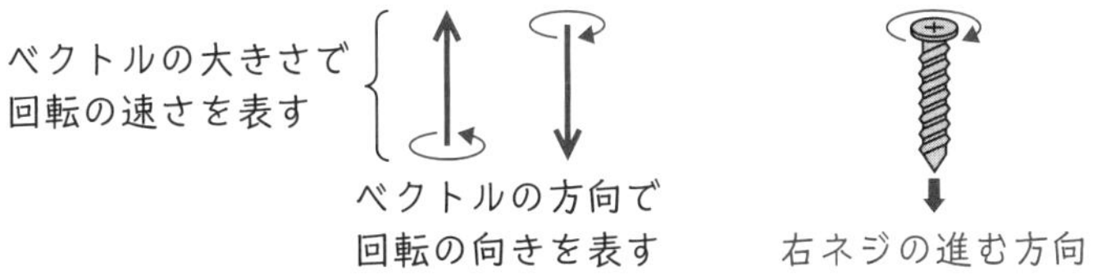

ベクトルの大きさで
回転の速さを表す
ベクトルの方向で
回転の向きを表す
右ネジの進む方向

以上から、水面に浮かべた木の葉を回転させる「渦」の大きさと方向は、次のようなベクトルで表すことができます。

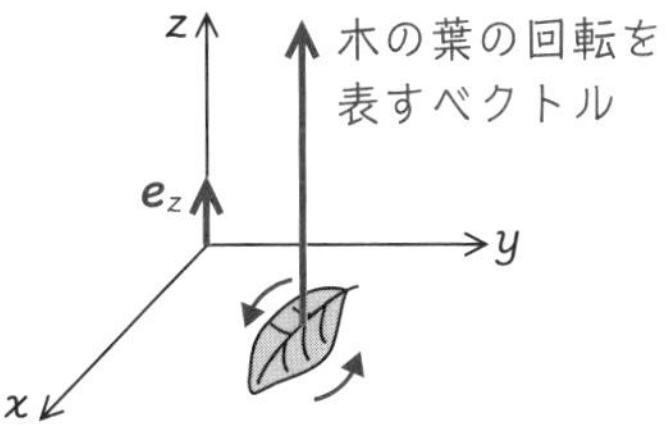

z
木の葉の回転を
表すベクトル
e_z
y
x

$$\left(\frac{\partial A_y}{\partial x}-\frac{\partial A_x}{\partial y}\right)\boldsymbol{e}_z\quad\cdots③$$

↑ z軸方向の単位ベクトル

式③は、xy平面に浮かべた木の葉の回転の大きさと方向を表したものですが、三次元の空間では、このほかに yz 平面における回転、xz 平面における回転を考慮する必要があります。xy 平面と同様に考えると、これらの回転の大きさと方向は、それぞれ次のように書けます。

$$\left(\frac{\partial A_z}{\partial y} - \frac{\partial A_y}{\partial z}\right)\boldsymbol{e}_x \quad \cdots④$$

$$\left(\frac{\partial A_x}{\partial z} - \frac{\partial A_z}{\partial x}\right)\boldsymbol{e}_y \quad \cdots⑤$$

$$\left(\frac{\partial A_z}{\partial y} - \frac{\partial A_y}{\partial z}\right)\boldsymbol{e}_x \qquad \left(\frac{\partial A_x}{\partial z} - \frac{\partial A_z}{\partial x}\right)\boldsymbol{e}_y$$

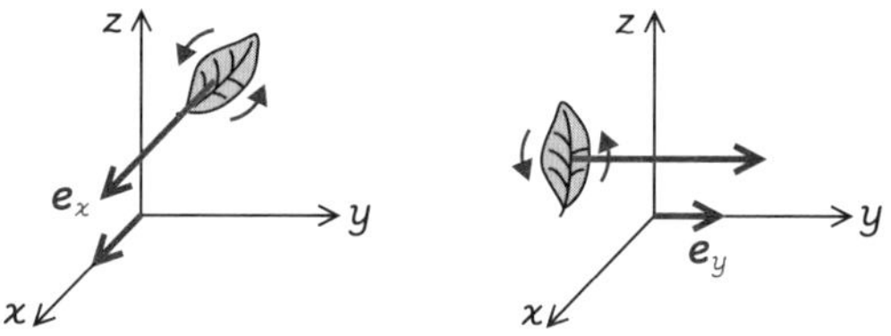

式③、④、⑤の合成が、三次元のベクトル場 $\boldsymbol{A}$ における「渦」の大きさと方向を表します。このベクトルを**回転**（rot）といい、記号 rot $\boldsymbol{A}$ で表します。

rot は rotation の略です。

ベクトル場$\boldsymbol{A}$の回転（rot）：

$$\mathrm{rot}\ \boldsymbol{A} = \left(\frac{\partial A_z}{\partial y} - \frac{\partial A_y}{\partial z},\ \frac{\partial A_x}{\partial z} - \frac{\partial A_z}{\partial x},\ \frac{\partial A_y}{\partial x} - \frac{\partial A_x}{\partial y}\right)$$

なお、ナブラ演算子 ∇ と $\boldsymbol{A}$ との外積 $\nabla \times \boldsymbol{A}$ を求めると、

$$\begin{aligned}\nabla \times \boldsymbol{A} &= \left(\frac{\partial}{\partial x}, \frac{\partial}{\partial z}, \frac{\partial}{\partial z}\right) \times (A_x,\ A_y,\ A_z) \\ &= \left(\frac{\partial A_z}{\partial y} - \frac{\partial A_y}{\partial z},\ \frac{\partial A_x}{\partial z} - \frac{\partial A_z}{\partial x},\ \frac{\partial A_y}{\partial x} - \frac{\partial A_x}{\partial y}\right) = \mathrm{rot}\ \boldsymbol{A}\end{aligned}$$

となり、$\boldsymbol{A}$ の回転（rot $\boldsymbol{A}$）となります。

$$\mathrm{rot}\ \boldsymbol{A} = \nabla \times \boldsymbol{A}$$

ベクトル微分の公式

ベクトル微分には多くの公式がありますが、本書ではその中から2つの公式を紹介します。

① rot (rot $\boldsymbol{A}$) = grad (div $\boldsymbol{A}$) − $\nabla^2\boldsymbol{A}$

公式の左辺は、ベクトル $\boldsymbol{A}$ の回転をさらに回転したもので、《**ベクトル $\boldsymbol{A}$ の回転の回転**》を表します。また、右辺は《**ベクトル $\boldsymbol{A}$ の発散の勾配（こうばい）**》から、$\nabla^2\boldsymbol{A}$ を引いたものです。記号 ∇^2 はラプラシアンと呼ばれるスカラー量で、次のように定義されます。

$$\nabla^2 = \nabla \cdot \nabla = \left(\frac{\partial}{\partial x}, \frac{\partial}{\partial y}, \frac{\partial}{\partial z}\right) \cdot \left(\frac{\partial}{\partial x}, \frac{\partial}{\partial y}, \frac{\partial}{\partial z}\right) = \frac{\partial^2}{\partial x^2} + \frac{\partial^2}{\partial y^2} + \frac{\partial^2}{\partial z^2}$$

勾配 grad を ∇、発散 div を ∇・、回転 rot を ∇ ×で書くと、この公式は次のように表せます。本書では、第7章でこの公式を使います。

$$\nabla \times (\nabla \times \boldsymbol{A}) = \nabla(\nabla \cdot \boldsymbol{A}) - \nabla^2 \boldsymbol{A}$$

[証明] この公式の証明は、単に左辺と右辺を展開して一致することを確かめるだけです（式を展開しているだけなので、面倒なら読み飛ばしてしまってもかまいません）。

ベクトルの回転 (rot) の定義より、$\nabla \times \boldsymbol{A}$ は

$$\nabla \times \boldsymbol{A} = \left(\frac{\partial A_z}{\partial y} - \frac{\partial A_y}{\partial z}, \frac{\partial A_x}{\partial z} - \frac{\partial A_z}{\partial x}, \frac{\partial A_y}{\partial x} - \frac{\partial A_x}{\partial y}\right)$$

ですから、$\nabla \times (\nabla \times \boldsymbol{A})$ の x 成分は次のように書けます。

$$[\,\nabla \times (\nabla \times \boldsymbol{A})\,]_x = \frac{\partial}{\partial y}\underbrace{\left(\frac{\partial A_y}{\partial x} - \frac{\partial A_x}{\partial y}\right)}_{\nabla\times\boldsymbol{A}\text{ の }z\text{ 成分}} - \frac{\partial}{\partial z}\underbrace{\left(\frac{\partial A_x}{\partial z} - \frac{\partial A_z}{\partial x}\right)}_{\nabla\times\boldsymbol{A}\text{ の }y\text{ 成分}}$$

$$= \frac{\partial^2 A_y}{\partial x \partial y} - \frac{\partial^2 A_x}{\partial y^2} - \frac{\partial^2 A_x}{\partial z^2} + \frac{\partial^2 A_z}{\partial x \partial z}$$

一方、公式の右辺の x 成分は次のようになります。

$$[\nabla(\nabla\cdot\boldsymbol{A})-\nabla^2\boldsymbol{A}]_x=\frac{\partial}{\partial x}\left(\frac{\partial A_x}{\partial x}+\frac{\partial A_y}{\partial y}+\frac{\partial A_z}{\partial z}\right)-\left(\frac{\partial^2}{\partial x^2}+\frac{\partial^2}{\partial y^2}+\frac{\partial^2}{\partial z^2}\right)A_x$$
$$=\frac{\partial^2 A_x}{\partial x^2}+\frac{\partial^2 A_y}{\partial x\partial y}+\frac{\partial^2 A_z}{\partial x\partial z}-\frac{\partial^2 A_x}{\partial x^2}-\frac{\partial^2 A_x}{\partial y^2}-\frac{\partial^2 A_x}{\partial z^2}$$
$$=\frac{\partial^2 A_y}{\partial x\partial y}+\frac{\partial^2 A_z}{\partial x\partial z}-\frac{\partial^2 A_x}{\partial y^2}-\frac{\partial^2 A_x}{\partial z^2}$$

以上から、左辺の x 成分と右辺の x 成分が一致します。y 成分、z 成分についても同様に計算すれば、一致することが確認できます。

② div $(\boldsymbol{A}\times\boldsymbol{B})=\boldsymbol{B}\cdot$ rot $\boldsymbol{A}-\boldsymbol{A}\cdot$ rot $\boldsymbol{B}$

式の左辺は、ベクトル $\boldsymbol{A}$ とベクトル $\boldsymbol{B}$ の外積の発散です。また、右辺は《ベクトル $\boldsymbol{B}$ とベクトル $\boldsymbol{A}$ の回転との内積》から、《ベクトル $\boldsymbol{A}$ とベクトル $\boldsymbol{B}$ の回転との内積》を引いたものです。発散 div を ∇・、回転 rot を ∇ ×で書くと、この公式は次のように表せます。この公式も、第 7 章で使います。お楽しみに。

$$\nabla\cdot(\boldsymbol{A}\times\boldsymbol{B})=\boldsymbol{B}\cdot(\nabla\times\boldsymbol{A})-\boldsymbol{A}\cdot(\nabla\times\boldsymbol{B})$$

[証明] この公式の証明は省略します。

まとめ

ベクトル場の回転：

$$\mathrm{rot}\,\boldsymbol{A}=\nabla\times\boldsymbol{A}=\left(\frac{\partial A_z}{\partial y}-\frac{\partial A_y}{\partial z},\ \frac{\partial A_x}{\partial z}-\frac{\partial A_z}{\partial x},\ \frac{\partial A_y}{\partial x}-\frac{\partial A_x}{\partial y}\right)$$

ベクトル微分の公式： $\nabla\times(\nabla\times\boldsymbol{A})=\nabla(\nabla\cdot\boldsymbol{A})-\nabla^2\boldsymbol{A}$

$\nabla\cdot(\boldsymbol{A}\times\boldsymbol{B})=\boldsymbol{B}\cdot(\nabla\times\boldsymbol{A})-\boldsymbol{A}\cdot(\nabla\times\boldsymbol{B})$

03 ガウスの発散定理

この節の概要

▶いよいよ、物理学で重要なガウスの発散定理について説明します。ガウスの発散定理は、面積分を体積分に変換します。

流れ出た量と湧き出した量は等しい

水を一杯に張った水槽にホースを入れて水を流すと、水はあふれて水槽の外に流れ出ていきます。このとき、水槽からあふれ出た水の量は、ホースから注入した水の量と一致するはずです（表面張力については考えない）。

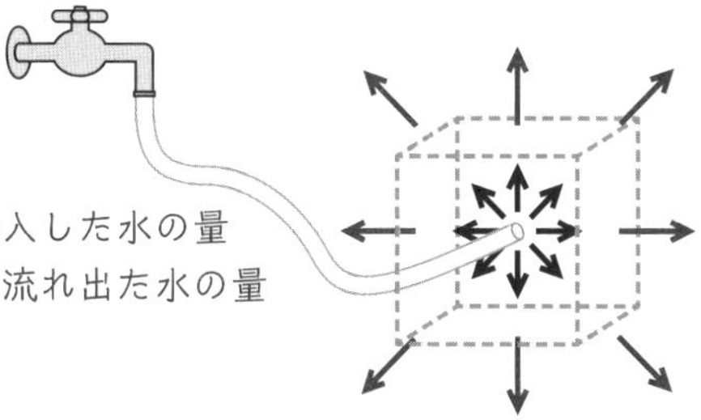

ガウスの発散定理（紛らわしくないときは、単に「ガウスの定理」ともいいます）は、この当たり前のようなことを次の数式で表しものです。

$$\text{ガウスの発散定理：}\ \oiint_S \boldsymbol{A}\cdot\boldsymbol{n}\,dS = \iiint_V \mathrm{div}\,\boldsymbol{A}\,dV$$

ガウスの発散定理の左辺は、ベクトル場 $\boldsymbol{A}$ を閉曲面 S 上で面積分したもので、閉曲面 S から流れ出る水の総量を表します。また、右辺は

ベクトル場 $\boldsymbol{A}$ の発散（div $\boldsymbol{A}$）を、閉曲面 S に囲まれた領域 V で体積積分したもので、体積 V の内部にある水の湧き出しの総量を表します。

つまり、ガウスの発散定理は「**流れの中に置いた立体の表面から流れ出る量は、立体の内部から湧き出した量に等しい**」ということを表しています。

ガウスの発散定理を証明する

ガウスの発散定理は、直感的には比較的理解しやすいのですが、証明はやや込み入っています。少しの間ご辛抱ください。

STEP 1　ベクトル場 $\boldsymbol{A}$ の発散 div $\boldsymbol{A}$ は、$\boldsymbol{A} = (A_x(x,\ y,\ z),\ A_y(x,\ y,\ z),\ A_z(x,\ y,\ z)) = (A_x,\ A_y,\ A_z)$ とすると、

$$\mathrm{div}\ \boldsymbol{A} = \frac{\partial A_x}{\partial x} + \frac{\partial A_y}{\partial y} + \frac{\partial A_z}{\partial z}$$

と表すことができます（199 ページ）。したがって、ガウスの発散定理の右辺は次のように書けます。

$$\iiint_V \mathrm{div}\ \boldsymbol{A}\, dV = \iiint_V \left(\frac{\partial A_x}{\partial x} + \frac{\partial A_y}{\partial y} + \frac{\partial A_z}{\partial z} \right)$$

$$= \underbrace{\iiint_V \frac{\partial A_x}{\partial x} dV}_{\alpha} + \underbrace{\iiint_V \frac{\partial A_y}{\partial y} dV}_{\beta} + \underbrace{\iiint_V \frac{\partial A_z}{\partial z} dV}_{\gamma} \quad \cdots①$$

STEP 2　上の式の項 γ（ガンマ）の部分に着目します。いま、閉曲面 S の下半分 S_1 が $z = \mathrm{f}_1(x,\ y)$，上半分 S_2 が $z = \mathrm{f}_2(x,\ y)$ で表せるとします。また、この閉曲面の xy 平面上の射影を領域 D とします。

すると、項 γ は次のように変形できます。

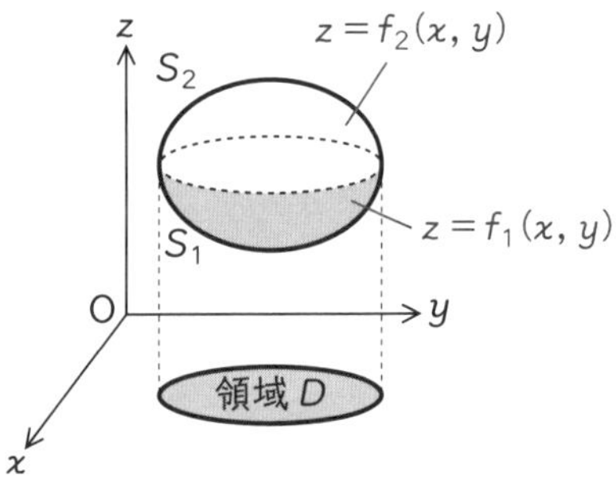

$$\iiint_V \frac{\partial A_z}{\partial z} dV = \iiint_V \frac{\partial A_z}{\partial z} dxdydz \quad \leftarrow dV = dxdydz$$

$$= \iint_D \left\{ \int_{f_1(x,y)}^{f_2(x,y)} \frac{\partial A_z}{\partial z} dz \right\} dxdy$$

この式の中カッコの中は、「体積 V 内の z 方向の湧き出しを、z 方向に沿って線積分した量」を表しています（右図）。関数 Az $(x,\ y,\ z)$ を z で微分して積分すれば、元の関数に戻るので、上の式は

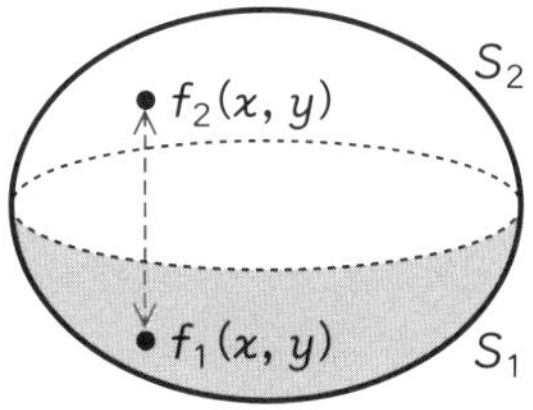

$$= \iint_D \left[A_z(x,y,z) \right]_{z=f_1(x,y)}^{z=f_2(x,y)} dxdy$$

$$= \iint_D \left\{ A_z(x,y,f_2(x,y)) - A_z(x,y,f_1(x,y)) \right\} dxdy$$

$$= \iint_D A_z(x,y,f_2(x,y))dxdy - \iint_D A_z(x,y,f_1(x,y))dxdy \quad \cdots ②$$

となります。

ここで、領域 D の微小区画 $\Delta x \Delta y$ と、それに対応する曲面 S_2 上の微小区画 PQRS を考えます。また、平面 PQRS に垂直な大きさ 1 のベクトル（法線ベクトル）を $\boldsymbol{n}$ とします。

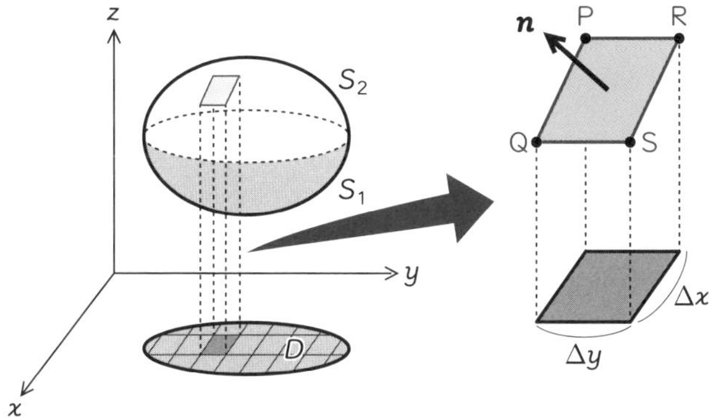

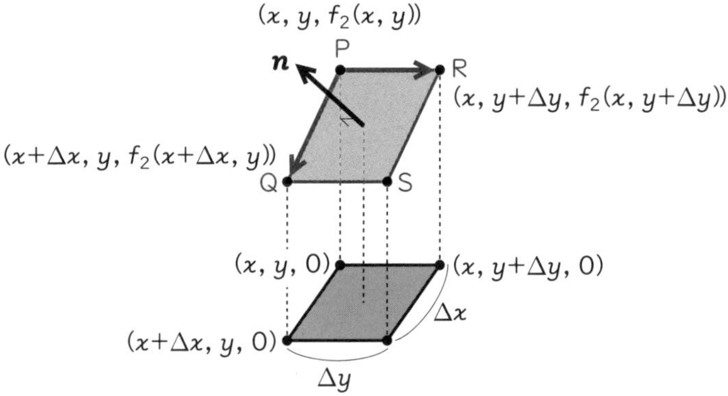

点 P, Q, R の座標を上図のようにとるとき、ベクトル $\overrightarrow{\mathrm{PQ}}$ とベクトル $\overrightarrow{\mathrm{PR}}$ はそれぞれ

$$\overrightarrow{\mathrm{PQ}} = (\Delta x,\ \ 0,\ \ f_2(x+\Delta x,\ y) - f_2(x,y))$$
$$\overrightarrow{\mathrm{PR}} = (0,\ \ \Delta y,\ \ f_2(x,\ y+\Delta y) - f_2(x,y))$$

となります。よって、外積 $\overrightarrow{\mathrm{PQ}} \times \overrightarrow{\mathrm{PR}}$ は次のように求められます。

$$\overrightarrow{\mathrm{PQ}} \times \overrightarrow{\mathrm{PR}} = \begin{pmatrix} \Delta x, \\ 0, \\ f_2(x+\Delta x,\ y) - f_2(x,y) \end{pmatrix} \times \begin{pmatrix} 0, \\ \Delta y, \\ f_2(x,\ y+\Delta y) - f_2(x,y) \end{pmatrix}$$

$$= \begin{pmatrix} -(f_2(x+\Delta x,\ y) - f_2(x,y))\Delta y, \\ -(f_2(x,\ y+\Delta y) - f_2(x,y))\Delta x, \\ \Delta x \Delta y \end{pmatrix}$$

$$= \begin{pmatrix} -\boxed{\dfrac{f_2(x+\Delta x,\ y) - f_2(x,y)}{\Delta x}}\Delta x \Delta y, \\ -\boxed{\dfrac{f_2(x,\ y+\Delta y) - f_2(x,y)}{\Delta y}}\Delta x \Delta y, \\ \Delta x \Delta y \end{pmatrix}$$

← Δx, Δy を 0 に近づけると、[ ] は偏微分になる

$$= \left(-\frac{\partial f_2}{\partial x},\ -\frac{\partial f_2}{\partial y},\ 1\right) dxdy$$

外積 $\overrightarrow{\mathrm{PQ}} \times \overrightarrow{\mathrm{PR}}$ の大きさは、微小区画 PQRS の面積 dS_2 を表します。したがって、

$$dS_2 = |\overrightarrow{\mathrm{PQ}} \times \overrightarrow{\mathrm{PR}}| = \sqrt{\left(\frac{\partial f_2}{\partial x}\right)^2 + \left(\frac{\partial f_2}{\partial y}\right)^2 + 1}\, dxdy$$

$$\Rightarrow \quad dxdy = \frac{dS_2}{\sqrt{\left(\frac{\partial f_2}{\partial x}\right)^2 + \left(\frac{\partial f_2}{\partial y}\right)^2 + 1}} \quad \cdots ③$$

一方、法線ベクトル $\boldsymbol{n}$ は、方向が外積 $\overrightarrow{\mathrm{PQ}} \times \overrightarrow{\mathrm{PR}}$ と同じで、大きさが1のベクトルなので、

$$\boldsymbol{n} = \frac{\overrightarrow{\mathrm{PQ}} \times \overrightarrow{\mathrm{PR}}}{|\overrightarrow{\mathrm{PQ}} \times \overrightarrow{\mathrm{PR}}|} = \frac{\left(-\frac{\partial f_2}{\partial x},\ -\frac{\partial f_2}{\partial y},\ 1\right)}{\sqrt{\left(\frac{\partial f_2}{\partial x}\right)^2 + \left(\frac{\partial f_2}{\partial y}\right)^2 + 1}}$$

と書けます。成分表示で $\boldsymbol{n} = (n_x,\ n_y,\ n_z)$ とすると、n の z 成分 n_z は、上の式より、

$$n_z = \frac{1}{\sqrt{\left(\frac{\partial f_2}{\partial x}\right)^2 + \left(\frac{\partial f_2}{\partial y}\right)^2 + 1}} \quad \cdots ④$$

式③に式④を代入すれば、

$$dxdy = n_z dS_2 \quad \cdots ⑤$$

を得ます。

以上は、曲面 S_2 上の微小区画 dS_2 についての計算でしたが、曲面 S_1 上の微小区画 dS_1 についてもまったく同様に計算できます。ただし、曲面 S_1 上の法線ベクトルは、曲面 S_2 上の法線ベクトルと z 方向の向きが逆になるので、n_z にもマイナス符号を付け、

$$dxdy = -n_z dS_1 \quad \cdots ⑥$$

とします。

式⑤⑥を、209ページの式②に代入します。

$$\iint_D A_z(x, y, f_2(x, y)) n_z dS_2 + \iint_D A_x(x, y, f_1(x, y)) n_z dS_1$$

上の式は、閉曲面 S を上下に分けて面積分したものですから、まとめて

$$= \oiint_S A_z n_z dS$$

と書けます。以上で、式①の項 γ（ガンマ）が

$$\iiint_V \frac{\partial A_z}{\partial z} dV = \oiint_S A_z n_z dS \quad \cdots ⑦$$

となることを示しました。

STEP 3 続いて、式①の項 β（ベータ）を取り上げます。今度は、閉曲面 S を次のように左右に分け、左半分を $y = g_1(x, z)$, 右半分を $y = g_2(x, z)$ とします。

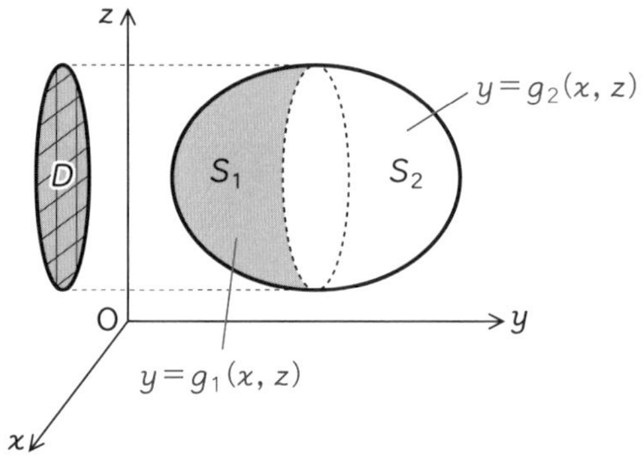

以降は先ほどと同じ考え方で次のように式を導くことができます。

$$\iiint_V \frac{\partial A_y}{\partial y} dV = \iint_D \left\{ \int_{g_1(x,z)}^{g_2(x,z)} \frac{\partial A_y}{\partial y} dy \right\} dxdz$$

$$= \iint_D A_y(x, g_2(x,z), z) dxdz - \iint_D A_y(x, g_1(x,z), z) dxdz$$

$$= \iint_D A_y(x, g_2(x,z), z) n_y dS_2 + \iint_D A_y(x, g_1(x,z), z) n_y dS_1$$

$$= \oiint_S A_y n_y dS \quad \cdots ⑧$$

STEP 4 式①の項 α（アルファ）については、閉曲面 S を次のように前後に分け、後ろ側を $x = h_1(y, z)$、手前を $x = h_2(y, z)$ とします。

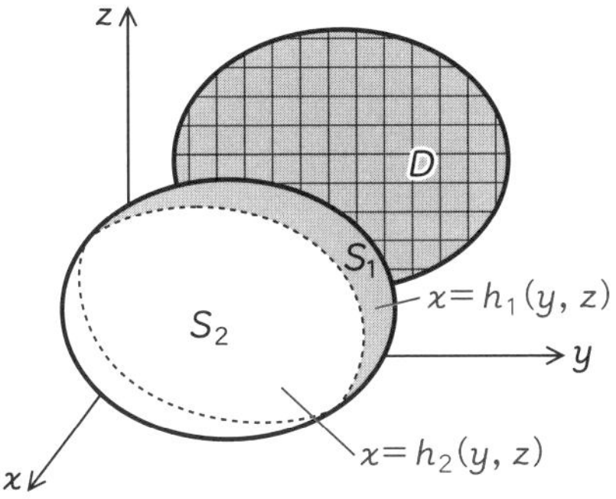

以降は同様に計算すると、

$$\iiint_V \frac{\partial A_x}{\partial x} dV = \iint_D \left\{ \int_{h_1(y,z)}^{h_2(y,z)} \frac{\partial A_x}{\partial x} dx \right\} dydz$$

$$= \iint_D A_x(h_2(y,z),y,z)dydz - \iint_D A_y(h_1(y,z),y,z)dydz$$

$$= \iint_D A_x(h_2(y,z),y,z)n_x dS_2 + \iint_D A_y(h_1(y,z),y,z)n_x dS_1$$

$$= \oiint_S A_x n_x dS \quad \cdots ⑨$$

となります。

(STEP 5) 式⑦⑧⑨を、208 ページの式①に代入すると、

$$\iiint_V \mathrm{div}\, \boldsymbol{A}\, dV = \oiint_S A_x n_x dS + \oiint_S A_y n_y dS + \oiint_S A_z n_z dS$$

$$= \oiint_S (A_x n_x + A_y n_y + A_z n_z) dS$$

$$= \oiint_S (A_x, A_y, A_z) \cdot (n_x, n_y, n_z) dS = \oiint_S \boldsymbol{A} \cdot \boldsymbol{n}\, dS$$

のようにベクトル場 $\boldsymbol{A}$ と法線ベクトル $\boldsymbol{n}$ の内積となり、ガウスの発散定理が導出されます。

まとめ　**ガウスの発散定理**：$\oiint_S \boldsymbol{A} \cdot \boldsymbol{n}\, dS = \iiint_V \mathrm{div}\, \boldsymbol{A}\, dV$

04 ストークスの定理

この節の概要

▶いよいよ、ストークスの定理について説明しましょう。ストークスの定理は、周回積分を面積分に変換します。

周回積分を回転（rot）で表す

たとえば水の流れのような、流速 $\boldsymbol{A}$ で流れるベクトル場があるとします。このベクトル場を閉曲線 C に沿って線積分した値は、

$$\oint_C \boldsymbol{A} \cdot dl$$

のように表すことができました。この値を次のように求めます。

話を簡単にするため、二次元の平面で考えましょう。まず、周回路 C に囲まれた平面 S を、微小面積 $\Delta S = \Delta x \Delta y$ の長方形に分割します。

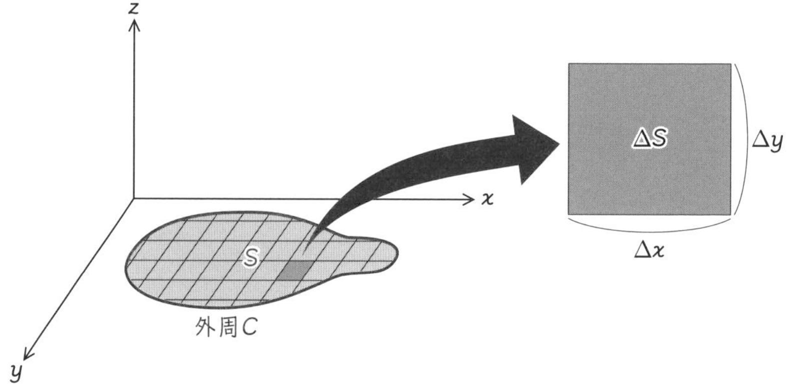

この中から1個の長方形を選び、次のように座標をとります。また、各辺の中点をP，Q，R，Sとします。

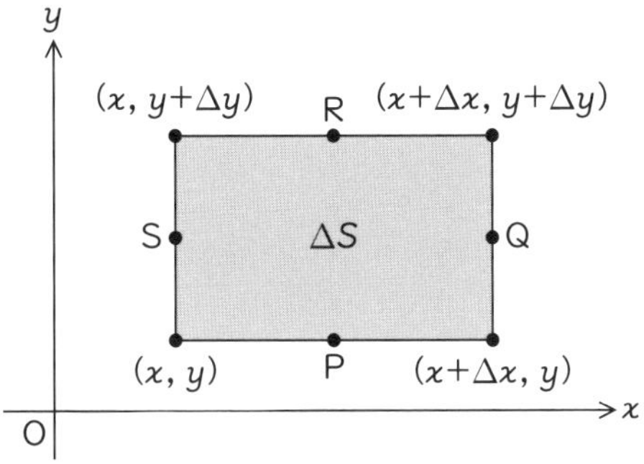

この微小な長方形を、外周に沿って反時計回りに周回積分します。ベクトル場 $\boldsymbol{A}$ の線積分は、$\boldsymbol{A}$ と線に沿った微小ベクトルとの内積の和ですから、この周回積分は次のように計算できます。

$$\oint_c \boldsymbol{A}\cdot d\boldsymbol{l} = \underbrace{\boldsymbol{A}(\mathrm{P})\cdot\boldsymbol{c}_1}_{①} + \underbrace{\boldsymbol{A}(\mathrm{Q})\cdot\boldsymbol{c}_2}_{②} + \underbrace{\boldsymbol{A}(\mathrm{R})\cdot\boldsymbol{c}_3}_{③} + \underbrace{\boldsymbol{A}(\mathrm{S})\cdot\boldsymbol{c}_4}_{④}$$

↑小文字のc

上の式中の $\boldsymbol{A}(\mathrm{P})$, $\boldsymbol{A}(\mathrm{Q})$, $\boldsymbol{A}(\mathrm{R})$, $\boldsymbol{A}(\mathrm{S})$ は、それぞれ点P, Q, R, Sにおけるベクトル $\boldsymbol{A}$ の値です。また、$\boldsymbol{c}_1$, $\boldsymbol{c}_2$, $\boldsymbol{c}_3$, $\boldsymbol{c}_4$ の成分表示は、

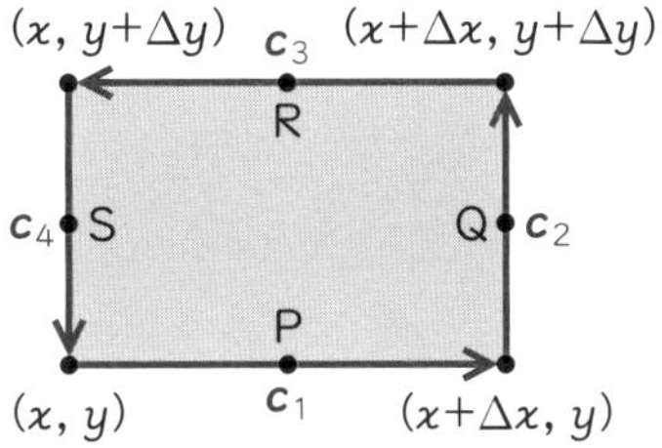

$$\boldsymbol{c}_1 = (x+\Delta x - x, y - y) = (\Delta x, 0)$$
$$\boldsymbol{c}_2 = (x+\Delta x - (x+\Delta x), y+\Delta y - y) = (0, \Delta y)$$
$$\boldsymbol{c}_3 = (x - (x+\Delta x), y+\Delta y - (y+\Delta y)) = (-\Delta x, 0)$$
$$\boldsymbol{c}_4 = (x - x, y - (y+\Delta y)) = (0, -\Delta y)$$

なので、それぞれ内積を求めると次のようになります。

$$\boldsymbol{A}(\mathrm{P})\cdot\boldsymbol{c}_1 = (A_x(\mathrm{P}), A_y(\mathrm{P}))\cdot(\Delta x, 0) = A_x(\mathrm{P})\Delta x \quad \cdots①$$
$$\boldsymbol{A}(\mathrm{Q})\cdot\boldsymbol{c}_2 = (A_x(\mathrm{Q}), A_y(\mathrm{Q}))\cdot(0, \Delta y) = A_y(\mathrm{Q})\Delta y \quad \cdots②$$
$$\boldsymbol{A}(\mathrm{R})\cdot\boldsymbol{c}_3 = (A_x(\mathrm{R}), A_y(\mathrm{R}))\cdot(-\Delta x, 0) = -A_x(\mathrm{R})\Delta x \quad \cdots③$$
$$\boldsymbol{A}(\mathrm{S})\cdot\boldsymbol{c}_4 = (A_x(\mathrm{S}), A_y(\mathrm{S}))\cdot(0, -\Delta y) = -A_y(\mathrm{S})\Delta y \quad \cdots④$$

①＋③より、

$$A_x(\mathrm{P})\Delta x - A_x(\mathrm{R})\Delta x$$

点Pの座標　点Rの座標

$$= A_x\left(x + \frac{1}{2}\Delta x, y\right)\Delta x - A_x\left(x + \frac{1}{2}\Delta x, y + \Delta y\right)\Delta x$$

$$= -\frac{A_x\left(x + \frac{1}{2}\Delta x, y + \Delta y\right) - A_x\left(x + \frac{1}{2}\Delta x, y\right)}{\Delta y}\Delta x\Delta y$$

$$= -\frac{\partial A_x}{\partial y}\Delta x\Delta y$$ ← Δx, Δyを0に近づける

②+④より、

$$A_y(\mathrm{Q})\Delta y - A_y(\mathrm{S})\Delta y$$

点Qの座標　点Sの座標

$$= A_y\left(x + \Delta x, y + \frac{1}{2}\Delta y\right)\Delta y - A_y\left(x, y + \frac{1}{2}\Delta y\right)\Delta x$$

$$= \frac{A_y\left(x + \Delta x, y + \frac{1}{2}\Delta y\right) - A_y\left(x, y + \frac{1}{2}\Delta y\right)}{\Delta x}\Delta x\Delta y$$

$$= \frac{\partial A_y}{\partial x}\Delta x\Delta y$$ ← $\Delta x \Delta y$を0に近づける

以上から、微小面積 ΔS の周回積分の値（①+②+③+④）は、

$$\oint_c \boldsymbol{A}\cdot d\boldsymbol{l} = \frac{\partial A_y}{\partial x}\Delta x\Delta y - \frac{\partial A_x}{\partial y}\Delta x\Delta y = \left(\frac{\partial A_y}{\partial x} - \frac{\partial A_x}{\partial y}\right)\Delta x\Delta y$$

$$= \left(\frac{\partial A_y}{\partial x} - \frac{\partial A_x}{\partial y}\right)\Delta S \quad \cdots ⑤$$

となります。

ここで、少し前に説明したベクトル場の回転 rot $\boldsymbol{A}$（$\nabla \times \boldsymbol{A}$）の式を思い出してください（204ページ）。

$$\mathrm{rot}\ \boldsymbol{A} = \left(\frac{\partial A_z}{\partial y} - \frac{\partial A_y}{\partial z}, \frac{\partial A_x}{\partial z} - \frac{\partial A_z}{\partial x}, \frac{\partial A_y}{\partial x} - \frac{\partial A_x}{\partial y}\right)$$

ここでは二次元で考えているので、z成分A_zの微分や，zによる偏微分はすべて0になり、

$\frac{\partial A_z}{\partial x}$, $\frac{\partial A_z}{\partial y}$　$\frac{\partial A_x}{\partial z}$, $\frac{\partial A_y}{\partial z}$

$$\mathrm{rot}\ \boldsymbol{A} = \left(0,\ 0,\ \frac{\partial A_y}{\partial x} - \frac{\partial A_x}{\partial y}\right)$$

となります。この式と、ΔS の法線ベクトル $\boldsymbol{n}$ との内積を求めます。

法線ベクトルとは、大きさが1で、方向が ΔS に対して垂直なベクトルでした。ΔS は xy 平面上にあるので、法線ベクトルは、

$$\boldsymbol{n} = (0, 0, 1)$$

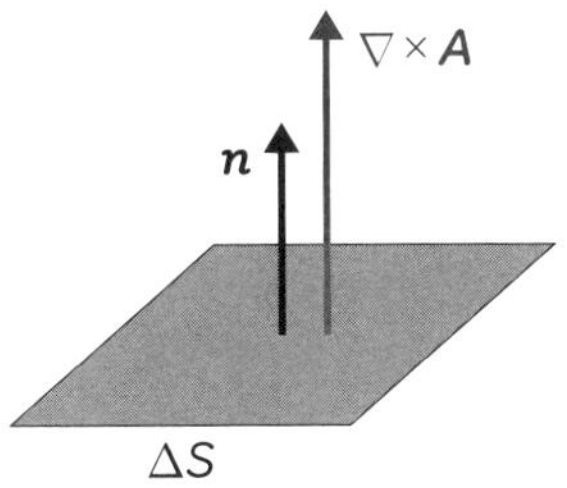

∇×A
n
ΔS

と書けます。したがって、

$$\mathrm{rot}\ \boldsymbol{A} \cdot \boldsymbol{n} = \frac{\partial A_y}{\partial x} - \frac{\partial A_x}{\partial y}$$

以上から、式⑤は次のように書き直せます。

$$\oint_c \boldsymbol{A} \cdot d\boldsymbol{l} = \mathrm{rot}\ \boldsymbol{A} \cdot \boldsymbol{n}\Delta S$$

ストークスの定理

以上は、平面 S の中の1個の微小面積の周回積分の値でしたが、この微小面積を複数足し合わせるとどうなるでしょうか。たとえば、4個の微小面積を足し合わせた場合は、次のようになります。

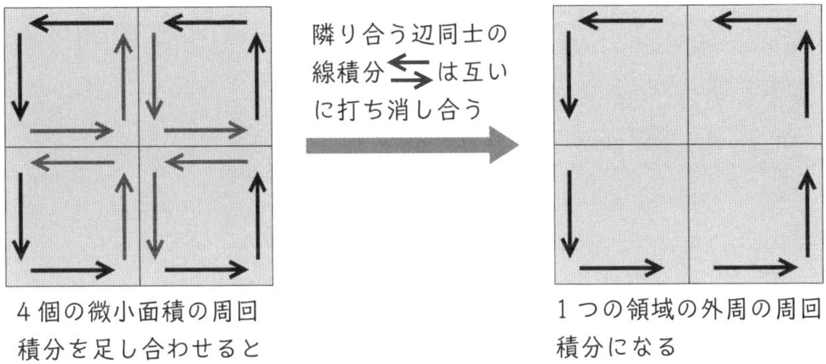

隣り合う辺同士の
線積分 は互い
に打ち消し合う
4個の微小面積の周回
積分を足し合わせると
1つの領域の外周の周回
積分になる

長方形4個分の周回積分の和は、4 × 4 = 16の辺に沿った線積分の和になります。しかし、このうち隣り合う辺同士の線積分は、方向が逆なので正負の符号が逆になり、互いに打ち消しあって0になってしまい

ます。結局、4 個の長方形を合わせた領域の外周の線積分の和だけが残ります。

このことは、足し合わせる微小面積が増えても同様なので、平面 S 内の微小面積の周回積分をすべて足し合わせると、平面 S の外周の周回積分になることがわかります。すなわち、

$$\oint_C \boldsymbol{A} \cdot d\boldsymbol{l} = \sum \mathrm{rot}\ \boldsymbol{A} \cdot \boldsymbol{n} \Delta S$$

平面Sの外周Cの周回積分　微小面積ΔSの周回積分の総和

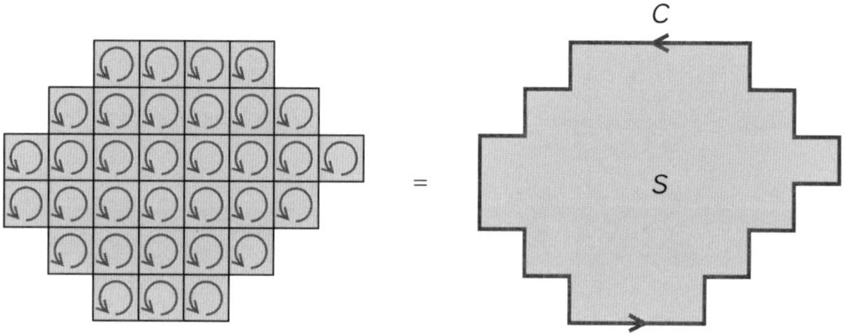

微少面積の周回積分の和　領域の外周の周回積分

上の式の右辺は、ΔS をゼロに近づければ面積分になり、次の式を得ます（面積 $dS = dxdy$ を積分するので、積分記号は 2 重になります）。この公式を、**ストークスの定理**といいます。

> ストークスの定理：$\displaystyle \oint_C \boldsymbol{A} \cdot d\boldsymbol{l} = \iint_S \mathrm{rot}\ \boldsymbol{A} \cdot \boldsymbol{n} dS$

ここでは平面 S について説明しましたが、このストークスの定理は三次元の曲面 S についても成り立ちます。

この定理の意味を考えてみましょう。

ストークスの定理の左辺は、ベクトル場 $\boldsymbol{A}$ を周回路 C に沿って周回

積分したものです。静電場の渦なしの法則（83ページ）やアンペアの法則（151ページ）でもみたように、この値が0にならないのは、このベクトル場に「渦」があることを示すのでしたね。

一方、定理の右辺は、ベクトル場 $\boldsymbol{A}$ の回転（rot $\boldsymbol{A}$）を面積分したもので、周回路 C の内側にある渦の総量を表します。

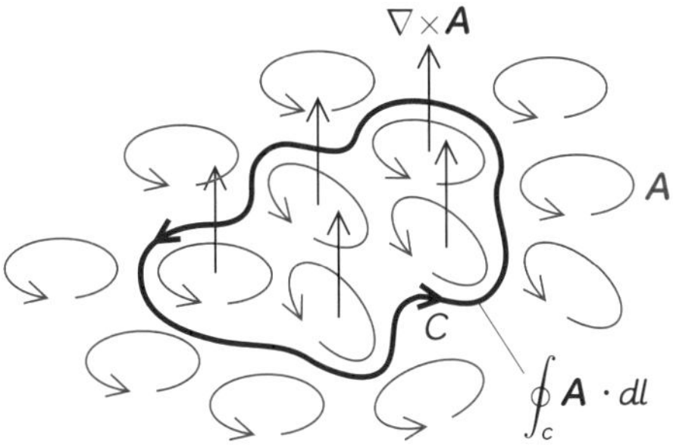

ストークスの定理を使うと、周回積分を面積分に変換できます。

まとめ

ストークスの定理：

$$\oint_C \boldsymbol{A} \cdot d\boldsymbol{l} = \iint_S \text{rot } \boldsymbol{A} \cdot \boldsymbol{n} dS$$

↑ 周回路 C の内側にあるベクトル場 $\boldsymbol{A}$ の回転の総量

└ ベクトル場 $\boldsymbol{A}$ を C に沿って周回積分

コラム ベクトル解析の公式まとめ

本書で説明したベクトル解析に関する主な公式をまとめておきます。

内積：$\boldsymbol{a}\cdot\boldsymbol{b}=|\boldsymbol{a}|\,|\boldsymbol{b}|\cos\theta=a_xb_x+a_yb_y+a_zb_z$

外積：$\boldsymbol{a}\times\boldsymbol{b}=(a_yb_z-a_zb_y, a_zb_x-a_xb_z, a_xb_y-a_yb_x)$

勾配（grad）：$\mathrm{grad}\,\phi=\nabla\phi=\left(\dfrac{\partial\phi}{\partial x},\dfrac{\partial\phi}{\partial y},\dfrac{\partial\phi}{\partial z}\right)$

発散（div）：$\mathrm{div}\,\boldsymbol{A}=\nabla\cdot\boldsymbol{A}=\dfrac{\partial A_x}{\partial x}+\dfrac{\partial A_y}{\partial y}+\dfrac{\partial A_z}{\partial z}$

回転（rot）：
$$\mathrm{rot}\,\boldsymbol{A}=\nabla\times\boldsymbol{A}=\left(\frac{\partial A_z}{\partial y}-\frac{\partial A_y}{\partial z},\frac{\partial A_x}{\partial z}-\frac{\partial A_z}{\partial x},\frac{\partial A_y}{\partial x}-\frac{\partial A_x}{\partial y}\right)$$

ベクトル公式：
$$\nabla\times(\nabla\times\boldsymbol{A})=\nabla(\nabla\cdot\boldsymbol{A})-\nabla^2\boldsymbol{A}$$
$$\nabla\cdot(\boldsymbol{A}\times\boldsymbol{B})=\boldsymbol{B}\cdot(\nabla\times\boldsymbol{A})-\boldsymbol{A}\cdot(\nabla\times\boldsymbol{B})$$

ガウスの発散定理：$\displaystyle\oint\!\!\oint_S\boldsymbol{A}\cdot\boldsymbol{n}\,dS=\iiint_V\mathrm{div}\,\boldsymbol{A}\,dV$

ストークスの定理：$\displaystyle\oint_C\boldsymbol{A}\cdot d\boldsymbol{l}=\iint_S\mathrm{rot}\,\boldsymbol{A}\cdot\boldsymbol{n}dS$

	勾配	発散	回転
表記	$\mathrm{grad}\,\phi$	$\mathrm{div}\,\boldsymbol{A}$	$\mathrm{rot}\,\boldsymbol{A}$
対象	スカラー場ϕ	ベクトル場$\boldsymbol{A}$	ベクトル場$\boldsymbol{A}$
結果	ベクトル	スカラー	ベクトル
意味	最大傾斜方向	湧き出し	渦
∇ 演算子	$\nabla\phi$	$\nabla\cdot\boldsymbol{A}$	$\nabla\times\boldsymbol{A}$

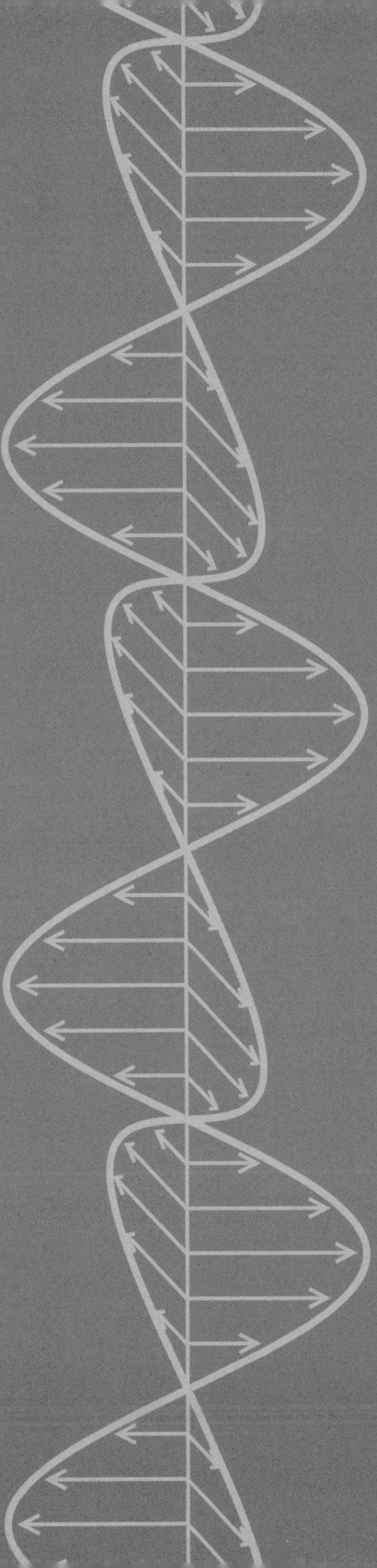

第7章

マクスウェル方程式と電磁波

01 マクスウェル方程式ふたたび

この節の概要

▶ 積分形のマクスウェル方程式から、微分形のマクスウェル方程式を導出します。

微分形のマクスウェル方程式

積分形のマクスウェル方程式は、次の4つの等式からなります。これらについては、第5章ですでに解説しましたね（191ページ）。

①ガウスの法則：$\displaystyle\oiint_S \boldsymbol{E}\cdot\boldsymbol{n}\,dS = \frac{1}{\epsilon_0}\iiint_V \rho\,dV$

②磁束密度に関するガウスの法則：$\displaystyle\oiint_S \boldsymbol{B}\cdot\boldsymbol{n}\,dS = 0$

③ファラデーの電磁誘導の法則：$\displaystyle\oint_C \boldsymbol{E}\cdot d\boldsymbol{l} = -\frac{d}{dt}\iint_S \boldsymbol{B}\cdot\boldsymbol{n}\,dS$

④アンペア＝マクスウェルの法則：$\displaystyle\oint_C \boldsymbol{B}\cdot d\boldsymbol{l} = \mu_0\iint_S\left(\boldsymbol{j}+\epsilon_0\frac{\partial\boldsymbol{E}}{\partial t}\right)\cdot\boldsymbol{n}\,dS$

この4つの式から、いよいよ最終形態である「微分形のマクスウェルの方程式」を導出しましょう。そのために必要な道具はもうそろっています。前章で説明した「ガウスの発散定理」（207ページ）と「ストークスの定理」（218ページ）を使えば、導出はあっけないほど簡単です。

ガウスの発散定理：$\displaystyle\oiint_S \boldsymbol{A}\cdot\boldsymbol{n}\,dS = \iiint_V \mathrm{div}\boldsymbol{A}\,dV$

ストークスの定理：$\displaystyle\oint_C \boldsymbol{A}\cdot d\boldsymbol{l} = \iint_S \mathrm{rot}\boldsymbol{A}\cdot\boldsymbol{n}\,dS$

ではさっそく、順に導出していきましょう。

①微分形のガウスの法則

積分形のガウスの法則からはじめましょう（右辺の定数$\frac{1}{\epsilon_0}$は、積分の内側に入れています）。

$$\oiint_S \boldsymbol{E}\cdot\boldsymbol{n}\,dS = \iiint_V \frac{\rho}{\epsilon_0}dV$$

積分形のガウスの法則の式の左辺に、ガウスの発散定理を適用すると、次のようになります。

$$\iiint_V \mathrm{div}\,\boldsymbol{E}\,dV = \iiint_V \frac{\rho}{\epsilon_0}dV$$

両辺が同じ体積Vに関する体積積分になりました。この式がどんな体積についても成り立つには、体積積分の中身が等しくなければなりません。したがって、

ガウスの法則（微分形）：$\mathrm{div}\,\boldsymbol{E} = \dfrac{\rho}{\epsilon_0}$

となり、ガウスの法則の微分形が導けます。

②微分形の磁束密度に関するガウスの法則

$$\oiint_S \boldsymbol{B}\cdot\boldsymbol{n}\,dS = 0$$

①と同様に、積分形の式の左辺にガウスの発散定理を適用します。

$$\iiint_V \mathrm{div}\,\boldsymbol{B}\,dV = 0$$

この式がどんな体積についても成り立つには、左辺の体積積分の中身がゼロにならなければなりません。したがって、

磁束密度に関するガウスの法則（微分形）：$\mathrm{div}\,\boldsymbol{B} = 0$

となります。

③微分形のファラデーの電磁誘導の法則

まず、ファラデーの電磁誘導の法則の右辺の微分記号を、積分の内側に入れます（この変形は、磁場 $\boldsymbol{B}$ を積分してから微分するか、微分してから積分するかの違いです）。

$$\oint_C \boldsymbol{E} \cdot d\boldsymbol{l} = -\iint_S \frac{\partial \boldsymbol{B}}{\partial t} \cdot \boldsymbol{n} dS$$

上の式の左辺にストークスの定理を適用すると、次のようになります。

$$\iint_S \mathrm{rot}\, \boldsymbol{E} \cdot \boldsymbol{n}\, dS = -\iint_S \frac{\partial \boldsymbol{B}}{\partial t} \cdot \boldsymbol{n}\, dS$$

両辺が同じ面 S に関する面積分になるので、中身も等しいとみなすことができ、

ファラデーの電磁誘導の法則（微分形）：$\mathrm{rot}\, \boldsymbol{E} = -\dfrac{\partial \boldsymbol{B}}{\partial t}$

となります。

④アンペア＝マクスウェルの法則（微分形）

$$\oint_C \boldsymbol{B} \cdot d\boldsymbol{l} = \iint_S \mu_0 \left(\boldsymbol{j} + \epsilon_0 \frac{\partial \boldsymbol{E}}{\partial t} \right) \cdot \boldsymbol{n} dS$$

③と同様に、式の左辺にストークスの定理を適用します。

$$\iint_S \mathrm{rot}\, \boldsymbol{B} \cdot \boldsymbol{n}\, dS = \iint_S \mu_0 \left(\boldsymbol{j} + \epsilon_0 \frac{\partial \boldsymbol{E}}{\partial t} \right) \cdot \boldsymbol{n}\, dS$$

両辺が同形の面積分になるので、中身も等しいとみなすことができ、

アンペア＝マクスウェルの法則（微分形）：$\mathrm{rot}\, \boldsymbol{B} = \mu_0 \left(\boldsymbol{j} + \epsilon_0 \dfrac{\partial \boldsymbol{E}}{\partial t} \right)$

となります。

∇記号を使ったマクスウェルの方程式

以上で、4つのマクスウェル方程式の微分形が導出できました。4つの式をあらためてまとめておきましょう。積分形と比べると、実にシンプルな式になりましたね。

① $\mathrm{div}\boldsymbol{E} = \dfrac{\rho}{\epsilon_0}$ ←ガウスの法則

② $\mathrm{div}\boldsymbol{B} = 0$ ←磁束密度に関するガウスの法則

③ $\mathrm{rot}\boldsymbol{E} = -\dfrac{\partial \boldsymbol{B}}{\partial t}$ ←ファラデーの電磁誘導の法則

④ $\mathrm{rot}\boldsymbol{B} = \mu_0\left(\boldsymbol{j} + \epsilon_0\dfrac{\partial \boldsymbol{E}}{\partial t}\right)$ ←アンペア＝マクスウェルの法則

∇演算子を使うと、発散(div)は「∇・」、回転(rot)は「∇×」で表せます。これらの記号を使って表すと、マクスウェル方程式はさらにシンプルになります。この形もぜひ覚えてください。

マクスウェルの方程式（微分形）

① $\nabla\cdot\boldsymbol{E} = \dfrac{\rho}{\epsilon_0}$

② $\nabla\cdot\boldsymbol{B} = 0$

③ $\nabla\times\boldsymbol{E} = -\dfrac{\partial \boldsymbol{B}}{\partial t}$

④ $\nabla\times\boldsymbol{B} = \mu_0\left(\boldsymbol{j} + \epsilon_0\dfrac{\partial \boldsymbol{E}}{\partial t}\right)$

微分形のマクスウェル方程式が意味するもの

マクスウェル方程式の意味については、積分形のところですでに説明しました（189ページ）。積分形が微分形になっても、意味が大きく変わるわけではありません。

①ガウスの法則

$$\nabla \cdot \boldsymbol{E} = \frac{\rho}{\epsilon_0}$$

電荷のある場所には、電場 ***E*** の湧き出し（発散）が生じる

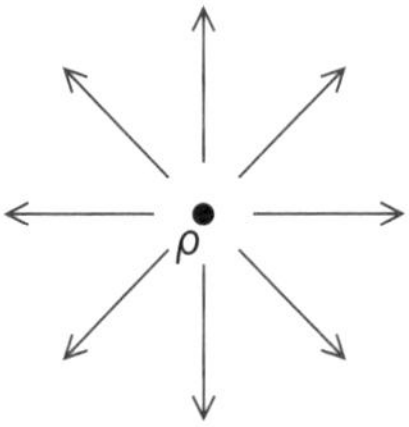

②磁束密度に関するガウスの法則

$$\nabla \cdot \boldsymbol{B} = 0$$

磁場 ***B*** は発散しない

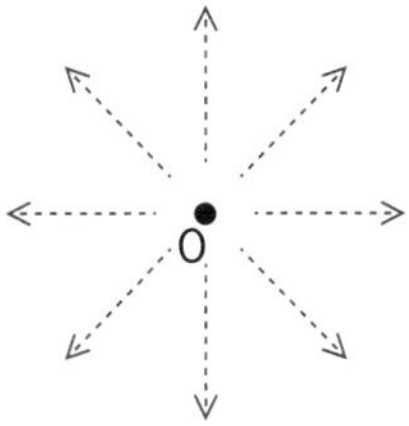

③ファラデーの電磁誘導の法則

$$\nabla \times \boldsymbol{E} = -\frac{\partial \boldsymbol{B}}{\partial t}$$

磁場 ***B*** の時間変化する場所には、電場 ***E*** の渦（回転）が生じる

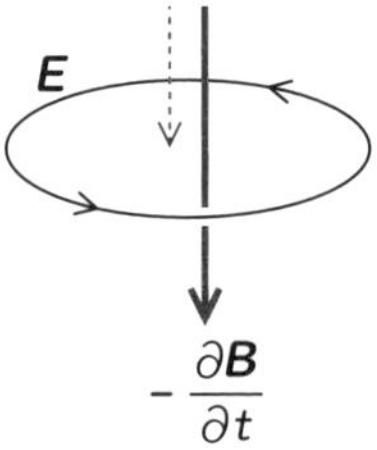

④アンペア＝マクスウェルの法則

$$\nabla \times \boldsymbol{B} = \mu_0 \left(\boldsymbol{j} + \epsilon_0 \frac{\partial \boldsymbol{E}}{\partial t} \right)$$

電流が流れる場所、または電場 ***E*** が時間変化する場所には、磁場 ***B*** の渦（回転）が生じる

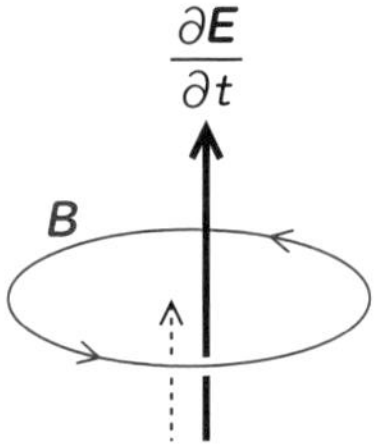

意味が変わらないなら、積分形のままでもいいんじゃないかと思うかもしれません。しかし、このあと説明する「電磁波」を理解するには、微分形のほうが何かと都合がいいのです。

まとめ

微分形のマクスウェル方程式は、電磁気学入門のラスボス「電磁波」を攻略するための必須アイテムだ。

①ガウスの法則：$\nabla \cdot \boldsymbol{E} = \frac{\rho}{\epsilon_0}$

②磁束密度に関するガウスの法則：$\nabla \cdot \boldsymbol{B} = 0$

③ファラデーの電磁誘導の法則：$\nabla \times \boldsymbol{E} = -\frac{\partial \boldsymbol{B}}{\partial t}$

④アンペア＝マクスウェルの法則：$\nabla \times \boldsymbol{B} = \mu_0 \left(\boldsymbol{j} + \epsilon_0 \frac{\partial \boldsymbol{E}}{\partial t} \right)$

02 「波」とはなにか

この節の概要

▶ 電磁波は、その名のとおり「波」の一種です。ここでいったん電磁気から離れて、高校の物理で習う「波」の基本を整理しておきましょう。

「波」の基本式

サッカースタジアムの観客がよくやる「ウェーブ」をみたことはありますか？　その場で立ち上がって両手を上げる動作が、隣の人に次々に伝わって波（ウェーブ）になります。

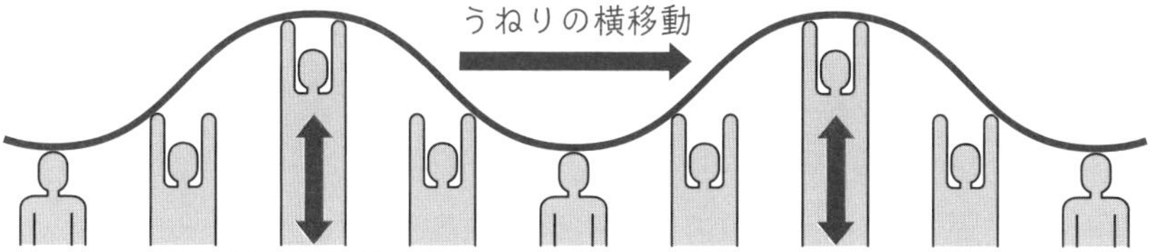

「ウェーブ」では、観客一人一人は自分の座席から移動せず、その場で上下に動くだけで、波のうねりが一定の速度で横に移動していきますね。このように、波には①**その場の上下運動**と、②**うねり（波形）の横移動**という2つの動きがあります。それぞれの動きをくわしくみてみましょう。

①その場の上下運動

観客の1回の上下運動にかかる時間を**周期** T といいます。また、1秒当たりの上下運動の回数を**振動数** f といいます。周期 T と振動数 f は逆数の関係にあり、

$$(\text{振動数 } f) = \frac{1}{(\text{周期 } T)}$$

が成り立ちます。

②うねり（波形）の横移動

うねり（波形）の長さを波長 λ といいます。次の図をみてください。一人の観客が上下運動を１回する間に、波はちょうど波長の長さだけ横に移動します。

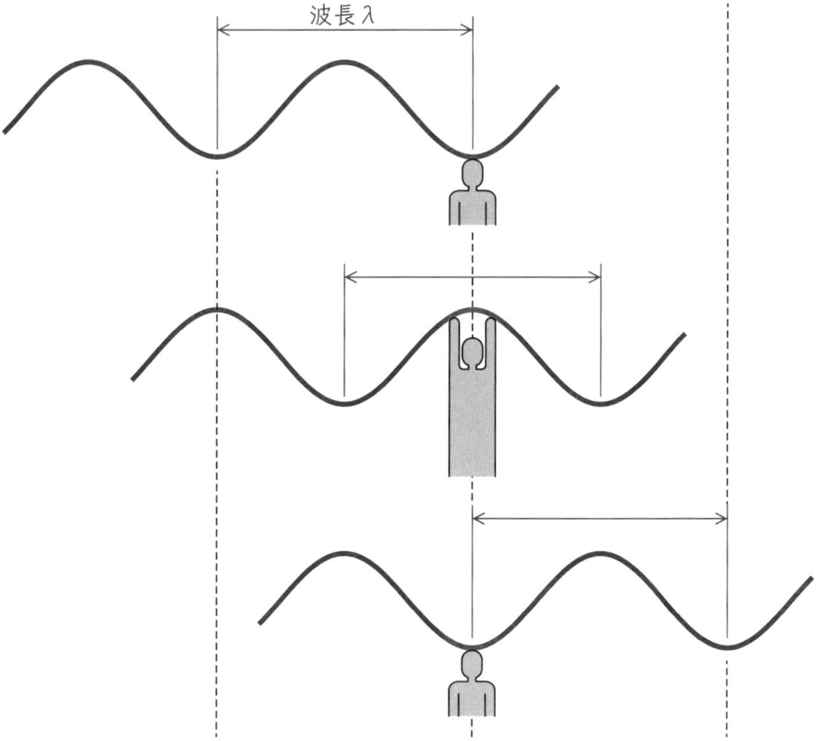

このように、波は１周期で、ちょうど波長の長さだけ横に進みます。したがって波の速度 v は、

$$(\text{速度 } v) = \frac{(\text{波長}\lambda)}{(\text{周期 } T)} = (\text{波長}\lambda) \times (\text{振動数 } f)$$

で求めることができます。

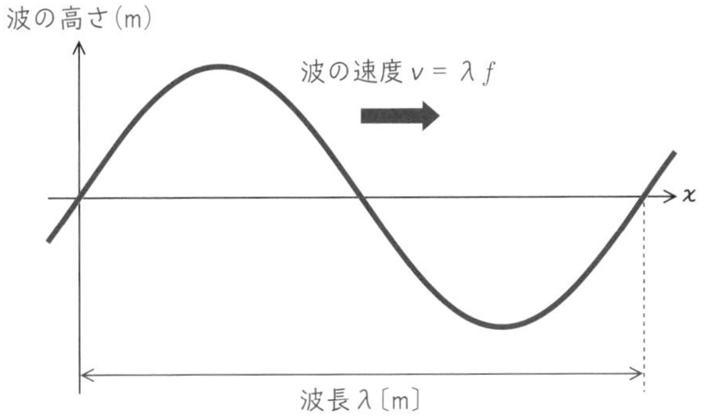

波を表すグラフ

波を表すグラフには、y-x グラフと y-t グラフの2種類があります。

① y-x **グラフ**

横軸に波が移動する距離をとり、縦軸に各位置での波の高さをとったグラフを y-x グラフといいます。y-x グラフは、ある瞬間の波をストップモーションで表したものといえます。時刻 $t = t_1$ における y-x グラフと、時刻 $t = t_2$ における y-x グラフは波がずれています。

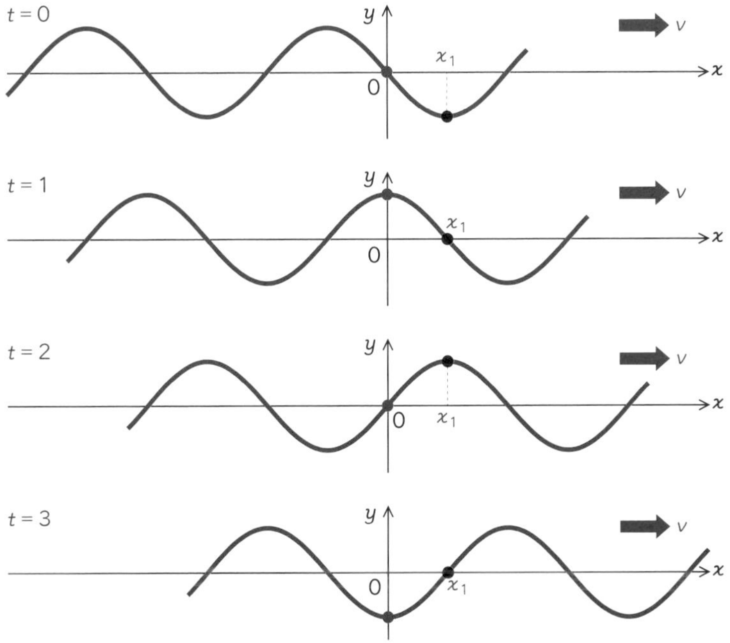

② y-t **グラフ**

ある1点における波の高さを、時間軸に沿って表したグラフを y-t グラフといいます。波の高さは位置によって異なるので、位置 $x = x_1$ における y-t グラフと、$x = x_2$ における y-t グラフとではずれが生じます。

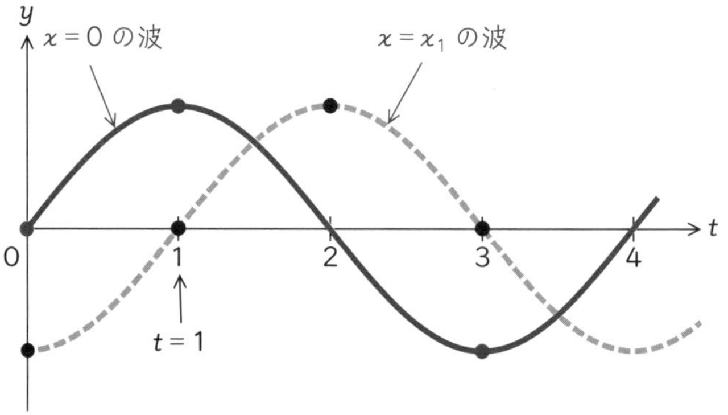

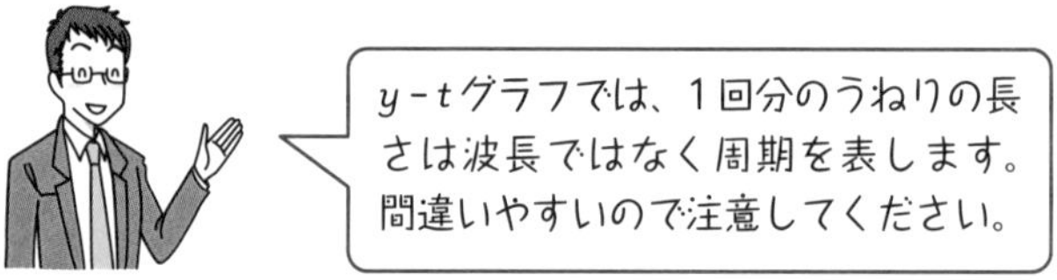

波の式

y-x、y-t の2種類のグラフがあることからもわかるとおり、波の高さ y は、距離 x と時刻 t という2つの変数によって決まります。そのため、距離 x の時刻 t における波の高さは、$y(x, t)$ のような2変数の関数になります。

例として、次のような y-x グラフで表される波を関数 $y(x, t)$ で表してみましょう。

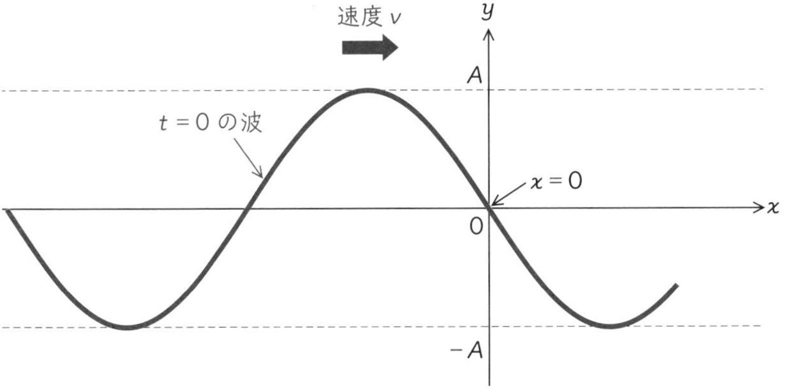

上の y-x グラフは、$t = 0$ における波をストップモーションで表したものです。このグラフから、原点 ($x = 0$) における y-t グラフ (色線) と、$x = x$ における y-t グラフ (点線) を描くと、次のようになります。

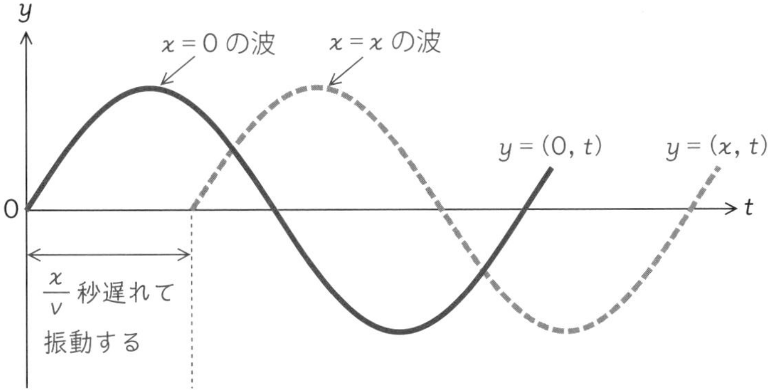

この y-t グラフから、$x = 0$ における波の高さ y は周期 T 秒で $A\sin 2\pi = 0$ となるので、

$$y(0, t) = A\sin\left(2\pi \times \frac{t}{T}\right)$$

と書けます。波が速度 v で右方向に移動するとき、$x = x$ における上下運動は、$x = 0$ の上下運動より $\frac{x}{v}$ 秒だけ遅れます。したがって $x = x$ における波の高さ y は、

$$y(x, t) = A\sin\frac{2\pi}{T}(t - \frac{x}{v})$$

ここで、$\frac{2\pi}{T}$は1秒間に回転する角度（角速度）を表します。角速度をωとすれば、

$$y(x,t) = A\sin\omega(t-\frac{x}{v})$$

これが、サイン波を表す一般的な式になります。

波の高さ　角速度 $\omega=\frac{2\pi}{T}$

波の式：$y(x,t) = A\,\sin\,\omega\,(t-\frac{x}{v})$

±sinまたは±cos　波の速度

波動方程式

上の波の式を微分してみましょう。波の式にはxとtの2つの変数があるので、波の式の微分はxに関する偏微分とtに関する偏微分の2種類ができます。まず、tに関する偏微分は次のようになります。

$$\frac{\partial y}{\partial t} = \omega A\cos\omega(t-\frac{x}{v})$$ ← $\sin(ax+b)$の微分：$a\cos(ax+b)$

この式を、もう一度tで偏微分します。

$$\frac{\partial^2 y}{\partial t^2} = -\omega^2 A\sin\omega(t-\frac{x}{v}) \cdots ①$$ ← $\cos(ax+b)$の微分：$-a\sin(ax+b)$

$\frac{\partial^2 y}{\partial t^2}$は、関数$y$の偏微分$\frac{\partial y}{\partial t}$を、さらに$t$で偏微分することを表します。

同様に、xに関する偏微分は次のようになります。

$$\frac{\partial y}{\partial x} = \frac{\omega}{v}A\cos\omega(t-\frac{x}{v})$$

この式を、もう一度 x で偏微分します。

$$\frac{\partial^2 y}{\partial^2 x} = -\frac{\omega^2}{v^2} A \sin \omega (t - \frac{x}{v}) \quad \cdots ②$$

上の式②に式①を代入すると、次のようになります。

$$\frac{\partial^2 y}{\partial^2 x} = \frac{1}{v^2} \frac{\partial^2 y}{\partial t^2} \quad \Rightarrow \quad \boxed{\frac{\partial^2 y}{\partial^2 x} - \frac{1}{v^2} \frac{\partial^2 y}{\partial t^2} = 0}$$

2つの偏微分の関係を表す等式ができました。この等式を**波動方程式**(はどうほうていしき)といいます。ここではサイン波の式から波動方程式を組み立てましたが、一般に、関数 $y(x,\ t)$ が波を表す式であれば、波動方程式が成り立つことが知られています。また、波動方程式に含まれる v は、波の速度を表していることにも注意しておきましょう。

波動方程式：$\dfrac{\partial^2 y}{\partial^2 x} - \dfrac{1}{v^2} \dfrac{\partial^2 y}{\partial t^2} = 0$

「波の式」の2階時間微分

「波の式」の2階空間微分

波の速度

次の節では電磁気に戻って、マクスウェル方程式と波動方程式との関係についてみてみましょう。

まとめ

関数 $y(x,\ t)$ が波を表す式なら、次のような波動方程式が成り立つ。

波動方程式：$\dfrac{\partial^2 y}{\partial^2 x} - \dfrac{1}{v^2} \dfrac{\partial^2 y}{\partial t^2} = 0$

03 マクスウェル方程式と電磁波(でんじは)

この節の概要

▶ マクスウェル方程式は、電場と磁場が「波」として伝わることを理論的に示します。これが電磁波です。

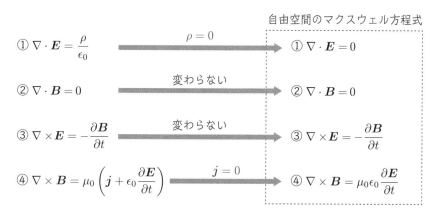

自由空間のマクスウェル方程式

電荷も電流もない空間のことを、電磁気学では**自由空間**(じゆうくうかん)と呼んでいます。マクスウェル方程式は、もちろん自由空間でも成り立ちます。ただし、電荷がないので電荷密度 ρ はゼロ、電流がないので電流密度 $\boldsymbol{j}$ もゼロになります。

したがって、自由空間のマクスウェル方程式は次のようになります。

自由空間のマクスウェル方程式

① $\nabla \cdot \boldsymbol{E} = \dfrac{\rho}{\epsilon_0}$ → ($\rho = 0$) → ① $\nabla \cdot \boldsymbol{E} = 0$

② $\nabla \cdot \boldsymbol{B} = 0$ → (変わらない) → ② $\nabla \cdot \boldsymbol{B} = 0$

③ $\nabla \times \boldsymbol{E} = -\dfrac{\partial \boldsymbol{B}}{\partial t}$ → (変わらない) → ③ $\nabla \times \boldsymbol{E} = -\dfrac{\partial \boldsymbol{B}}{\partial t}$

④ $\nabla \times \boldsymbol{B} = \mu_0 \left(\boldsymbol{j} + \epsilon_0 \dfrac{\partial \boldsymbol{E}}{\partial t} \right)$ → ($j = 0$) → ④ $\nabla \times \boldsymbol{B} = \mu_0 \epsilon_0 \dfrac{\partial \boldsymbol{E}}{\partial t}$

自由空間には電荷も電流もないので、電場も磁場も存在しないかというと、そうとは限りません。上の自由空間のマクスウェル方程式の③と④は、磁場 $\boldsymbol{B}$ の変化が電場 $\boldsymbol{E}$ をつくり、電場 $\boldsymbol{E}$ の変化が磁場 $\boldsymbol{B}$ をつくることをちゃんと表しています。

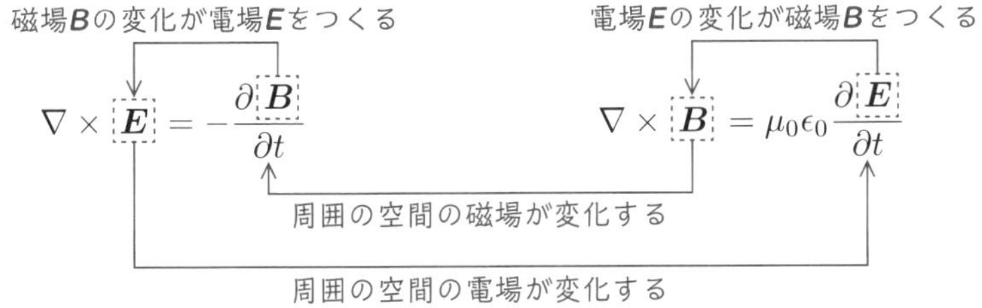
磁場$\boldsymbol{B}$の変化が電場$\boldsymbol{E}$をつくる
電場$\boldsymbol{E}$の変化が磁場$\boldsymbol{B}$をつくる
$\nabla \times \boldsymbol{E} = -\frac{\partial \boldsymbol{B}}{\partial t}$
$\nabla \times \boldsymbol{B} = \mu_0 \epsilon_0 \frac{\partial \boldsymbol{E}}{\partial t}$
周囲の空間の磁場が変化する
周囲の空間の電場が変化する

そこで、とりあえずいちばん最初だけは電流を使うことを許してもらって、まず電場 $\boldsymbol{E}$ の変化をつくります。すると、次のような現象が起こります。

① 電場 E の変化によって、周囲に磁場 B の渦ができます。

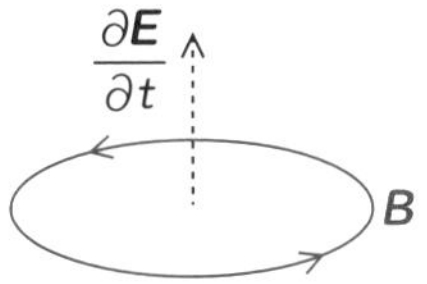

② 点Pの位置には、これまで何もなかったところを磁場 B が（手前から奥へ）通ります。つまり、点Pの磁場 B が変化するので、周囲に電場 E の渦ができます。

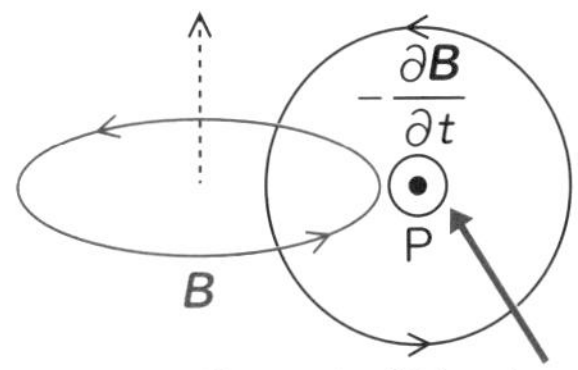

磁場$\boldsymbol{B}$は手前から奥（⊗）に向かうので、$-\frac{\partial \boldsymbol{B}}{\partial t}$ の向きは奥から手前（⊙）になる。

③ 点Qの位置には、これまで何もなかったところを電場 E が通ります。つまり、点Qの電場 E が変化するので、周囲に磁場 B の渦ができます。

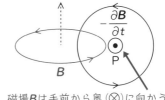

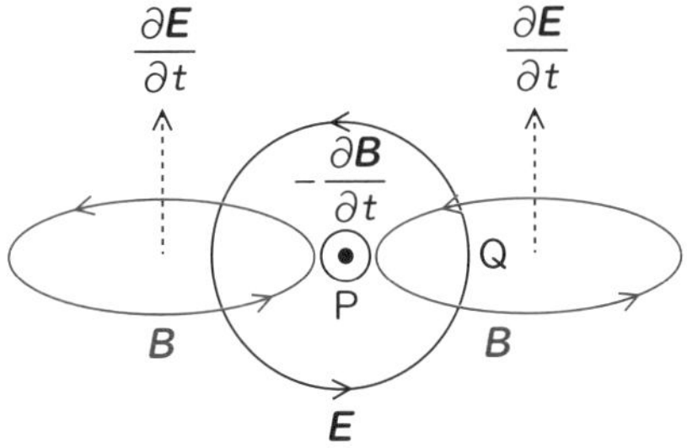

このように、電場 $\boldsymbol{E}$ と磁場 $\boldsymbol{B}$ の連鎖が空間に広がっていきます。これが、電磁波（でんじは）です。

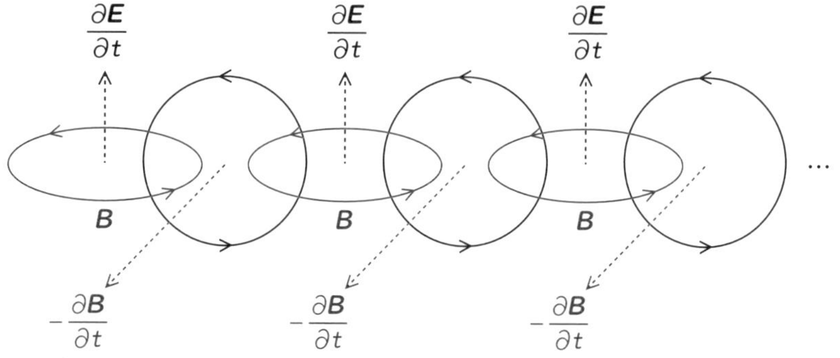

電磁波の波動方程式

ここまでの説明で、電場 $\boldsymbol{E}$ と磁場 $\boldsymbol{B}$ の連鎖が空間を広がっていくイメージはつかめたでしょうか。次に、これらが「波」として伝わっていくことを数式で示しましょう。

①電場 $\boldsymbol{E}$ に関する波動方程式

自由空間のマクスウェル方程式③の式からはじめます。

$$\nabla \times \boldsymbol{E} = -\frac{\partial \boldsymbol{B}}{\partial t}$$ ←自由空間のマクスウェル方程式③

両辺の回転（rot）をとります。

$$\nabla \times (\nabla \times \boldsymbol{E}) = \nabla \times \left(-\frac{\partial \boldsymbol{B}}{\partial t}\right) \quad \cdots ①$$

式①の右辺を、次のように変形します。

$$= -\frac{\partial}{\partial t}(\nabla \times \boldsymbol{B})$$ ←$\boldsymbol{B}$の微分の回転を$\boldsymbol{B}$の回転の微分に変更

$\nabla \times \boldsymbol{B}$ に、自由空間のマクスウェル方程式④の式を代入します。

定数を前に出す

$$= -\frac{\partial}{\partial t}\left(\mu_0\epsilon_0 \frac{\partial \boldsymbol{E}}{\partial t}\right) = -\mu_0\epsilon_0 \frac{\partial^2 \boldsymbol{E}}{\partial t^2}$$

微分の微分なので、2階微分になる

一方、式①の左辺は、ベクトル微分の公式「$\nabla\times(\nabla\times\boldsymbol{A})=\nabla(\nabla\cdot\boldsymbol{A})-\nabla^2\boldsymbol{A}$」

(205ページ)より、次のように変形できます。

$$\nabla\times(\nabla\times\boldsymbol{E})=\underbrace{\nabla(\nabla\cdot\boldsymbol{E})}_{\text{ゼロ}}-\nabla^2\boldsymbol{E}$$

このうち∇・$\boldsymbol{E}$は、自由空間のマクスウェル方程式①より0となるので、

$$\nabla\times(\nabla\times\boldsymbol{E})=-\nabla^2\boldsymbol{E}$$

と書けます。以上から、

$$-\nabla^2\boldsymbol{E}=-\mu_0\epsilon_0\frac{\partial^2\boldsymbol{E}}{\partial t^2}\quad\Rightarrow\quad\boxed{\nabla^2\boldsymbol{E}-\mu_0\epsilon_0\frac{\partial^2\boldsymbol{E}}{\partial t^2}=0}\quad\cdots②$$

となります。

②磁場 $\boldsymbol{B}$ に関する波動方程式

今度は、自由空間のマクスウェル方程式④の式からはじめましょう。

$$\nabla\times\boldsymbol{B}=\mu_0\epsilon_0\frac{\partial\boldsymbol{E}}{\partial t}\quad\longleftarrow\text{自由空間のマクスウェル方程式④}$$

先ほどと同じように、両辺の回転(rot)をとります。

定数を前に出す

$$\nabla\times(\nabla\times\boldsymbol{B})=\nabla\times\left(\mu_0\epsilon_0\frac{\partial\boldsymbol{E}}{\partial t}\right)=\mu_0\epsilon_0\frac{\partial}{\partial t}(\nabla\times\boldsymbol{E})$$

∇×$\boldsymbol{E}$に、自由空間のマクスウェル方程式③の式を代入します。

$$=\mu_0\epsilon_0\frac{\partial}{\partial t}\left(-\frac{\partial\boldsymbol{B}}{\partial t}\right)=-\mu_0\epsilon_0\frac{\partial^2\boldsymbol{B}}{\partial t^2}$$

また、左辺はベクトル微分の公式より、

$$\nabla\times(\nabla\times\boldsymbol{B})=\underbrace{\nabla(\nabla\cdot\boldsymbol{B})}_{\text{ゼロ}}-\nabla^2\boldsymbol{B}$$

このうち∇・$\boldsymbol{B}$は、自由空間のマクスウェル方程式②より0となるので、

$$\nabla \times (\nabla \times \boldsymbol{B}) = -\nabla^2 \boldsymbol{B}$$

と書けます。以上から、

$$-\nabla^2 \boldsymbol{B} = -\mu_0 \epsilon_0 \frac{\partial^2 \boldsymbol{B}}{\partial t^2} \quad \Rightarrow \quad \boxed{\nabla^2 \boldsymbol{B} - \mu_0 \epsilon_0 \frac{\partial^2 \boldsymbol{B}}{\partial t^2} = 0} \quad \cdots ③$$

となります。

ここで導出した2つの式②③を、**電磁波の波動方程式**といいます。

電磁波の波動方程式：$\nabla^2 \boldsymbol{E} - \mu_0 \epsilon_0 \frac{\partial^2 \boldsymbol{E}}{\partial t^2} = 0 \quad \nabla^2 \boldsymbol{B} - \mu_0 \epsilon_0 \frac{\partial^2 \boldsymbol{B}}{\partial t^2} = 0$

電磁波の波動方程式が成り立つためには、$\boldsymbol{E}$ や $\boldsymbol{B}$ が「波の式」である必要があります。言い換えると、電場 $\boldsymbol{E}$ と磁場 $\boldsymbol{B}$ が「波」として伝わることを意味しています。

電磁波がみえてきた！

とはいえ、電磁波の波動方程式は ∇^2 記号を使っていたり、$\boldsymbol{E}$ や $\boldsymbol{B}$ がベクトル量だったりするので、233ページの波動方程式と少し勝手が違います。そこで、単純な例で確認してみましょう。

電場 $\boldsymbol{E}$ の波動方程式を例に説明します。∇^2 はラプラシアン（205ページ）といい、

$$\nabla^2 = \nabla \cdot \nabla = \frac{\partial^2}{\partial x^2} + \frac{\partial^2}{\partial y^2} + \frac{\partial^2}{\partial z^2}$$

でした。したがって電場 $\boldsymbol{E}$ の波動方程式は、

$$\left(\frac{\partial^2}{\partial x^2} + \frac{\partial^2}{\partial y^2} + \frac{\partial^2}{\partial z^2}\right) \boldsymbol{E} - \mu_0 \epsilon_0 \frac{\partial^2 \boldsymbol{E}}{\partial t^2} = 0$$

と書けます。また、電場 $\boldsymbol{E}$ はベクトル量なので、$\boldsymbol{E} = (E_x, E_y, E_z)$ とすれば、上の式は成分ごとに、

$$x\text{成分：}\left(\frac{\partial^2 E_x}{\partial x^2} + \frac{\partial^2 E_x}{\partial y^2} + \frac{\partial^2 E_x}{\partial z^2}\right) - \mu_0 \epsilon_0 \frac{\partial^2 E_x}{\partial t^2} = 0$$

$$y\text{成分}：\left(\frac{\partial^2 E_y}{\partial x^2}+\frac{\partial^2 E_y}{\partial y^2}+\frac{\partial^2 E_y}{\partial z^2}\right)-\mu_0\epsilon_0\frac{\partial^2 E_y}{\partial t^2}=0$$

$$z\text{成分}：\left(\frac{\partial^2 E_z}{\partial x^2}+\frac{\partial^2 E_z}{\partial y^2}+\frac{\partial^2 E_z}{\partial z^2}\right)-\mu_0\epsilon_0\frac{\partial^2 E_z}{\partial t^2}=0$$

となります。ここで話を簡単にするために、電場 $\boldsymbol{E}$、磁場 $\boldsymbol{B}$ は z 方向にのみ変化するものとします。つまり x 方向と y 方向には変化しないと考えます。すると x の微分 $\left(\frac{\partial}{\partial x}\right)$ と y の微分 $\left(\frac{\partial}{\partial y}\right)$ はゼロになるので、上の式は次のようになります。

$$x\text{成分}：\left(\cancel{\frac{\partial^2 E_x}{\partial x^2}}+\cancel{\frac{\partial^2 E_x}{\partial y^2}}+\frac{\partial^2 E_x}{\partial z^2}\right)-\mu_0\epsilon_0\frac{\partial^2 E_x}{\partial t^2}=0$$

$$\Rightarrow\quad \frac{\partial^2 E_x}{\partial z^2}-\mu_0\epsilon_0\frac{\partial^2 E_x}{\partial t^2}=0$$

$$y\text{成分}：\left(\cancel{\frac{\partial^2 E_y}{\partial x^2}}+\cancel{\frac{\partial^2 E_y}{\partial y^2}}+\frac{\partial^2 E_y}{\partial z^2}\right)-\mu_0\epsilon_0\frac{\partial^2 E_y}{\partial t^2}=0$$

$$\Rightarrow\quad \frac{\partial^2 E_y}{\partial z^2}-\mu_0\epsilon_0\frac{\partial^2 E_y}{\partial t^2}=0$$

$$z\text{成分}：\left(\cancel{\frac{\partial^2 E_z}{\partial x^2}}+\cancel{\frac{\partial^2 E_z}{\partial y^2}}+\frac{\partial^2 E_z}{\partial z^2}\right)-\mu_0\epsilon_0\frac{\partial^2 E_z}{\partial t^2}=0$$

$$\Rightarrow\quad \frac{\partial^2 E_z}{\partial z^2}-\mu_0\epsilon_0\frac{\partial^2 E_z}{\partial t^2}=0$$

これらは、233ページの波動方程式とまったく同じ形式になります。

空間の2階微分

$$\boxed{\frac{\partial^2 E_x}{\partial z^2}}-\mu_0\epsilon_0\boxed{\frac{\partial^2 E_x}{\partial t^2}}=0 \qquad \boxed{\frac{\partial^2 y}{\partial x^2}}-\frac{1}{v^2}\boxed{\frac{\partial^2 y}{\partial t^2}}=0$$

時間の2階微分

電場 $\boldsymbol{E}$ の各成分について波動方程式が成り立つということは、電場 $\boldsymbol{E}$ の各成分は「**波の式**」で表すことができるということです。つまり、

電場 $\boldsymbol{E}$ は「波」として伝わります。磁場 $\boldsymbol{B}$ についても同様で、この「波」として伝わる電場 $\boldsymbol{E}$ と磁場 $\boldsymbol{B}$ こそ、電磁波と呼ばれるものなのです。

「波」として伝わる電場 $\boldsymbol{E}$ と磁場 $\boldsymbol{B}$ を電磁波という。

ここまでの説明はほとんど数式だけだったので、退屈に感じた人がいるかもしれません。しかし、**目に見えない電磁波の存在を、数式だけで確認できた**というのは、考えてみるとすごいことではないでしょうか。

歴史的にも、電磁波の存在は当初マクスウェルによって理論的に予想されただけでした。ヘルツが実験によって電磁波の存在を証明したのは、マクスウェルの予想から約20年後の1888年のことです。

電磁波の速度

ここで、電磁波の波動方程式と233ページの波動方程式をもう一度比較してみましょう。電磁波の波動方程式に含まれる「$\mu_0\epsilon_0$」が、233ページの波動方程式の「$\dfrac{1}{v^2}$」に対応していますね。

$$\frac{\partial^2 E_x}{\partial z^2} - \boxed{\mu_0\epsilon_0}\frac{\partial^2 E_x}{\partial t^2} = 0 \qquad \frac{\partial^2 y}{\partial x^2} - \boxed{\frac{1}{v^2}}\frac{\partial^2 y}{\partial t^2} = 0$$

波の式の v は、波が進む速さを表していました。したがってこの式から、電磁波の伝搬速度

$$\frac{1}{v^2} = \mu_0\epsilon_0 \quad \Rightarrow \quad v = \pm\frac{1}{\sqrt{\mu_0\epsilon_0}}$$

を得ます。μ_0 と ϵ_0 は、それぞれ**真空の透磁率**と**真空の誘電率**を表す定数で、

$$\mu_0 = 4\pi \times 10^{-7}, \quad \epsilon_0 = 8.854187817 \times 10^{-12}$$

でした。これらの数値を代入すると、

$$v = \pm\frac{1}{\sqrt{\mu_0\epsilon_0}} = \pm 299792458 \,\text{〔m/s〕}$$ ←約30万km/s

となります。この速度は、**光の速度** c **とぴったり一致**します。すなわち、

電磁波は光の速度で伝わる。

この結果は、もちろん偶然ではありません。なぜなら、**光も電磁波の一種**だからです。

私たちがふだん「**電波**」と呼んだり「**光**」と呼んだりしているものは、どちらも電磁波です。違うのは波長の長さで、電波も光も、波長の長さによって複数の種類に分類されています。

	電磁波の種類	波長
電波	**極超長波**	100km～10万km
電波	**超長波**	10km～100km
電波	**長波**	1km～10km
電波	**中波**	100m～1km
電波	**短波**	10m～100m
電波	**超短波**	1m～10m
電波	**マイクロ波**	0.1mm～1m
光	**赤外線**	780nm×1mm
光	**可視光**	380nm～780nm
光	**紫外線**	10nm～380nm
	X線	0.01nm～10nm
	ガンマ線	～0.01nm

まとめ

電磁波の波動方程式：$\nabla^2 \boldsymbol{E} - \mu_0\epsilon_0 \dfrac{\partial^2 \boldsymbol{E}}{\partial t^2} = 0,\ \ \nabla^2 \boldsymbol{B} - \mu_0\epsilon_0 \dfrac{\partial^2 \boldsymbol{B}}{\partial t^2} = 0$

電磁波の伝搬速度（光の速度）：$c = \dfrac{1}{\sqrt{\mu_0\epsilon_0}}$

コラム ラジオの原理

図のように、コイルとコンデンサを接続した回路を用意します。このような回路を電気振動回路というのでしたね（181 ページ）。下の図では、回路から長い電線が延びています。この線がアンテナになります。

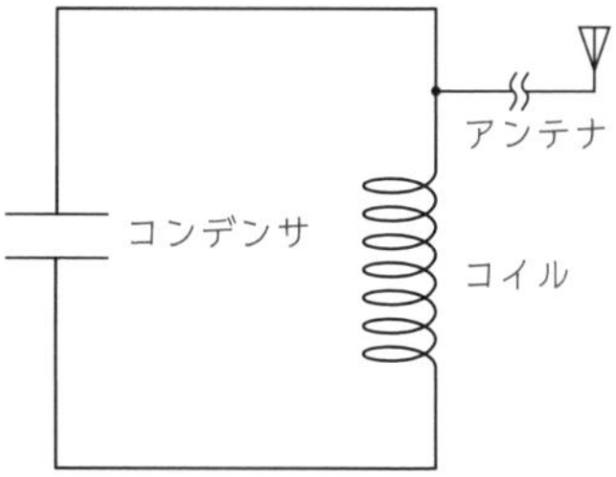

電気振動回路では、電流が向きを変えながら行ったり来たりします。電流が往復する周波数は、コイルのインダクタンスLとコンデンサの静電容量Cによって決まった値になるのでした。そこでこの周波数を、たとえば594kHzになるように調整します。この周波数は、NHKラジオAMの関東地方の周波数です（周波数は地域によって異なります）。

回路にアンテナ線をとりつけると、アンテナ線がラジオ局から送信される電磁波をキャッチし、回路に電磁波の波を伝えます。この波の振動が電気振動回路の周波数と同調すると、共振という現象が起こり、回路に電流の振動が発生します。

回路にイヤホンをつなげると、この振動がイヤホンに伝わり、ラジオの音声となって耳に届きます。これがラジオの基本的なしくみです。

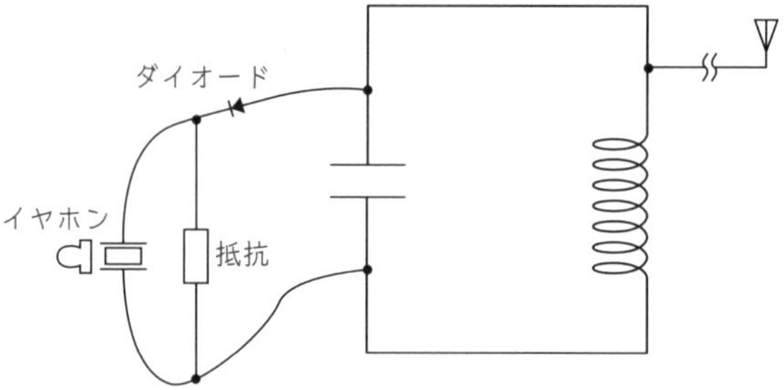

別のラジオ局を聴きたい場合は、コンデンサの静電容量を変更します。ラジオでは、つまみを回すと静電容量を調整できるバリアブルコンデンサ（通称バリコン）というコンデンサが使われています。

04 電磁波の性質

この節の概要

▶ 電磁波がどのような「波」なのかを具体的にイメージできるように、電磁波の性質をしらべてみましょう。

電磁波のイメージ

前節では、電磁波が「波の式」で表せることを数式で示しました。しかし、電磁波がどのような「波」なのか、まだいまひとつイメージしにくいのではないでしょうか。そこでここでは、もう少し具体的に電磁波のイメージを示してみましょう。

前節に引き続き、z 方向にのみ変化する $\boldsymbol{E}$ と $\boldsymbol{B}$ を考えます。

電場 $\boldsymbol{E}$ と磁場 $\boldsymbol{B}$ のベクトルをそれぞれ $\boldsymbol{E}=(E_x, E_y, E_z)$、$\boldsymbol{B}=(B_x, B_y, B_z)$ とすると、$\boldsymbol{E}$ の回転「$\nabla\times\boldsymbol{E}$」と $\boldsymbol{B}$ の回転「$\nabla\times\boldsymbol{B}$」の成分表示はそれぞれ次のようになります（ベクトルの回転の成分表示については、204 ページを参照してください）。

x成分　　y成分　　z成分

$$\nabla\times\boldsymbol{E}=\left(\frac{\partial E_z}{\partial y}-\frac{\partial E_y}{\partial z},\ \frac{\partial E_x}{\partial z}-\frac{\partial E_z}{\partial x},\ \frac{\partial E_y}{\partial x}-\frac{\partial E_x}{\partial y}\right)$$

$$\nabla\times\boldsymbol{B}=\left(\frac{\partial B_z}{\partial y}-\frac{\partial B_y}{\partial z},\ \frac{\partial B_x}{\partial z}-\frac{\partial B_z}{\partial x},\ \frac{\partial B_y}{\partial x}-\frac{\partial B_x}{\partial y}\right)$$

この成分表示にしたがって、自由空間のマクスウェル方程式③と④を成分ごとに書きくだしてみましょう。

自由空間の
マクスウェル方程式③

$$\nabla \times \boldsymbol{E} = -\frac{\partial \boldsymbol{B}}{\partial t}$$

自由空間の
マクスウェル方程式④

$$\nabla \times \boldsymbol{B} = \mu_0 \epsilon_0 \frac{\partial \boldsymbol{E}}{\partial t}$$

x成分：$\cancel{\dfrac{\partial E_z}{\partial y}} - \dfrac{\partial E_y}{\partial z} = -\dfrac{\partial B_x}{\partial t}, \quad \cancel{\dfrac{\partial B_z}{\partial y}} - \dfrac{\partial B_y}{\partial z} = \mu_0\epsilon_0 \dfrac{\partial E_x}{\partial t}$

y成分：$\dfrac{\partial E_x}{\partial z} - \cancel{\dfrac{\partial E_z}{\partial x}} = -\dfrac{\partial B_y}{\partial t}, \quad \dfrac{\partial B_x}{\partial z} - \cancel{\dfrac{\partial B_z}{\partial x}} = \mu_0\epsilon_0 \dfrac{\partial E_y}{\partial t}$

z成分：$\cancel{\dfrac{\partial E_y}{\partial x}} - \cancel{\dfrac{\partial E_x}{\partial y}} = -\dfrac{\partial B_z}{\partial t}, \quad \cancel{\dfrac{\partial B_y}{\partial x}} - \cancel{\dfrac{\partial B_x}{\partial y}} = \mu_0\epsilon_0 \dfrac{\partial E_z}{\partial t}$

x 方向と y 方向には変化しないとしたので、x の微分と y の微分はゼロになります。よって、上の式の斜線で消した項はすべてゼロとなり、

x成分：$\dfrac{\partial E_y}{\partial z} = \dfrac{\partial B_x}{\partial t}, \quad \boxed{\dfrac{\partial B_y}{\partial z} = -\mu_0\epsilon_0 \dfrac{\partial E_x}{\partial t}}$

y成分：$\boxed{\dfrac{\partial E_x}{\partial z} = -\dfrac{\partial B_y}{\partial t}}, \quad \dfrac{\partial B_x}{\partial z} = \mu_0\epsilon_0 \dfrac{\partial E_y}{\partial t}$

z成分：$0 = \dfrac{\partial B_z}{\partial t}, \quad 0 = \mu_0\epsilon_0 \dfrac{\partial E_z}{\partial t}$

を得ます。このうちの □ で囲んだ2つの式に注目して、E_x と B_y の関係をみてみます。

E_x が「波の式」で表せることは前節で説明しました。ここでは例として、E_x の波の式を

$$E_x(z,t) = E_m \sin\omega\left(t - \frac{z}{v}\right) = E_m \sin(\omega t - kz), \quad k = \frac{\omega}{v}$$

としましょう。この式を、□ で囲んだ式のどちらかに代入します。どちらに代入しても同じ結果になるので、ここでは計算の楽なほうを示します。

$$\frac{\partial}{\partial z}E_m\sin(\omega t-kz)=-\frac{\partial B_y}{\partial t}$$ ←マクスウェル方程式③に代入

$$\frac{\partial B_y}{\partial t}=-\frac{\partial}{\partial z}E_m\sin(\omega t-kz)$$ ←両辺を入れ替えて、×−1

$$=kE_m\cos(\omega t-kz)$$ ← $\sin(ax+b)$の微分：$a\cos(ax+b)$

両辺を t で積分します。

$$\int\frac{\partial B_y}{\partial t}dt=k\int E_m\cos(\omega t-kz)dt$$ ← $\int\cos(at+b)dt=\frac{1}{a}\sin(at+b)+C$

$$B_y=\frac{k}{\omega}E_m\sin(\omega t-kz)+C$$ ←積分定数Cは無視してよい

$$=\frac{1}{v}E_m\sin(\omega t-kz)$$ ← $k=\frac{\omega}{v}$より、$\frac{k}{\omega}=\frac{1}{v}$

以上のように、磁場 $\boldsymbol{B}$ の y 成分 B_y の波の式が導出できました。電場 $\boldsymbol{E}$ の x 成分 E_x の式と並べて示します。

電場：$E_x=E_m\sin(\omega t-kz)$

磁場：$B_y=\frac{1}{v}E_m\sin(\omega t-kz)$

2つの波の式を比べると、E_x と B_y は位相が同じで、B_y の大きさは E_x の大きさの$\frac{1}{v}$であることがわかります。電磁波の速度vは光の速度cですから、磁場 $\boldsymbol{B}$ の大きさは、電場 $\boldsymbol{E}$ の大きさの$\frac{1}{c}$となります。

$$|\boldsymbol{E}|=c|\boldsymbol{B}|$$ ←磁場$\boldsymbol{B}$の大きさは、電場$\boldsymbol{E}$の大きさの$\frac{1}{c}$

また、上の2つの波の式をグラフにすると次のようになります（わかりやすいように、B_y と E_x の振幅はほぼ同じにしています）。

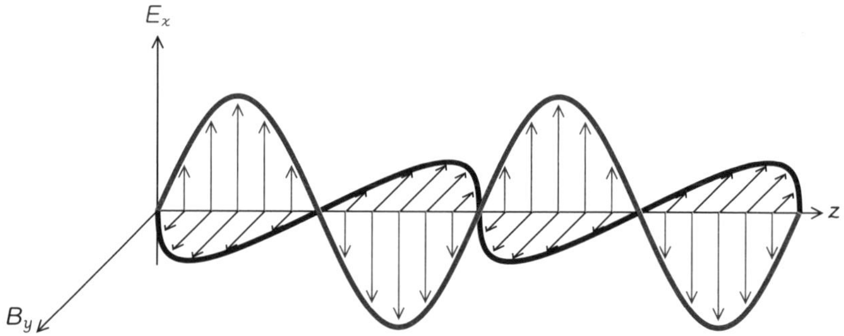

電場 E_x の波と磁場 B_y の波が直交していることに注意しましょう。電磁波の電場と磁場は、このように**互いに直交しています**。また、電磁波の進行方向は、電場と磁場の外積 $\boldsymbol{E} \times \boldsymbol{B}$ の方向（$\boldsymbol{E}$ から $\boldsymbol{B}$ へ回転する右ねじの方向）になります。

電磁波の $\boldsymbol{E}$ と $\boldsymbol{B}$ は互いに直交し、$E \times B$ の方向に進む。

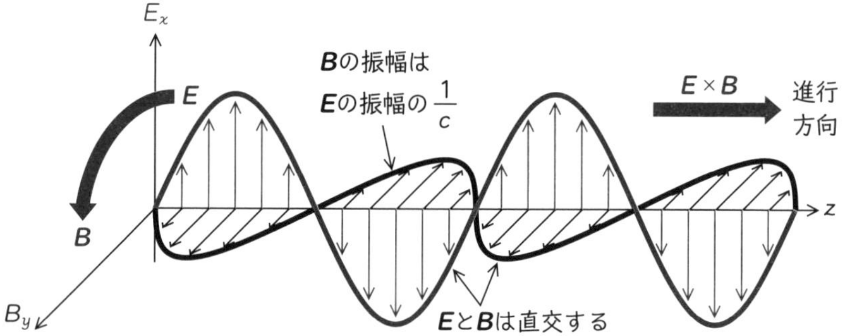

まとめ

- 磁場 B の波の大きさは、電場 E の波の大きさの $\dfrac{1}{c}$ になる。
- 電場 E の波と電場 B の波は位相が同じで、互いに直交する。
- 電磁波は、$E \times B$ の方向に進む。

05 電磁エネルギー

この節の概要

▶ 最後に、電磁波が運ぶエネルギーについて考えてみましょう。電磁波がエネルギーを運んでくれなければ、地球上に生物は存在しません。

電磁波が運ぶエネルギー

電場 $\boldsymbol{E}$ が存在すれば、その空間には単位体積当たり

$$u_E = \frac{1}{2}\epsilon_o|\boldsymbol{E}|^2$$

の静電エネルギーがあるのでした（104 ページ）。同様に、磁場 $\boldsymbol{B}$ が存在すれば、その空間には単位体積当たり

$$u_B = \frac{1}{2\mu_0}|\boldsymbol{B}|^2$$

の磁気エネルギーがあります（179 ページ）。

電磁波は電場と磁場の組み合わせなので、静電エネルギーと磁気エネルギーの両方があると考えられます。

$$u = u_E + u_B = \frac{1}{2}\left(\epsilon_0|\boldsymbol{E}|^2 + \frac{1}{\mu_0}|\boldsymbol{B}|^2\right)$$

ここで、$|\boldsymbol{E}| = c|\boldsymbol{B}|$、光の速度 $c = 1/\sqrt{\mu_0\epsilon_0}$ より、

$$u = \frac{1}{2}\left(\epsilon_0|\boldsymbol{E}|^2 + \frac{1}{\mu_0}\frac{1}{c^2}|\boldsymbol{E}|^2\right) = \frac{1}{2}\left(\epsilon_0|\boldsymbol{E}|^2 + \frac{\cancel{\mu_0}\epsilon_0}{\cancel{\mu_0}}|\boldsymbol{E}|^2\right) = \epsilon_0|\boldsymbol{E}|^2$$

を得ます。これが、電磁波が伝える単位体積当たりのエネルギー（電磁エネルギー密度）となります。

第7章 マクスウェル方程式と電磁波

電磁波は、単位体積当たり$\epsilon_0|\boldsymbol{E}|^2$〔J〕のエネルギーを運ぶ。

実際、地球に生命が存在するのは、太陽の熱と光のエネルギーのおかげです。このエネルギーは、電磁波によって太陽からはるばる地球に運ばれます。電磁波がなければ、地球上に生物は存在しないのです。

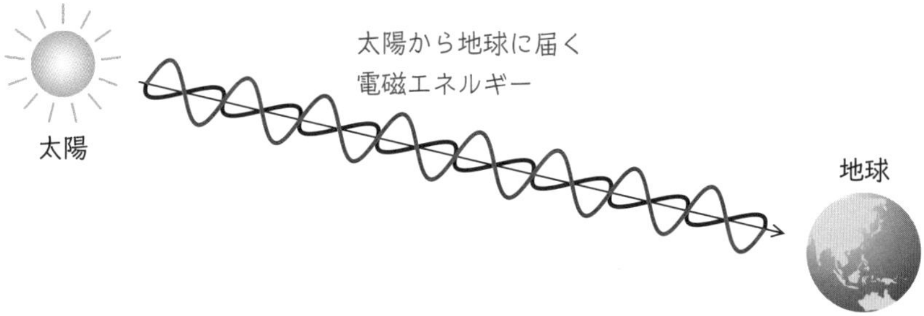

ポインティングベクトル

空間のある断面 A を、電磁波が垂直に通過するとします。このとき、断面 A を 1 秒間に通過するエネルギーは、断面 A、長さ c の体積の中の電磁エネルギーに等しいので、

$$U = \overset{\text{エネルギーの密度}}{u} \times \underbrace{c \times A}_{\text{体積}} = c\epsilon_0|\boldsymbol{E}|^2 A$$

となります。

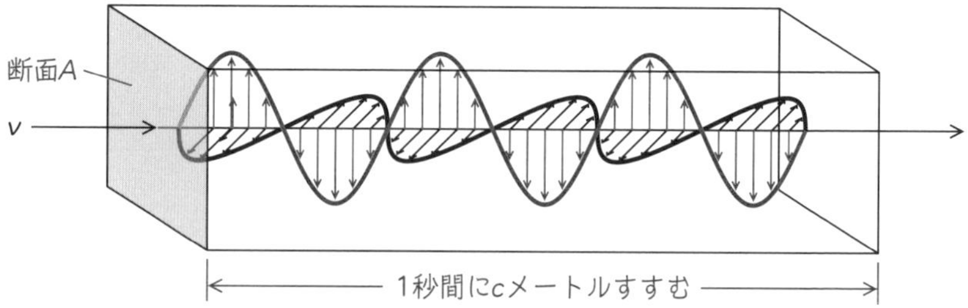

電磁波が 1 秒間に運ぶ単位面積当たりのエネルギーを S とすると、

$$S = \frac{c\epsilon_0|\boldsymbol{E}|^2 A}{A} = c\epsilon_0|\boldsymbol{E}|^2$$

となります。$|\boldsymbol{E}|=c|\boldsymbol{B}|$より、

$$S = c\epsilon_0|\boldsymbol{E}|^2 = c\epsilon_0|\boldsymbol{E}|(c|\boldsymbol{B}|) = c^2\epsilon_0|\boldsymbol{E}||\boldsymbol{B}| = \left(\frac{1}{\sqrt{\mu_0\epsilon_0}}\right)^2\epsilon_0|\boldsymbol{E}||\boldsymbol{B}|$$
$$= \frac{1}{\mu_0}|\boldsymbol{E}||\boldsymbol{B}|$$

この式を、

$$\boldsymbol{S} = \frac{1}{\mu_0}\boldsymbol{E}\times\boldsymbol{B}$$

のような電場と磁場の外積で表してみましょう。するとこのベクトル$\boldsymbol{S}$は、**大きさが電磁波が1秒間に運ぶ単位面積当たりのエネルギー、方向が電磁波の進行方向**を表すベクトルになります。

電磁波によって運ばれるエネルギーの流れが、こんなシンプルな式で表現できるとは驚きです。このベクトル$\boldsymbol{S}$を、考案したイギリスの物理学者の名前にちなんで**ポインティングベクトル**といいます。

ポインティングベクトル：$\boldsymbol{S} = \dfrac{1}{\mu_0}\boldsymbol{E}\times\boldsymbol{B}$

電磁エネルギーの保存則

ポインティングベクトルの発散$\nabla\cdot\boldsymbol{S}$は、ベクトル微分の公式$\nabla\cdot(\boldsymbol{A}\times\boldsymbol{B}) = \boldsymbol{B}\cdot(\nabla\times\boldsymbol{A}) - \boldsymbol{A}\cdot(\nabla\times\boldsymbol{B})$を使うと、

$$\nabla\cdot\boldsymbol{S} = \nabla\cdot\left(\frac{1}{\mu_0}\boldsymbol{E}\times\boldsymbol{B}\right) = \boldsymbol{B}\cdot\left(\nabla\times\frac{1}{\mu_0}\boldsymbol{E}\right) - \frac{1}{\mu_0}\boldsymbol{E}\cdot(\nabla\times\boldsymbol{B})$$

と計算できます。上の式の$\nabla\times\boldsymbol{E}$と$\nabla\times\boldsymbol{B}$に、それぞれ自由空間のマクスウェル方程式③と④を代入します。すると、

$$\nabla\cdot\boldsymbol{S} = \boldsymbol{B}\cdot\frac{1}{\mu_0}\left(-\frac{\partial\boldsymbol{B}}{\partial t}\right) - \frac{1}{\mu_0}\boldsymbol{E}\cdot\left(\mu_0\epsilon_0\frac{\partial\boldsymbol{E}}{\partial t}\right)$$
$$= -\frac{1}{\mu_0}\boldsymbol{B}\cdot\frac{\partial\boldsymbol{B}}{\partial t} - \epsilon_0\boldsymbol{E}\cdot\frac{\partial\boldsymbol{E}}{\partial t} \quad \cdots①$$

となります。ここで、ベクトル$\boldsymbol{A}$、$\boldsymbol{B}$の内積$\boldsymbol{A}\cdot\boldsymbol{B}$の微分を考えると、

積の微分公式$\{f(t)g(t)\}' = f'(t)g(t) + f(t)g'(t)$より、

$$\frac{d}{dt}(\boldsymbol{A}\cdot\boldsymbol{B}) = \frac{d\boldsymbol{A}}{dt}\cdot\boldsymbol{B} + \boldsymbol{A}\cdot\frac{d\boldsymbol{B}}{dt}$$

となるので、

$$\frac{d}{dt}(\boldsymbol{B}\cdot\boldsymbol{B}) = \frac{d\boldsymbol{B}}{dt}\cdot\boldsymbol{B} + \boldsymbol{B}\cdot\frac{d\boldsymbol{B}}{dt} = 2\boldsymbol{B}\cdot\frac{d\boldsymbol{B}}{dt}$$

と書けます。この公式を使うと、上の式①は次のように変形できます。

$$\begin{aligned}\nabla\cdot\boldsymbol{S} &= -\frac{1}{\mu_0}\ \frac{1}{2}\frac{\partial}{\partial t}(\boldsymbol{B}\cdot\boldsymbol{B})\ -\epsilon_0\ \frac{1}{2}\frac{\partial}{\partial t}(\boldsymbol{E}\cdot\boldsymbol{E})\\ &= -\frac{\partial}{\partial t}\left(\underbrace{\frac{1}{2\mu_0}|\boldsymbol{B}|^2}_{u_B} + \underbrace{\frac{1}{2}\epsilon_0|\boldsymbol{E}|^2}_{u_E}\right)\end{aligned}$$

よって、次の等式が成り立ちます。この式を、**ポインティングの定理**（または、**電磁エネルギーの保存則**）といいます。

> ポインティングの定理：$\nabla\cdot\boldsymbol{S} + \dfrac{\partial}{\partial t}\left(\dfrac{1}{2\mu_0}|\boldsymbol{B}|^2 + \dfrac{1}{2}\epsilon_0|\boldsymbol{E}|^2\right) = 0$

この式の1つ目の項目はポインティングベクトルの発散で、ある点から出ていく電磁エネルギーを表します。また、2つ目の項目は、ある点での電磁エネルギーの時間変化を表します。両者の和がゼロになるということは、ある点を電磁エネルギーが流れると、その点のエネルギーがその分だけ変化することを意味しています。

まとめ

電磁エネルギー密度：$u = \dfrac{1}{2}\left(\epsilon_0|\boldsymbol{E}|^2 + \dfrac{1}{\mu_0}|\boldsymbol{B}|^2\right) = \epsilon_0|\boldsymbol{E}|^2$

ポインティングベクトル：$\boldsymbol{S} = \dfrac{1}{\mu_0}\boldsymbol{E}\times\boldsymbol{B}$

ポインティングの定理：$\nabla\cdot\boldsymbol{S} + \dfrac{\partial}{\partial t}\left(\dfrac{1}{2\mu_0}|\boldsymbol{B}|^2 + \dfrac{1}{2}\epsilon_0|\boldsymbol{E}|^2\right) = 0$

索引

あ行

か行

さ行

た行

な行

本書で解説した公式のまとめ

点電荷 Q から距離 r 離れた点の電場：　$\boldsymbol{E} = \dfrac{Q}{4\pi\epsilon_0}\dfrac{\boldsymbol{r}}{|\boldsymbol{r}|^3}$

連続分布する電荷密度 ρ の電荷による電場：　$\boldsymbol{E}(\boldsymbol{r}) = \dfrac{1}{4\pi\epsilon_0}\iiint_V \dfrac{\rho(\boldsymbol{r}')(\boldsymbol{r}-\boldsymbol{r}')}{|\boldsymbol{r}-\boldsymbol{r}'|^3}dV$

電荷 q に作用するクーロン力：　$\boldsymbol{F} = q\boldsymbol{E}$

ガウスの法則：　$\oiint_S \boldsymbol{E}\cdot\boldsymbol{n}\,dS = \dfrac{Q}{\epsilon_0}$　または　$\oiint_S \boldsymbol{E}\cdot\boldsymbol{n}\,dS = \dfrac{1}{\epsilon_0}\iiint_V \rho\,dV$

点電荷 Q から距離 r 離れた点の電位：　$\phi = \dfrac{Q}{4\pi\epsilon_0}\dfrac{1}{r}$

静電場の渦なしの法則：　$\oint_C \boldsymbol{E}\cdot d\boldsymbol{s} = 0$

電位 ϕ の位置の電場：　$\boldsymbol{E} = -\mathrm{grad}\,\phi$

コンデンサの公式：　$E = \dfrac{V}{d}$　　$C = \epsilon_0\dfrac{S}{d}$　　$Q = CV$　　$U = \dfrac{1}{2}CV^2$

電場 E の静電エネルギー密度：　$u = \dfrac{1}{2}\epsilon_0 E^2$

電流を表す３つの式：　$I = \dfrac{dQ}{dt}$　　$I = \iint_S \boldsymbol{j}\cdot\boldsymbol{n}dS$　　$I = envS$

電荷の保存則：　$\oiint_S \boldsymbol{j}\cdot\boldsymbol{n}dS = -\dfrac{d}{dt}\iiint_V \rho dV$

オームの法則：　$V = RI$　　$R = \rho\dfrac{L}{S}$　　$\boldsymbol{j} = \sigma\boldsymbol{E}$

ローレンツ力：　$\boldsymbol{f} = p\boldsymbol{v}\times\boldsymbol{B}$

ビオ＝サバールの法則：　$\boldsymbol{B}(\boldsymbol{r}) = \dfrac{\mu_0}{4\pi}\iiint_V \dfrac{\rho\boldsymbol{v}\times(\boldsymbol{r}-\boldsymbol{r}')}{|\boldsymbol{r}-\boldsymbol{r}'|^3}dV$

磁束密度に関するガウスの法則：　$\oiint_S \boldsymbol{B}\cdot\boldsymbol{n}\,dS = 0$

アンペアの法則： $\oint_C \boldsymbol{B} \cdot d\boldsymbol{l} = \mu_0 I$ または $\oint_C \boldsymbol{B} \cdot d\boldsymbol{l} = \mu_0 \iint_S \boldsymbol{j} \cdot \boldsymbol{n}\, dS$

ファラデーの電磁誘導の法則：

$$V = -\frac{d\Phi}{dt} \quad \text{または} \quad \oint_C \boldsymbol{E} \cdot d\boldsymbol{l} = -\frac{d}{dt} \iint_S \boldsymbol{B} \cdot \boldsymbol{n}\, dS$$

コイルの自己誘導によって生じる逆起電力： $V = -L\dfrac{dI}{dt}$

コイル 1 の相互誘導によってコイル 2 に生じる逆起電力： $V_2 = -M\dfrac{dI_1}{dt}$

コイルが蓄える磁気エネルギー： $U = \dfrac{1}{2}LI^2$

磁場 B の磁気エネルギー密度： $u = \dfrac{1}{2\mu_0}B^2$

アンペア＝マクスウェルの法則： $\oint_C \boldsymbol{B} \cdot d\boldsymbol{l} = \mu_0 \iint_S \left(\boldsymbol{j} + \epsilon_0 \dfrac{\partial \boldsymbol{E}}{\partial t}\right) \cdot \boldsymbol{n}\, dS$

マクスウェル方程式（微分形）：

$$\nabla \cdot \boldsymbol{E} = \frac{\rho}{\epsilon_0} \qquad \nabla \cdot \boldsymbol{B} = 0$$

$$\nabla \times \boldsymbol{E} = -\frac{d\boldsymbol{B}}{dt} \qquad \nabla \times \boldsymbol{B} = \mu_0 \left(\boldsymbol{j} + \epsilon_0 \frac{\partial \boldsymbol{E}}{\partial t}\right)$$

電磁波の波動方程式： $\nabla^2 \boldsymbol{E} - \mu_0\epsilon_0 \dfrac{\partial^2 \boldsymbol{E}}{\partial t^2} = 0 \qquad \nabla^2 \boldsymbol{B} - \mu_0\epsilon_0 \dfrac{\partial^2 \boldsymbol{B}}{\partial t^2} = 0$

電磁波の伝搬速度（光の速度）： $c = \dfrac{1}{\sqrt{\mu_0\epsilon_0}}$

ポインティングベクトル： $\boldsymbol{S} = \dfrac{1}{\mu_0}\boldsymbol{E} \times \boldsymbol{B}$

ポインティングの定理（電磁エネルギーの保存則）：

$$\nabla \cdot \boldsymbol{S} + \frac{\partial}{\partial t}\left(\frac{1}{2\mu_0}|\boldsymbol{B}|^2 + \frac{1}{2}\epsilon_0|\boldsymbol{E}|^2\right) = 0$$

●著者略歴　株式会社ノマド・ワークス（執筆：平塚陽介）

書籍、雑誌、マニュアルの企画・執筆・編集・制作に従事する。著書に『この1冊で合格！ディープラーニングG検定 集中テキスト＆問題集』『電験三種ポイント攻略テキスト＆問題集』『電験三種に合格するための初歩からのしっかり数学』『中学レベルからはじめる！やさしくわかる統計学のための数学』『高校レベルからはじめる！やさしくわかる物理学のための数学』『高校レベルからはじめる！やさしくわかる線形代数』『徹底図解　基本からわかる電気数学』（ナツメ社）、『らくらく突破 乙種第4類危険物取扱者合格テキスト』（技術評論社）、『かんたん合格 基本情報技術者予想問題集』（インプレス）等多数。

本文イラスト◆川野郁代
編集協力◆ノマド・ワークス
編集担当◆山路和彦（ナツメ出版企画株式会社）

高校（こうこう）レベルからはじめる！
やさしくわかる電磁気学（でんじきがく）

2023年 9月 1日　初版発行

著　者　ノマド・ワークス
発行者　田村正隆

発行所　株式会社ナツメ社
東京都千代田区神田神保町1-52　ナツメ社ビル1F（〒101-0051）
電話　03（3291）1257（代表）　FAX　03（3291）5761
振替　00130-1-58661
制　作　ナツメ出版企画株式会社
東京都千代田区神田神保町1-52　ナツメ社ビル3F（〒101-0051）
電話　03（3295）3921（代表）
印刷所　広研印刷株式会社

ISBN978-4-8163-7404-3　Printed in Japan